plurall

Parabéns!
Agora você faz parte do **Plurall**, a plataforma digital do seu livro didático! Acesse e conheça todos os recursos e funcionalidades disponíveis para as suas aulas digitais.

Baixe o aplicativo do **Plurall** para Android e IOS ou acesse **www.plurall.net** e cadastre-se utilizando o seu código de acesso exclusivo:

AAABQ4EJ4

Este é o seu código de acesso Plurall.
Cadastre-se e ative-o para ter acesso aos conteúdos relacionados a esta obra.

CB026452

@plurallnet

@plurallnetoficial

SOMOS
EDUCAÇÃO

Projeto Ápis

LUIZ ROBERTO DANTE

Livre-docente em Educação Matemática pela Universidade Estadual Paulista
"Júlio de Mesquita Filho" (Unesp-SP), *campus* de Rio Claro.
Doutor em Psicologia da Educação: Ensino da Matemática pela
Pontifícia Universidade Católica de São Paulo (PUC-SP).
Mestre em Matemática pela Universidade de São Paulo (USP).
Licenciado em Matemática pela Unesp-SP, Rio Claro.
Pesquisador em Ensino e Aprendizagem da Matemática pela Unesp-SP, Rio Claro.
Ex-professor do Ensino Fundamental e do Ensino Médio na rede pública de ensino.
Autor de várias obras de Educação Infantil, Ensino Fundamental e Ensino Médio.

MATEMÁTICA

2º ANO

Ensino Fundamental

editora ática

editora ática

Presidência: Mario Ghio Júnior

Direção editorial: Lidiane Vivaldini Olo

Gerência editorial: Viviane Carpegiani

Gestão de área: Ronaldo Rocha

Edição: Carlos Eduardo Marques (editor), Darlene Fernandes Escribano (assistente editorial)

Planejamento e controle de produção: Flávio Matuguma, Juliana Batista, Felipe Nogueira e Juliana Gonçalves

Revisão: Kátia Scaff Marques (coord.), Brenda T. M. Morais, Daniela Lima, Malvina Tomáz e Ricardo Miyake

Arte: André Gomes Vitale (ger.), Catherine Saori Ishihara (coord.), Claudemir Camargo Barbosa (edição de arte)

Diagramação: Typegraphic

Iconografia e tratamento de imagem: Denise Kremer e Claudia Bertolazzi (coord.), Fernanda Gomes (pesquisa iconográfica) e Fernanda Crevin (tratamento de imagens)

Licenciamento de conteúdos de terceiros: Roberta Bento (ger.), Jenis Oh (coord.), Liliane Rodrigues, Flávia Zambon e Raísa Maris Reina (analistas de licenciamento)

Ilustrações: Dam Ferreira, Estúdio Mil, Giz de Cera, Jotah Ilustrações, Lima e Michel Ramalho

Cartografia: Eric Fuzii (coord.) e Robson Rosendo da Rocha

Design: Erik Taketa (coord.) e Talita Guedes da Silva (proj. gráfico e capa)

Ilustração de capa: Barlavento Estúdio

Logotipo: Saulo Dorico

Dados Internacionais de Catalogação na Publicação (CIP)

```
Dante, Luiz Roberto
    Projeto Ápis : Matemática : 1º ao 5º ano / Luiz
Roberto Dante. -- 4. ed. -- São Paulo : Ática, 2020.
    (Projeto Ápis ; vol. 1 ao 5)


    Bibliografia


    1. Matemática (Ensino fundamental) Anos iniciais I.
Título II. Série

20-1345                                          CDD 372.7
```

Angélica Ilacqua - Bibliotecária - CRB-8/7057

2023
Código da obra CL 750415
CAE 721297 (AL) / 721296 (PR)
ISBN 9788508195701 (AL)
ISBN 9788508195718 (PR)
4ª edição
7ª impressão
De acordo com a BNCC.

Impressão e acabamento: Bercrom Gráfica e Editora

Uma publicação  **SOMOS** EDUCAÇÃO

Apresentação

A Matemática tem um papel importante na sua vida. Ela está presente na escola, onde você mora e em todo lugar a que você for.

Neste ano, você vai conhecer mais um pouco o mundo dos números, das operações, das figuras geométricas, das grandezas e medidas, das tabelas e dos gráficos: o mundo da **Matemática**.

Aqui você vai encontrar atividades, jogos, brincadeiras, desafios e situações para pensar, inventar e resolver. Com isso, você vai descobrir cada vez mais a beleza desse mundo.

Espero que você goste muito: este livro foi feito com muito carinho.

Um abraço bem forte.

O autor

Conheça seu livro

Veja a seguir como seu livro de Matemática está organizado. Depois, com um colega, folheie o livro e descubra tudo o que está apresentado nestas páginas.

Abertura de Unidade
Este livro é dividido em 10 unidades.

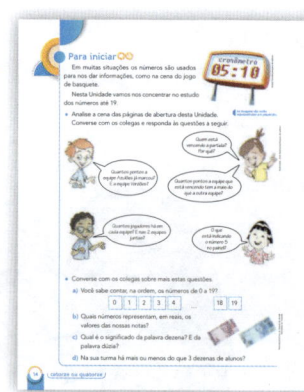

Para iniciar
Atividades que possibilitam a você um primeiro contato com o que será estudado na Unidade.

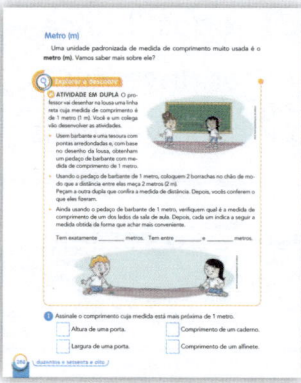

Explorar e descobrir
Atividades concretas e de experimentação que o incentivam a investigar, refletir, descobrir, sistematizar e concluir as situações propostas.

Tecendo saberes
Seção interdisciplinar que incentiva a reflexão sobre a importância da sua atuação como cidadão participativo e integrado à sociedade.

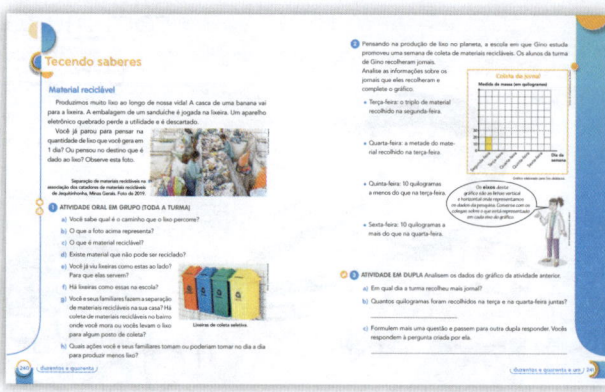

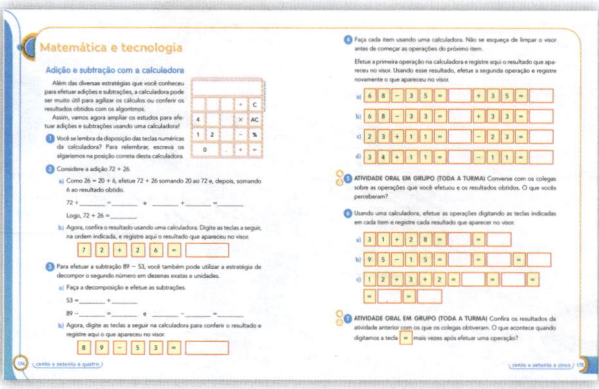

Matemática e tecnologia
Seção para explorar a tecnologia, introduzindo o uso de calculadora e de *softwares* livres.

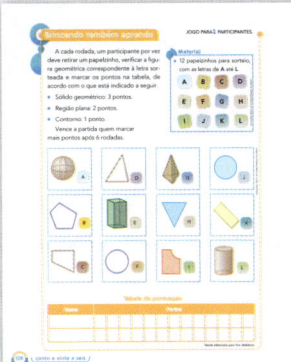

Brincando também aprendo

Incentiva o trabalho cooperativo por meio de atividades lúdicas.

Com a palavra...

Entrevista com um profissional que usa conceitos da Matemática no dia a dia.

Desafio

Atividades de maior complexidade para testar seu conhecimento e sua criatividade.

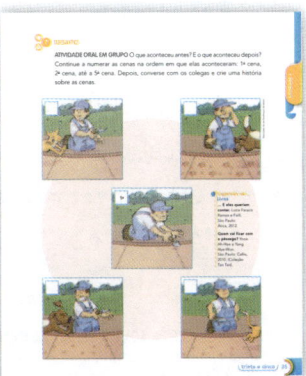

Glossário

Pequeno dicionário ilustrado de termos matemáticos para você consultar sempre que precisar.

Vamos ver de novo?

Atividades para rever e fixar conceitos estudados na Unidade e em Unidades anteriores.

Material complementar

Acompanha o Livro do Aluno:

Caderno de Atividades

Ápis Divertido

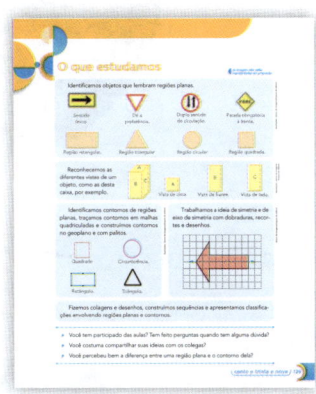

O que estudamos

Resumo dos principais conteúdos da Unidade.

Ápis Divertido

Materiais para destacar, montar, manipular, aprender e se divertir.

Caderno de Atividades

Apresenta atividades para aprender melhor os conteúdos de cada Unidade.

Ícones

Atividade em grupo

Atividade em dupla

Pesquise

Atividade oral

Calculadora

Sumário

Lima/Arquivo da editora

Andréia Vieira/Arquivo da editora

Jótah Ilustrações/Arquivo da editora

Jótah Ilustrações/Arquivo da editora

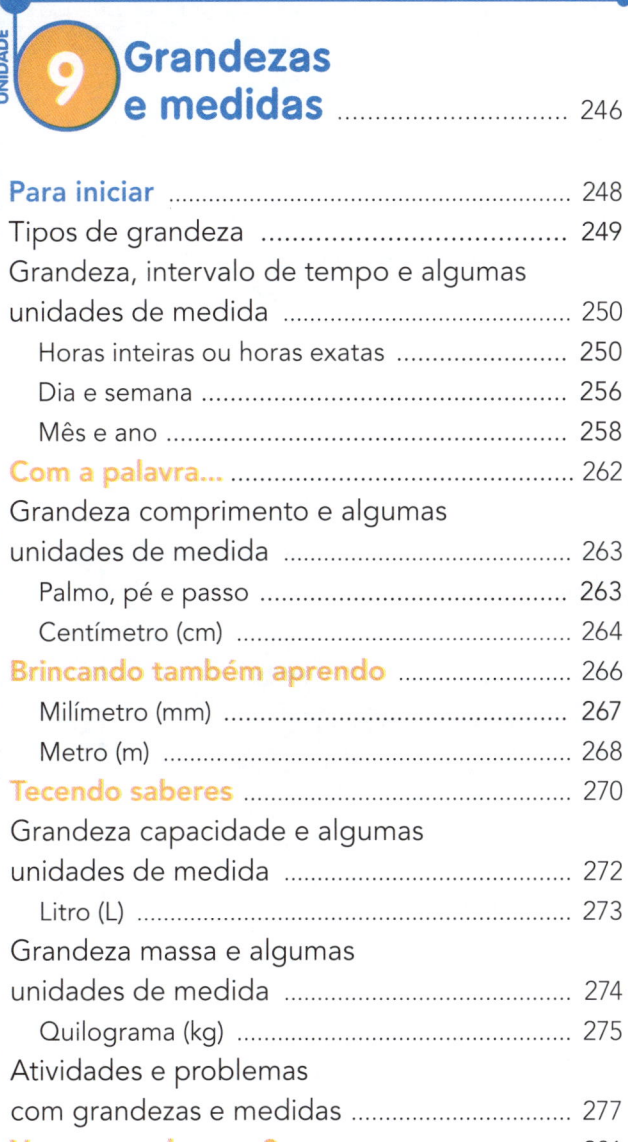

Jotah Ilustrações/Arquivo da editora

Jotah Ilustrações/Arquivo da editora

O mundo da Matemática

Era uma vez uma criança que dizia:
"Eu aprendo Matemática e uso todo dia!".
E ainda hoje ela está dizendo:
"Quero continuar aprendendo.".

As imagens não estão representadas em proporção.

Ilustrações: Jotah Ilustrações/Arquivo da editora

Números

1, 2, 3, ...

Você já contou alguma coisa, como Marcos está fazendo?

Figuras geométricas

Você já fez desenhos com figuras quadradas, figuras retangulares, figuras triangulares e figuras circulares?

Grandezas e medidas

Carla está acertando o horário no relógio de pulso dela. Que horas são?

Gráficos

Cor preferida

Quantidade de votos

Cor

Gráfico elaborado para fins didáticos.

Você já construiu um gráfico como o de Felipe?

Eu e a Matemática

Meu primeiro nome é:

____.

Ele tem ________ letras.

Jótah Ilustrações/Arquivo da editora

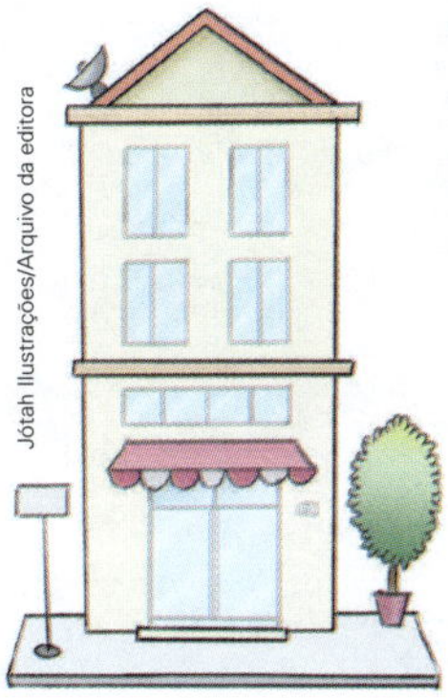

Meu endereço é: ______________________

____________________________________.

Minha foto 3 por 4.

Cidade: ____

Estado: __________________________ CEP: _____________

Telefone: (________) ______________________________.

A data do meu nascimento é: ________ de _________________ de ________.

Minha idade é: ________ anos.

Quando nasci eu pesava ________ quilogramas. Agora peso ________ quilogramas.

Minha altura tem medida de comprimento de ________ centímetros.

O número do meu sapato é ________.

Na minha casa moram ________ pessoas.

Há ________ alunos na minha turma.

Agora, desenhe ao lado um objeto retangular de sua casa ou da sala de aula.

1 Números

Azulões 14

Verdões 12

- O que você vê nesta cena?
- Como podemos identificar os jogadores de cada equipe nesta cena?
- Você já participou de um jogo como este?
- Como cada equipe obtém os pontos nesse jogo?

Michel Ramalho/Arquivo da editora

Para iniciar

Em muitas situações os números são usados para nos dar informações, como na cena do jogo de basquete.

Nesta Unidade vamos nos concentrar no estudo dos números até 19.

● Analise a cena das páginas de abertura desta Unidade. Converse com os colegas e responda às questões a seguir.

As imagens não estão representadas em proporção.

Quantos pontos a equipe Azulões já marcou? E a equipe Verdões?

Quem está vencendo a partida? Por quê?

Quantos pontos a equipe que está vencendo tem a mais do que a outra equipe?

Quantos jogadores há em cada equipe? E nas 2 equipes juntas?

O que está indicando o número 5 no painel?

● Converse com os colegas sobre mais estas questões.

a) Você sabe contar, na ordem, os números de 0 a 19?

| 0 | 1 | 2 | 3 | 4 | ... | 18 | 19 |

b) Quais números representam, em reais, os valores das nossas notas?

c) Qual é o significado da palavra dezena? E da palavra dúzia?

d) Na sua turma há mais ou menos do que 3 dezenas de alunos?

Um pouco da história dos números

Desde o começo do mundo
as pessoas contavam.
Contavam os objetos que faziam
e os animais que pastavam.

Contavam as mudanças da Lua
e assim mediam o intervalo de tempo.
Contavam as árvores novas
que balançavam ao vento.

Ilustrações: Jótah Ilustrações/Arquivo da editora

1 Quantas ovelhas há no quadro? Registre no pergaminho.

As imagens não estão representadas em proporção.

Os povos criaram diferentes maneiras de registrar as quantidades de tudo que contavam. Veja abaixo como alguns povos registravam a quantidade de ovelhas desse quadro.

Atualmente, para escrever os números, usamos símbolos chamados **algarismos**. São eles:

0, 1, 2, 3, 4, 5, 6, 7, 8 e 9.

2 Nas calculadoras e nos relógios digitais, os algarismos são escritos a partir do modelo ao lado.

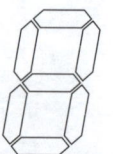

Veja os algarismos de 0 a 6 e pinte para formar 7, 8 e 9.

3 NÚMEROS COM 1 ALGARISMO

E com vocês...
o mágico das quantidades!
Este mágico é muito simpático e gosta de fazer mágicas coloridas.
Abracadabraaaaa... Plinc!

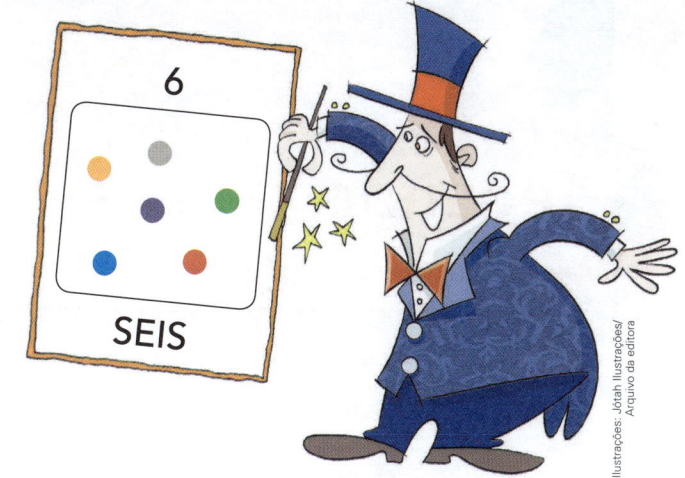

Ilustrações: Jótah Ilustrações/ Arquivo da editora

A cada toque da varinha do mágico aparece a quantidade de bolinhas correspondente ao número indicado!
Observe os números de 1 algarismo e desenhe a quantidade de bolinhas que deve aparecer quando o mágico tocar os quadros abaixo.
Você participa do espetáculo e escolhe as cores!

4

Quatro.

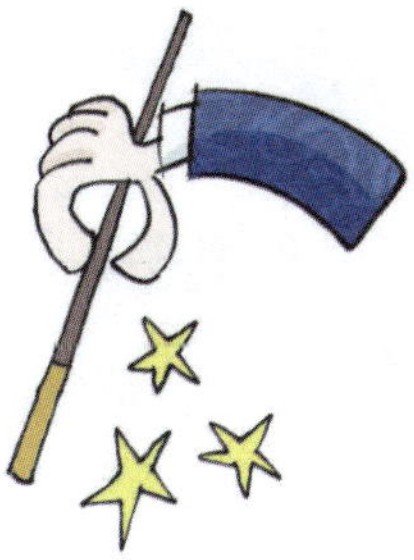

2

Dois.

7

Sete.

1

Um.

8

Oito.

0

Zero.

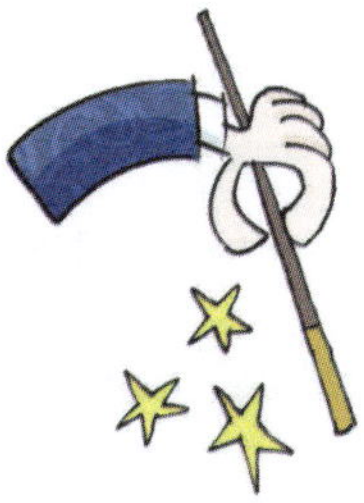

9

Nove.

5

Cinco.

3

Três.

Tecendo saberes

Cada um de nós tem uma história. Quando nascemos em uma maternidade, por exemplo, recebemos uma pulseira com nossas primeiras informações: nome e data de nascimento.

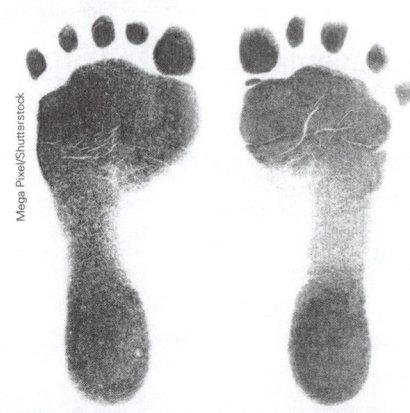

Carimbo dos pés de um recém-nascido, feito para identificação do bebê.

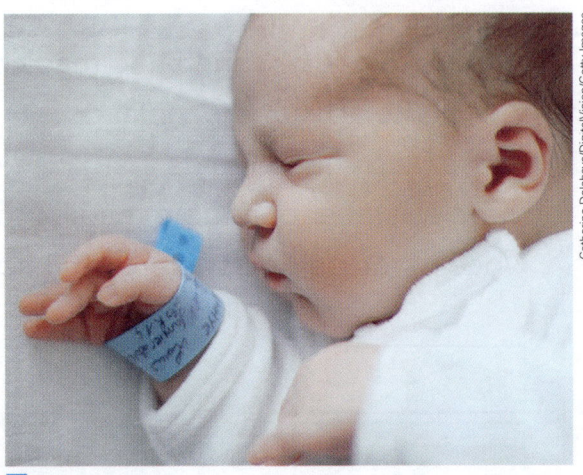

Pulseira com identificação de um recém-nascido.

1 **ATIVIDADE ORAL EM GRUPO (TODA A TURMA)**

a) Você se lembra de algum fato divertido ou curioso na sua história de vida? Compartilhe com os colegas e o professor.

b) Todos os colegas viveram situações parecidas com a que você contou?

2 Observe novamente as fotos de identificação acima.

a) Registre seu nome e sua data de nascimento.

Nome: _____

Data de nascimento: _____ /_____ /_____

b) Você utilizou algarismos ou letras para escrever seu nome? _____

c) E para escrever sua data de nascimento? _____

d) **ATIVIDADE ORAL EM GRUPO (TODA A TURMA)** Observe os registros dos colegas. Os desenhos dos algarismos e das letras deles são parecidos com os seus?

3 ATIVIDADE ORAL

ATIVIDADE ORAL O traçado dos algarismos e das letras mudou muito ao longo da história e do uso por diferentes povos. Veja abaixo algumas transformações que ocorreram.

Algarismos

Hindus (300 a.C.)	Não existia.	−	=	≡	Ψ	ϒ	6	Ͽ	ς	?
Árabes (900 d.C.)	◇	ı	r	ш	ε	٥	7	٧	٨	٩
Italianos (1400 d.C.)	o	I	2	3	4	ϟ	6	7	8	9
Atual	0	1	2	3	4	5	6	7	8	9

Ilustrações: Lima/Arquivo da editora

Letras

Semitas (1500 a.C.)	ⱪ	∃	ⱶ	ь	ο	9	Ⱶ
Gregos (850 a.C.)	Ⱶ	Ⅎ	Z	Ⴗ	ο	ꓥ	Ⱶ
Romanos (650 a.C.)	A	E	I	N	O	P	X
Atual	a	e	i	n	o	r	x

Ilustrações: Lima/Arquivo da editora

Fontes de consulta. PORTAL DO PROFESSOR. **Espaço da aula**; CIÊNCIA HOJE DAS CRIANÇAS.. **Notícias**. Disponíveis em: <http://portaldoprofessor.mec.gov.br/fichatecnicaaula.html?aula=23508>; <http://chc.org.br/a-historia-das-letras/>. Acesso em: 3 set. 2019.

O que você achou das transformações dos traçados dos algarismos e das letras? Os algarismos mudaram muito? E as letras?

4

Além das mudanças históricas, hoje em dia podemos usar digitalmente diferentes tipos de letra. Veja exemplos com a letra **A**.

A A G A A A A

a) Você já encontrou essas ou outras representações das letras? Se sim, onde?

---

b) **ATIVIDADE EM GRUPO** Procure diferentes tipos de letra e, em uma folha de papel à parte, faça uma montagem do seu nome. Depois, mostre o resultado para os colegas.

Os números de 0 a 10

1 VAMOS CONTAR TAMPINHAS?

Escreva o número de tampinhas e, depois, como lemos o número. Veja o exemplo dado.

2 SINAL DE TRÂNSITO: SEMÁFORO OU SINALEIRA

a) Observe a foto ao lado e complete: no semáforo

há _____ cores.

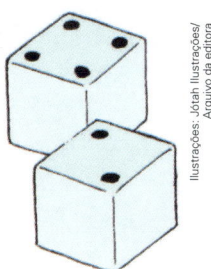

> As imagens não estão representadas em proporção.

b) Escreva o que significa cada cor.

Vermelho: _____

Amarelo: _____

Verde: _____

Semáforo ou sinaleira.

 c) **ATIVIDADE ORAL EM DUPLA** Agora, converse com um colega sobre por que é importante existir o semáforo.

3 POSSIBILIDADE: O QUE QUER DIZER?

Larissa jogou 2 dados iguais e saíram 4 e 2 pontos nas faces voltadas para cima. Veja ao lado. Essa é uma **possibilidade** de obter 6 pontos.

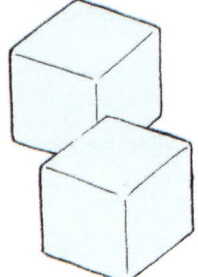

Ilustrações: Jótah Ilustrações/ Arquivo da editora

a) Desenhe abaixo outras 2 possibilidades de obter 6 pontos.

b) Responda: há outras possibilidades? _____

4 Complete esta sequência de 1 em 1, começando do 0 e escrevendo os números da esquerda para a direita.

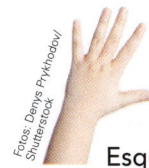

Fotos: Denys Prykhodov/ Shutterstock

			3				7	8	9	

Esquerda.

Direita.

5 Tamires mora em um sítio. As imagens não estão representadas em proporção.

a) Observe algumas palavras do dia a dia dela e coloque em cada quadrinho o número de letras da palavra.

| Curral | Plantação | Trator | Laranjeira |
| 6 | | | |

| Porteira | Arado | Córrego | Pasto |

b) **ATIVIDADE ORAL EM GRUPO** Converse com os colegas sobre o significado dessas palavras.

6 Observe a cena e depois responda.

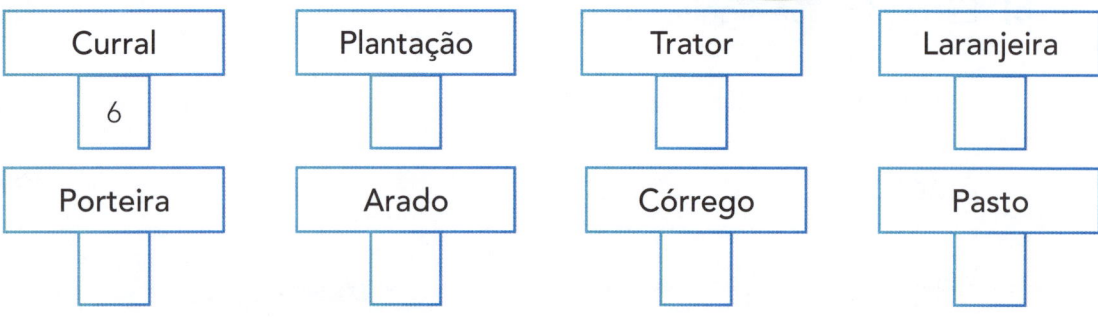

a) Quantas pessoas estão na fila do ônibus? _____

b) Quantas pessoas estão **atrás** de quem está de camiseta vermelha?

_____

c) Quantas pessoas estão **na frente** de quem está de camiseta azul?

_____

d) Quantas pessoas estão **entre** quem está de camiseta amarela e quem está

de camiseta rosa? _____

e) Marque com um **X** a pessoa que está **imediatamente depois** de quem está de camiseta amarela.

f) Contorne a pessoa que está **imediatamente antes** de quem está carregando uma bolsa verde.

g) **ATIVIDADE ORAL EM DUPLA** Escolha uma das pessoas dessa cena e descreva para um colega a posição dela em relação a outras pessoas da fila.

Saiba mais

Nós vivemos no planeta Terra. A Terra faz parte do Sistema Solar porque ela gira em torno do Sol. A Terra demora 1 ano para dar uma volta inteira em torno do Sol.

Ilustração esquemática do Sistema Solar. Imagem fora de escala e em cores fantasia.

7 Conte os planetas conhecidos do Sistema Solar e complete.

São _____ planetas.

◖ As imagens não estão representadas em proporção.

8 Ana Luísa acabou de lavar as roupas. Observe as camisetas no varal.

a) Quantos prendedores de roupa ela usou para prender as 4 camisetas no varal?

_____

b) Agora, complete a tabela abaixo considerando que Ana Luísa vai continuar prendendo camisetas do mesmo modo nesse varal.

Roupas penduradas no varal

Número de camisetas	5	6	7	8	
Número de prendedores					10

Tabela elaborada para fins didáticos.

9 **O QUE É, O QUE É?**

Tem 5 dedos e nenhuma unha. _____

Luís e Luana saíram da escola e cada um vai para sua casa.

a) Localize as casas de acordo com as informações abaixo.

- Luís vai andar 1 quarteirão para a frente, virar à direita na esquina e andar 2 quarteirões. Depois ele vai virar para a esquerda e andar mais 1 quarteirão. A casa dele fica à direita. Pinte o caminho e a casa de azul.

- Luana vai andar 1 quarteirão para a esquerda, na mesma rua da escola. Na esquina ela vai virar à direita e andar 2 quarteirões. A casa dela fica à esquerda. Pinte o caminho e a casa de verde.

Jotah Ilustrações/Arquivo da editora

b) Agora, responda: Quantos quarteirões mede a distância entre a casa de Luís e a casa de Luana? _____

11 Em uma folha de papel à parte, faça um desenho da sala de aula vista de cima (planta), como o desenho da atividade anterior. Indique alguns elementos importantes, como a porta e a lousa. Em seguida, registre no desenho um caminho possível para ir de sua carteira até a mesa do professor.

A dezena

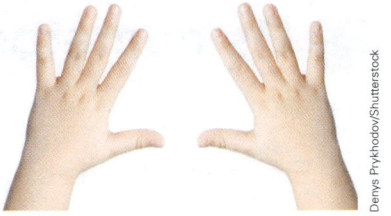

Quantos dedos você tem nas 2 mãos? **10 (dez)** dedos ou **1 dezena** de dedos.

Veja agora os palitos.

◀ **As imagens não estão representadas em proporção.**

1 dezena de dedos.

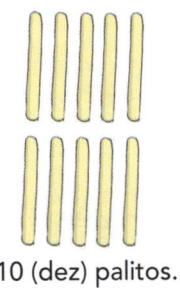

ou

10 (dez) palitos.

1 dezena de palitos.

1 grupo de 10!

10 unidades!

1 dezena!

1 Utilize o material dourado e construa 1 barrinha usando cubinhos. Depois, complete a frase abaixo.

Dezena: _____ dezena tem _____ unidades.

Unidade:

2 Assinale o quadro que tem 1 dezena de bolas.

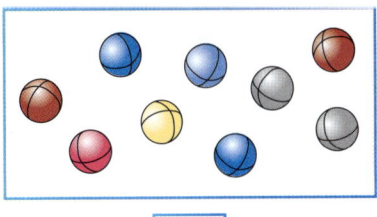 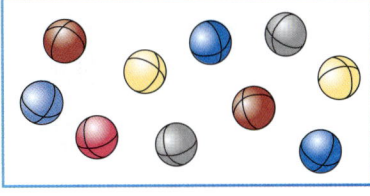 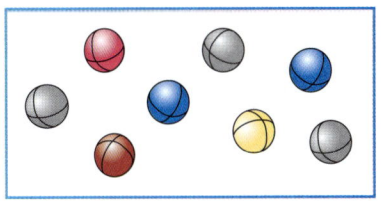

3 Desenhe 1 dezena de figuras triangulares.

4  **ATIVIDADE ORAL EM GRUPO** Você já pensou de onde vem a palavra **dezena**? Converse com os colegas.

Os números de 0 a 19

1 Em cada linha, da esquerda para a direita, pinte sempre **1 dezena** de quadrinhos de azul e o restante dos quadrinhos de vermelho.

10
Dez.

$10 + 1 = 11$
Onze.

$10 + 2 = 12$
Doze.

$10 + 3 = 13$
Treze.

2 Observe e complete como no exemplo.

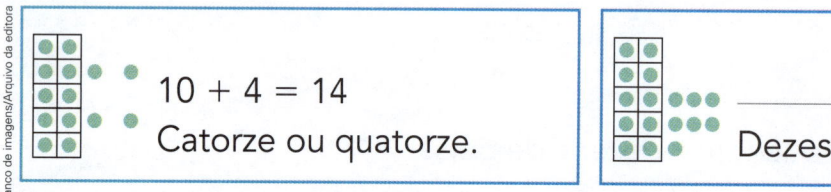
$10 + 4 = 14$
Catorze ou quatorze.

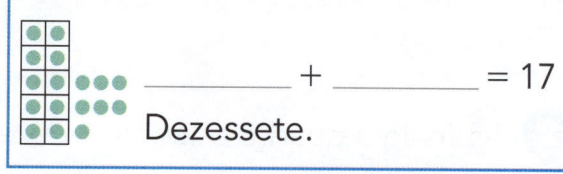
_____ + _____ = 17
Dezessete.

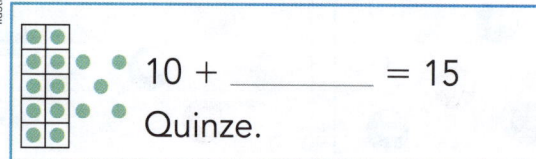
$10 +$ _____ $= 15$
Quinze.

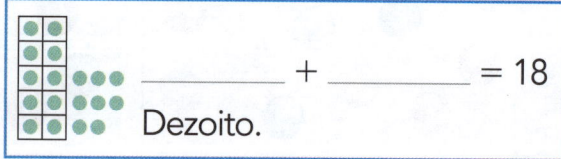
_____ + _____ = 18
Dezoito.

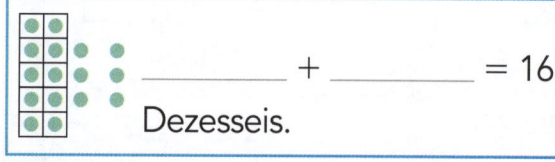
_____ + _____ = 16
Dezesseis.

_____ + _____ = 19
Dezenove.

3 Complete o quadro de números de 0 a 19.

0	1	2	3	4					
10									

4 ATIVIDADE ORAL EM GRUPO (TODA A TURMA)

a) Leiam pausadamente os números do quadro da atividade anterior, na ordem.

b) Quais números do quadro têm só 1 algarismo? E quais são formados por 2 algarismos?

5 CONTAGEM

a) Forme um grupo de 10 e escreva o número total de patos.

Fotos: Photomaster/Shutterstock

_____ + _____ = _____

_____ patos.

◗ As imagens não estão representadas em proporção.

b) Agora, descubra e escreva o número total de peixes, numerando-os de 1 em 1, a partir do 1.

Tatyana Vyc/Shutterstock

_____ peixes.

6 VOCÊ ESCOLHE!

a) Escreva um número de 10 a 19. _____

b) Agora, escolha um objeto ou um animal e desenhe a quantidade correspondente ao número que você escolheu. Passe para um colega conferir e você confere o dele.

Números e medidas

Cátia saiu de casa.

1 Cátia foi brincar na casa de Eduarda no período da manhã.

Observe os relógios e complete.

a) Cátia saiu de casa às _____ horas.

b) Cátia voltou para casa às _____ horas.

c) Cátia ficou fora de casa durante _____ horas.

Cátia voltou para casa.

2 **ESTIMATIVA**

a) Quantas xícaras de café você acha que são necessárias para encher um copo comum?

_____

b) Faça a experiência usando água e comprove sua estimativa. Quantas xícaras de café são necessárias?

_____

◀ As imagens não estão representadas em proporção.

3 As 2 balanças abaixo estão equilibradas.

a) Observe-as e desenhe as laranjas na balança da direita.

b) Agora, complete.

- O "peso" de 2 abacaxis é igual ao "peso" de _____ laranjas.

- O "peso" de 1 abacaxi é igual ao "peso" de _____ laranjas.

- O "peso" de 3 abacaxis é igual ao "peso" de _____ laranjas.

Ordem dos números

Veja a comparação das quantidades com o material dourado.

 é mais do que 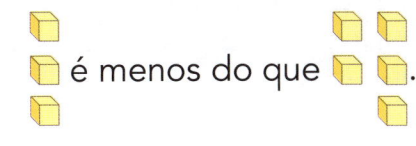.

Podemos escrever:

| 7 é **maior do que** 4. |

 é menos do que .

Podemos escrever:

| 3 é **menor do que** 5. |

1 Conte, compare as quantidades e complete.

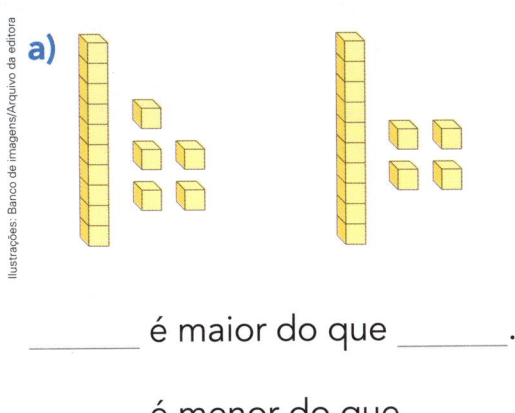

a)

_____ é maior do que _____ .

_____ é menor do que _____ .

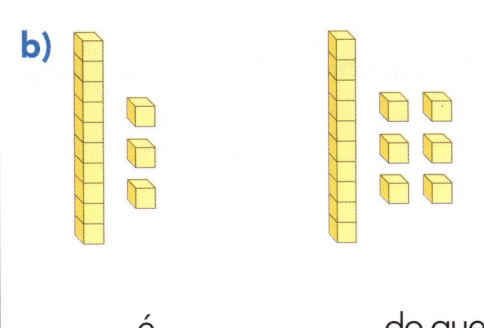

b)

_____ é _____ do que _____ .

_____ é _____ do que _____ .

2 Pinte, da esquerda para a direita, a quantidade de quadrinhos correspondente a cada número indicado. Depois, faça as comparações.

11

9

17

- 11 é _____ do que 9.

- 9 é _____ do que 17.

- 11 é _____ do que 17.

- 17 é _____ do que 9.

3 A comparação entre números também pode ser feita observando uma **reta numerada**. Ela mostra os números em ordem, da esquerda para a direita, do menor para o maior.

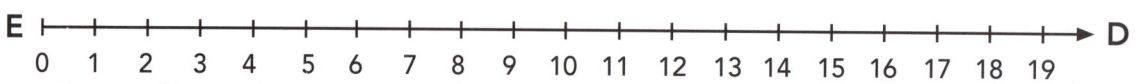

E |—|—|—|—|—|—|—|—|—|—|—|—|—|—|—|—|—|—|—|—|→ D
0 1 2 3 4 5 6 7 8 9 10 11 12 13 14 15 16 17 18 19

Por exemplo, 11 é menor do que 14 porque 11 vem antes de 14 ou porque 11 fica à esquerda de 14 nessa reta numerada.

a) Observe a reta numerada acima e complete os itens com **maior do que**, **menor do que** ou **igual a**.

- 11 é _____ 18.
- 19 é _____ 10.

- 15 é _____ 15.
- 19 é _____ 15.

b) Agora, complete com números.

- _____ é menor do que _____.

- _____ é maior do que _____.

4 Conte e escreva quantas laranjas você vê em cada saco.
Depois, trace o caminho que leva o menino ao saco que contém o maior número de laranjas.

_____ laranjas.

_____ laranjas.

_____ laranjas.

5 **GRÁFICO E TABELA**

Beto e Mara são irmãos. Lucas e Priscila são primos deles. As 4 crianças adoram brincar juntas!

a) Vamos descobrir a idade das crianças?

Cada quadrinho colorido corresponde a 1 ano.

Complete os números que estão faltando no gráfico. Depois, complete a tabela com a idade de cada criança.

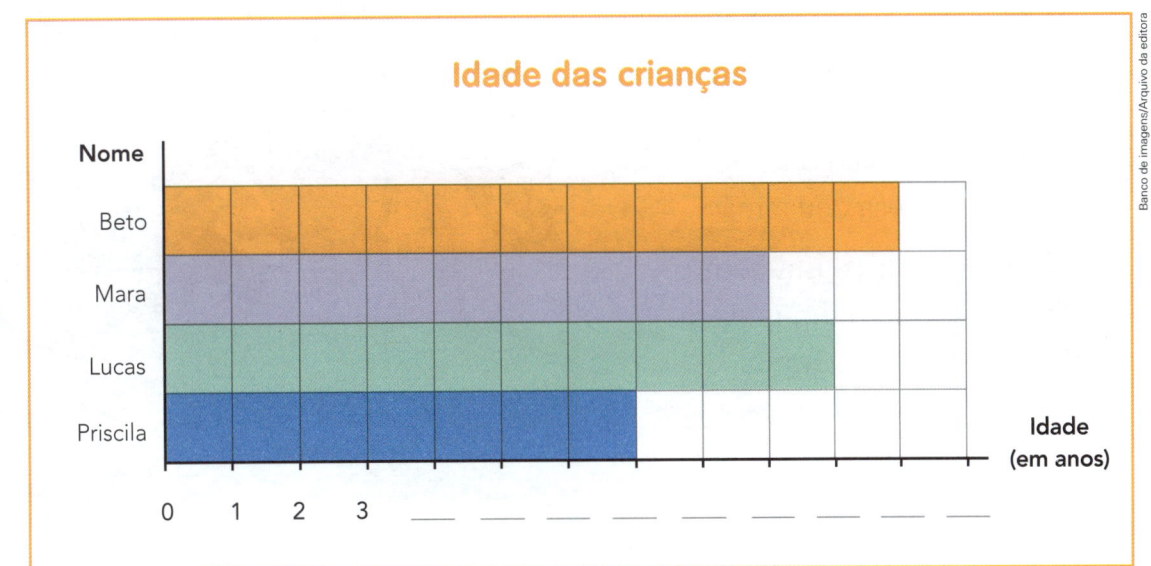

Gráfico e tabela elaborados para fins didáticos.

b) Escreva as 4 idades em ordem crescente (da menor para a maior).

_____ anos, _____ anos, _____ anos, _____ anos.

c) **ATIVIDADE ORAL EM GRUPO** Agora, com os colegas, brinque de perguntas e respostas envolvendo a idade das 4 crianças.

Numeração ordinal

Vamos cantar uma canção do folclore brasileiro que utiliza os números ordinais? Ela se chama **Teresinha de Jesus**.

Teresinha de Jesus
De uma queda foi ao chão
Acudiram três cavalheiros
Todos três com chapéu na mão.

O **primeiro** foi seu pai
O **segundo** seu irmão
O **terceiro** foi aquele
A quem Teresa deu a mão.

Da laranja quero um gomo
Do limão quero um pedaço
Da morena mais bonita
Quero um beijo e um abraço.

Canção popular.

Jotah Ilustrações/Arquivo da editora

Agora, observe as palavras que estão destacadas na canção. Elas indicam a **ordem** em que os cavalheiros ajudaram Teresinha.

Primeiro ou 1º	**Segundo** ou 2º	**Terceiro** ou 3º

1 Ligue cada medalha à colocação correspondente. 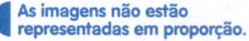 As imagens não estão representadas em proporção.

 Ilustrações: Jotah Ilustrações/ Arquivo da editora

Prata.

Bronze.

Ouro.

3ª colocação.	2ª colocação.	1ª colocação.

2 NÚMEROS ORDINAIS E DESLOCAMENTO

O prédio onde Maurício mora tem o andar térreo e mais 10 andares.

a) Observe a imagem e complete a numeração ordinal dos andares.

b) ATIVIDADE ORAL EM GRUPO (TODA A TURMA) Com os colegas, leia o nome dos andares de forma ritmada, de baixo para cima.

c) Agora faça estes deslocamentos com o dedo e complete.

- Maurício sai do 3º andar e sobe 2 andares. Chega ao _____ andar.

- Ele sai do 4º andar e desce 2 andares. Chega ao _____ andar.

- Ele sai do 6º andar, desce 3 andares e depois sobe 7 andares. Chega ao

_____ andar.

_____ andar →
_____ andar →
_____ andar →
_____ andar →
_____ andar →
_____ andar →
_____ andar →
3º andar →
2º andar →
1º andar →
Térreo →

Jotah Ilustrações/Arquivo da editora

3 Escreva como se lê.

1º (Primeiro.)

2º (Segundo.)

3º (Terceiro.)

4º (_____)

5º (_____)

6º (_____)

7º (_____)

8º (_____)

9º (_____)

10º (_____)

11º (Décimo primeiro.)

12º (_____)

4 VAMOS PINTAR OS CARROS?

Pinte 1 carro de vermelho e os demais de azul. Mas atenção: o carro vermelho deve ficar entre o 2º e o 4º carro da fila.

As imagens não estão representadas em proporção.

5 NÚMEROS ORDINAIS DOS MESES DO ANO

Janeiro é o 1º (primeiro) mês do ano.

Observe o calendário e, depois, complete as frases.

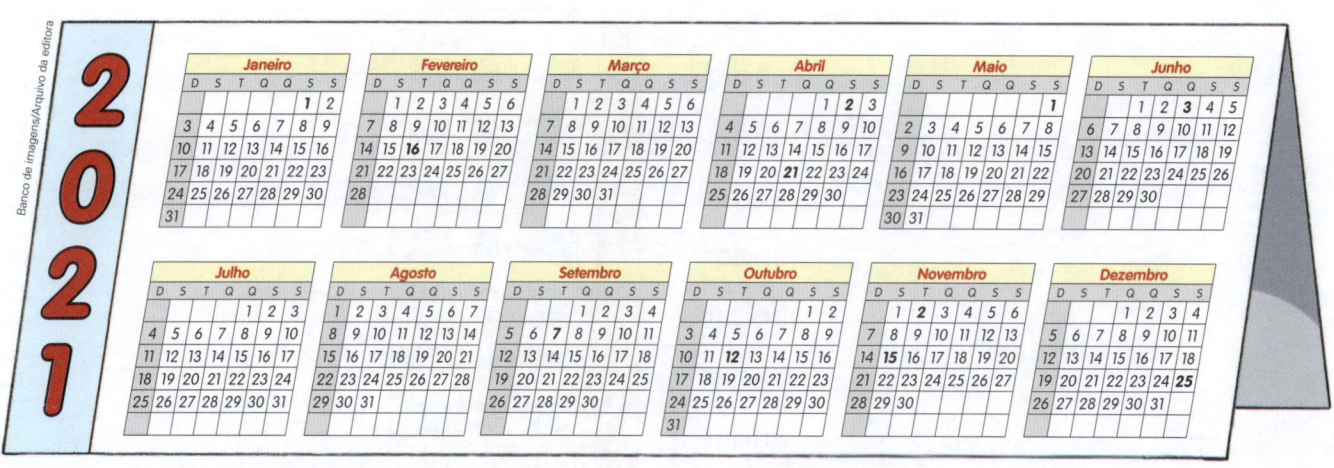

Banco de imagens/Arquivo da editora

a) Março é o _____ (_____) mês do ano.

b) O 5º (quinto) mês do ano é _____ .

c) O 7º (sétimo) mês do ano é _____ .

d) Setembro é o _____ (_____) mês do ano.

e) O 10º (décimo) mês do ano é _____ .

f) Dezembro é o _____ (_____) mês do ano.

6 Complete: domingo é o 1º dia da semana.

Então, sábado é o _____ dia da semana.

7 DESAFIO

ATIVIDADE ORAL EM GRUPO O que aconteceu antes? E o que aconteceu depois? Continue a numerar as cenas na ordem em que elas aconteceram: 1ª cena, 2ª cena, até a 5ª cena. Depois, converse com os colegas e crie uma história sobre as cenas.

Ilustrações: Giz de Cera/Arquivo da editora

1ª

Adição e subtração com números até 19

Maneiras de efetuar uma adição

As imagens não estão representadas em proporção.

1 Eliana e Marcos estavam brincando com dados.

Eles jogavam 2 dados e descobriam o total de pontos, considerando as faces viradas para cima.

a) Eliana foi a primeira a jogar. Veja como caíram os dados.

Ela contou nos dedos para descobrir o total. Complete.

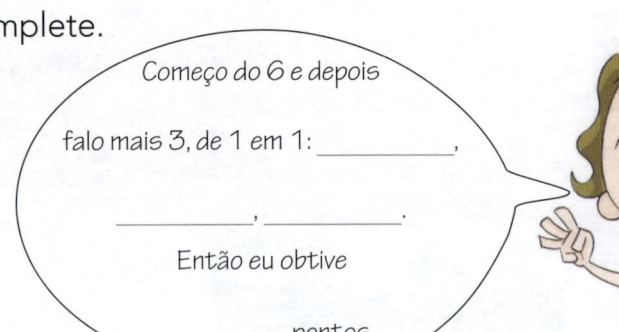

Começo do 6 e depois falo mais 3, de 1 em 1: _____, _____, _____.
Então eu obtive _____ pontos.

Adição: _____ + _____ = _____

b) Observe agora como caíram os dados no lançamento de Marcos.

Para descobrir o total de pontos ele fez desenhos. Complete.

5   2

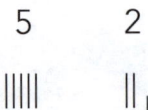

_____

Marcos fez _____ pontos.

Adição: _____ + _____ = _____

c) Finalmente, responda: Qual deles fez mais pontos? Por quê?

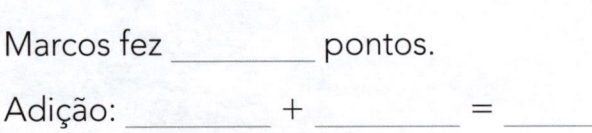

Para conferir o total de pontos, Eliana e Marcos usaram barrinhas coloridas.

Destaque as barrinhas da página 3 do **Ápis divertido** para conferir os resultados.

Ilustrações: Drug Naroda/Shutterstock

- Eliana tirou 6 e 3 nos dados.

    a) Pegue as barrinhas que representam esses valores e coloque-as uma ao lado da outra.

    Qual é a cor da barrinha que tem o mesmo tamanho dessas 2 barrinhas juntas?

    _____

    b) Agora, registre pintando as 3 barrinhas com as cores e os tamanhos correspondentes e indique a adição.

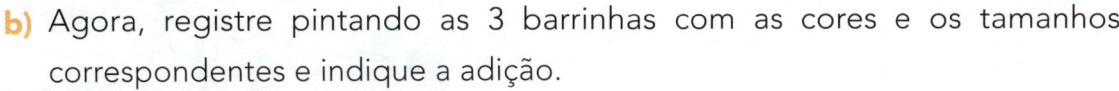

$$\underline{\hspace{2cm}} + 3 = 9 \quad \text{ou} \quad 3 + 6 = \underline{\hspace{2cm}}$$

- Marcos tirou 5 e 2 nos dados.

    a) Pegue as barrinhas que representam esses valores e coloque-as uma ao lado da outra.

    Qual é a cor da barrinha que tem o mesmo tamanho dessas

    2 barrinhas juntas? _____

Ilustrações: Drug Naroda/Shutterstock

    b) Agora, registre pintando as 3 barrinhas com as cores e os tamanhos correspondentes e indique a adição.

$$\underline{\hspace{2cm}} + 2 = 7 \quad \text{ou} \quad 2 + 5 = \underline{\hspace{2cm}}$$

Unidade 1

2 Agora é a sua vez de praticar! Efetue as adições usando diferentes maneiras.

Com os dedos:	Com desenhos:
7 + 2 = _____	6 + 4 = _____

3 Use novamente as barrinhas coloridas e confira as adições da atividade anterior. Depois, invente mais algumas adições com as barrinhas e registre-as aqui.

_____ + _____ = _____   _____ + _____ = _____

_____ + _____ = _____

4 Marcela efetuou uma adição usando barrinhas coloridas, como mostra a figura ao lado.

Escreva o valor de cada barrinha e complete a adição correspondente.

_____ + _____ = _____

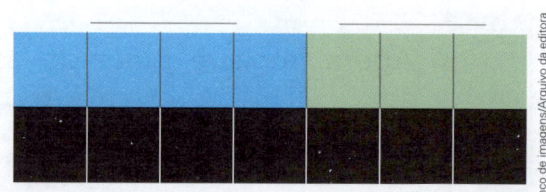

Banco de imagens/Arquivo da editora

5 **ADIÇÃO USANDO A RETA NUMERADA**

Veja como Raul fez para efetuar 5 + 8 usando uma reta numerada.

Saio do 5 e "ando" para a frente a quantidade que indica o outro número (8). Chego ao 13. Logo, 5 mais 8 é igual a 13.

Lima/Arquivo da editora

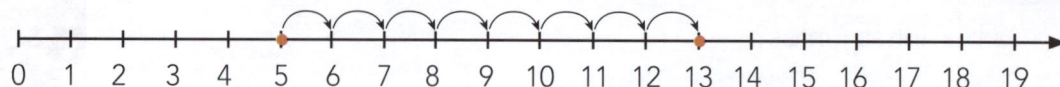

Efetue mais estas adições usando a reta numerada e registre os resultados.

a) 8 + 5 = _____

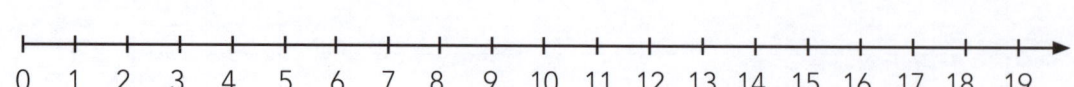

b) 4 + 10 = _____

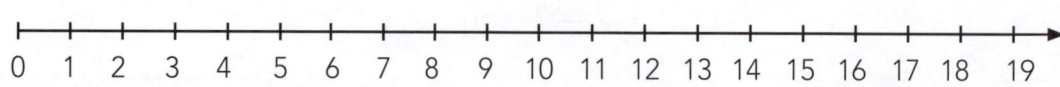

Ilustrações: Banco de imagens/Arquivo da editora

Maneiras de efetuar uma subtração

1 Rosana tem 7 reais e vai comprar um sorvete que custa 4 reais.

Para saber com quanto vai ficar, ela usou os dedos das mãos.

Mostro 7 dedos.

Escondo 4 deles, ficam 3.

Ilustrações: Jótah Ilustrações/ Arquivo da editora

Complete: Rosana vai ficar com _____ reais.

Indique a subtração: _____ − _____ = _____

2 Use os dedos das mãos, descubra os resultados e complete.

a) 5 − 2 = _____ **d)** 3 − 3 = _____

b) 8 − 7 = _____ **e)** 6 − 2 = _____

c) 9 − 1 = _____ **f)** 10 − 7 = _____

3 Marcelo tem 8 reais e vai comprar um gibi de 5 reais.

Ele usou tracinhos para saber com quanto ainda vai ficar.

Complete: Marcelo vai ficar com _____ reais.

Indique a subtração: _____ − _____ = _____

4 Use desenhos (tracinhos, bolinhas, etc.), descubra os resultados e complete.

a) 7 − 3 = _____ **b)** 9 − 4 = _____ **c)** 16 − 7 = _____

Lúcio usou barrinhas coloridas para fazer a afirmação a seguir.

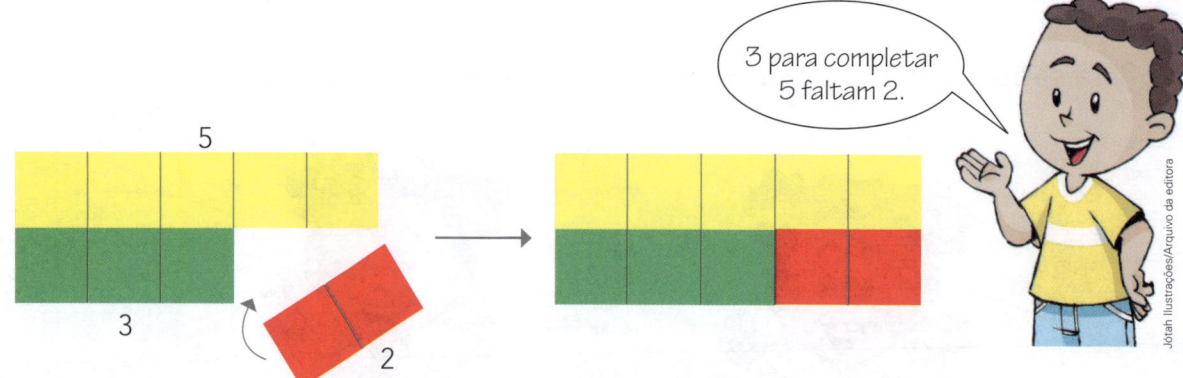

> 3 para completar 5 faltam 2.

Depois ele escreveu a subtração: 5 − 3 = 2.

- Use as barrinhas coloridas, descubra e complete.

   a) 2 para completar 6 faltam _____ (_____ − _____ = _____).

   b) 1 para completar 8 faltam _____ (_____).

   c) 7 para completar 10 faltam _____ (_____).

5 FAÇA DO SEU JEITO!

   a) Observe as marcações e descubra quantos pontos cada equipe fez na gincana realizada na turma de Manoel.

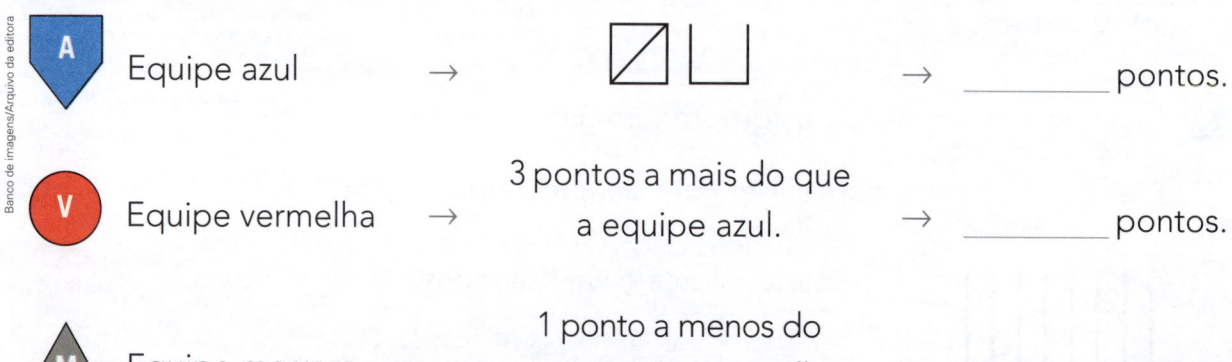

   A Equipe azul → ☑ ⊔ → _____ pontos.

   V Equipe vermelha → 3 pontos a mais do que a equipe azul. → _____ pontos.

   M Equipe marrom → 1 ponto a menos do que a equipe vermelha. → _____ pontos.

   b) Agora, complete: Para a equipe azul chegar a 10 pontos, faltam _____ pontos.

6 SUBTRAÇÃO USANDO A RETA NUMERADA

Veja como Roberta fez para efetuar 11 − 3 usando uma reta numerada.

Agora é sua vez! Efetue as subtrações usando a reta numerada e registre os resultados.

a) 14 − 5 = _____

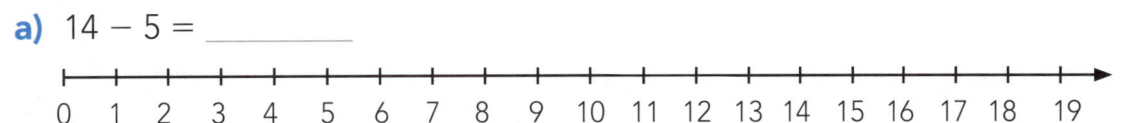

b) 1/ − 4 = _____

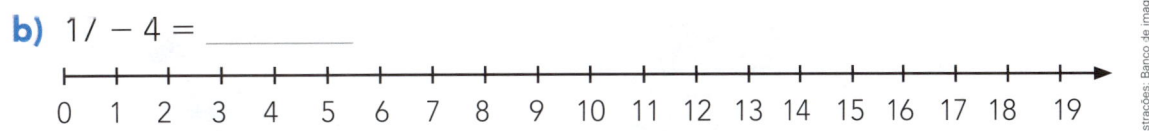

c) 19 − 8 = _____

7 Rafa efetuou operações usando uma reta numerada.
Observe e registre as operações.

a)

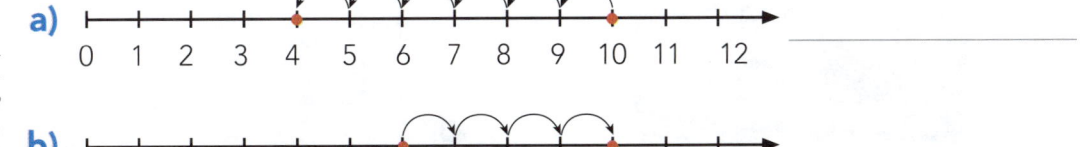

b)

Números e dinheiro

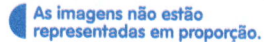

1 **ATIVIDADE ORAL EM GRUPO** Estas são as notas e as moedas que usamos atualmente no Brasil.

1 real ou R$ 1,00.

Converse com os colegas sobre o valor de cada nota e de cada moeda.

2 **PROBLEMAS**

Reprodução/Casa da Moeda do Brasil/Ministério da Fazenda

a) Jane tem estas notas e moedas.

Qual quantia ela tem no total? _____

b) Júlio comprou este caderno e esta bola.

6 reais

Caderno.

9 reais

Bola.

Quanto ele gastou no total? _____

Saiba mais

O dinheiro utilizado no Brasil nem sempre foi o real. Já usamos, por exemplo, o cruzeiro, o cruzeiro novo, o cruzado e outros.

1963 (cruzeiro).

1989 (cruzado).

3 Complete cada item.

a) João tem a nota ao lado.

Se ele ganhar 6 reais, então vai ficar com _____ reais.

b) Paula tem a nota ao lado.

Se ela gastar 4 reais, então vai ficar com _____ reais.

c) Mário tem esta nota: Carla tem esta nota:

Juntos, eles têm _____ reais.

_____ tem _____ reais a mais do que _____.

d) Maria tem as notas ao lado.

Para comprar um livro que custa

18 reais, faltam _____ reais.

4 **ATIVIDADE EM DUPLA** O pai de Ana e Miguel vai distribuir estas notas e moedas entre os dois, de modo que ambos recebam a mesma quantia.

Usem o dinheiro do **Ápis divertido** e distribuam as notas e as moedas entre vocês, como o pai de Ana e Miguel fez. Depois, registrem a distribuição abaixo, com desenhos. (Cada um registra no próprio livro.)

Ana.

Miguel.

Vamos ver de novo?

1 Está faltando cor neste quadro!

a) Pinte as figuras geométricas seguindo a indicação.

Figuras geométricas coloridas

Cor	Figura geométrica			
🟩	△	▢	○	▭
🟥	△	▢	○	▭
🟦	△	▢	○	▭

Tabela elaborada para fins didáticos.

b) Complete.

As imagens não estão representadas em proporção.

- Foram usadas _____ cores e _____ figuras geométricas.

- No total foram pintadas _____ figuras geométricas.

2 Imagine-se em uma base de lançamento de naves espaciais. Complete a contagem regressiva, que vai de 1 em 1.

Bill Ingalls/Nasa/Getty Images

10, 9, 8, 7, 6, 5, _____, _____, _____, _____, _____!

Lançamento do ônibus espacial Atlantis, em 8 de julho de 2011, no Cabo Canaveral, Flórida.

3 Escreva os números que representam as quantidades de balões.

Boule/Shutterstock

- Balões azuis: _____
- Balões verdes: _____
- Balões amarelos: _____
- Total de balões: _____

O que estudamos

Retomamos o conceito de dezena e os números de 0 a 19.

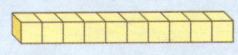

1 unidade.

1 dezena ou 10 unidades.

0	1	2	3	4	5	6	7	8	9
10	11	12	13	14	15	16	17	18	19

Constatamos que, para facilitar a contagem de objetos, pessoas, animais, etc., podemos agrupá-los de 10 em 10.

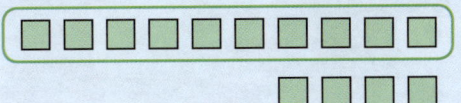

1 grupo de 10 e mais 4 unidades

1 dezena + 4 unidades

$10 + 4 \rightarrow 14$

Fizemos comparação e ordenação de números até 19 e efetuamos as operações de adição e de subtração envolvendo esses números.

- 7 é maior do que 3.
- 12 é menor do que 16.
- 3, 7, 12 e 16 estão na ordem crescente (do menor para o maior).
- $7 + 4 = 11$

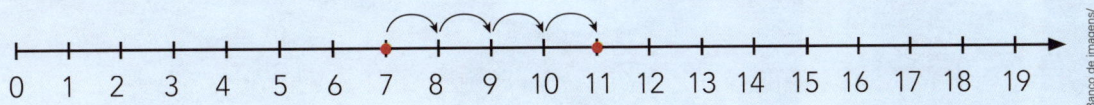

Verificamos situações nas quais os números indicam posições em uma ordem (números ordinais).

1º (primeiro).   2º (segundo).   3º (terceiro).

- Nesta Unidade você estudou algo de que não se lembrava do ano anterior?
- O que você achou mais fácil nesta Unidade? E mais difícil? Converse com o professor sobre suas dificuldades.

2 Sólidos geométricos

- O que você vê nesta cena?

- O que o menino está fazendo? E a menina?

- Escolha um dos objetos desta cena e descreva a forma dele.

Para iniciar

No quarto de Raul e Lívia há vários objetos que, pela forma que têm, lembram figuras geométricas espaciais conhecidas por **sólidos geométricos.**

Nesta Unidade vamos retomar os sólidos geométricos já estudados, conhecer outros e realizar atividades com eles.

- Analise a cena das páginas de abertura desta Unidade. Converse com os colegas e respondam às questões a seguir.

> O porta-lápis e o cesto de lixo da cena têm a mesma forma?

> E a borracha e o calendário? E a borracha e cada livro?

> O pufe, o cesto de lixo e o dado têm a mesma forma?

> A bola e o globo terrestre têm a mesma forma?

Ilustrações: Jótah Ilustrações/Arquivo da editora

- Converse com os colegas sobre mais estas questões.

a) Pense em um livro e em uma página do livro. Qual deles dá ideia de um sólido geométrico?

As imagens não estão representadas em proporção.

b) Quais dos objetos das fotos abaixo têm a mesma forma?

Lata de leite em pó.   Caixa de madeira.   Jarra.   Rolo de papel.

Melodia plus photos/Shutterstock   *Dvarg/Shutterstock*   *Alexander Kazantsev/Shutterstock*   *Africa Studio/Shutterstock*

c) Esta peça de dominó tem a forma parecida com a forma de qual dos objetos das fotos abaixo?

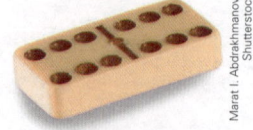

Peça de dominó.

Marat I. Abdrakhmanov/Shutterstock

Tijolo.   Dado.   Bola.

Alis Photo/Shutterstock   *Balaraman Arun/Shutterstock*   *Xiaorui/Shutterstock*

O cubo, o bloco retangular e a esfera

Explorar e descobrir

As imagens não estão representadas em proporção.

Para realizar esta atividade, você vai precisar de uma bola, um dado e uma caixa de creme dental.

Bola.

Dado.

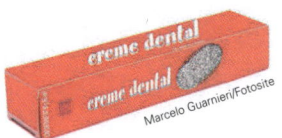

Caixa de creme dental.

Observe bem a forma desses objetos. Manipule-os, explorando todas as partes deles.

Esses objetos lembram os sólidos geométricos abaixo.

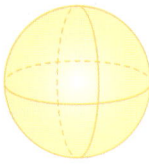

Esfera.

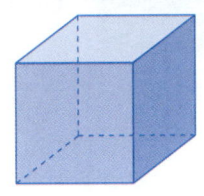

Cubo.

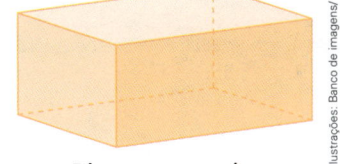

Bloco retangular ou paralelepípedo.

- **ATIVIDADE ORAL EM GRUPO** Converse com os colegas e, juntos, relacionem cada um desses sólidos geométricos com o objeto correspondente.

1 Continue estabelecendo relações entre objetos e sólidos geométricos. Escreva o nome do sólido geométrico de acordo com a forma de cada objeto.

a)

Bolha de sabão.

b)

Brinquedo.

c)

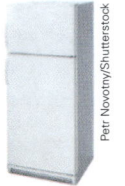

Geladeira.

_____ _____ _____

2 **ATIVIDADE ORAL EM GRUPO** Costuma-se dizer que os sólidos geométricos ou os objetos correspondentes a eles têm **forma não plana** ou **forma espacial**.

Converse com os colegas sobre o que isso quer dizer.

Andando na trilha dos sólidos geométricos

Em cada rodada, o jogador lança o dado e avança o número de casas indicado pela face de cima.

Quando alcançar determinadas casas, o jogador deve fazer mais um movimento.

> **Material**
> - 1 dado
> - 1 objeto diferente para cada jogador andar na trilha

- Casa com cubo 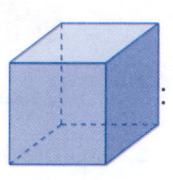 : avança 2 casas.

- Casa com bloco retangular 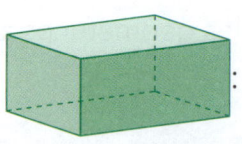 : volta 1 casa.

- Casa com esfera 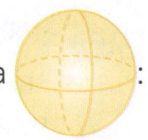 : avança 1 casa.

Vence a partida quem atingir a casa **Chegada** primeiro.

Ilustrações: Banco de imagens/Arquivo da editora

O cubo

Explorar e descobrir

Nesta Unidade você vai montar alguns sólidos geométricos. Providencie uma caixa para guardá-los e identifique a caixa com seu nome.

- Com a ajuda de um adulto, monte o cubo com o molde da página 15 do **Ápis divertido**. Esse cubo será usado em várias atividades desta Unidade.

Crianças manipulando os cubos montados.

- **ATIVIDADE ORAL EM GRUPO**
  Observe com atenção o cubo que você montou. Apalpe-o, vire-o em diferentes posições e explore todas as características dele. Converse com os colegas sobre suas descobertas.

> Guarde seu cubo na caixa de sólidos geométricos para usá-lo sempre que necessário.

- Escreva o nome de objetos que têm a forma parecida com a do cubo.

_____

_____

1 Conheça o nome de algumas partes do cubo.

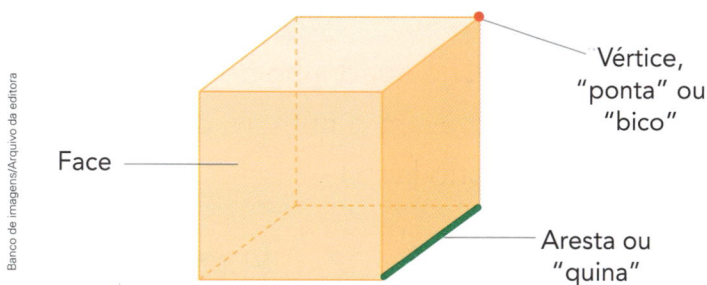

Vértice, "ponta" ou "bico"

Face

Aresta ou "quina"

Use o cubo que você montou, conte e registre.

a) Número de vértices, "pontas" ou "bicos": _____

b) Número de faces: _____

c) Número de arestas ou "quinas": _____

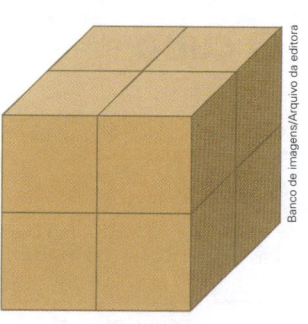

2 ESTIMATIVA

Rui e os colegas dele usaram os cubos que montaram e construíram um novo cubo, como desenhado ao lado.

a) Quantos cubos você acha que eles usaram?

_____

b) ATIVIDADE EM GRUPO Junte-se aos colegas, façam essa mesma construção, confiram a estimativa e registrem no livro.

Número de cubos usados: _____

c) A estimativa foi boa ou não? _____

3 DESAFIO

a) Escreva o número de cubos usados em cada construção e descubra o segredo da sequência.

   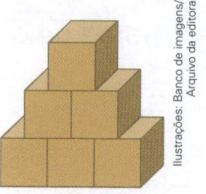

_____   _____   _____

b) ATIVIDADE EM GRUPO Agora, usando os cubos que você e os colegas montaram, façam concretamente a quarta construção.

Em seguida, marquem um **X** no quadrinho do desenho da quarta construção que vocês montaram e escrevam o número de cubos que ela tem. (Cada um faz os registros no próprio livro.)

   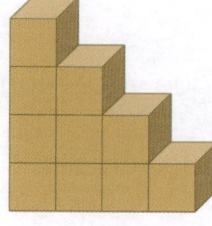

_____

O bloco retangular ou paralelepípedo

Explorar e descobrir

Com a ajuda de um adulto, monte o paralelepípedo da página 17 do **Ápis divertido**.

Veja ao lado o nome de algumas partes do paralelepípedo.

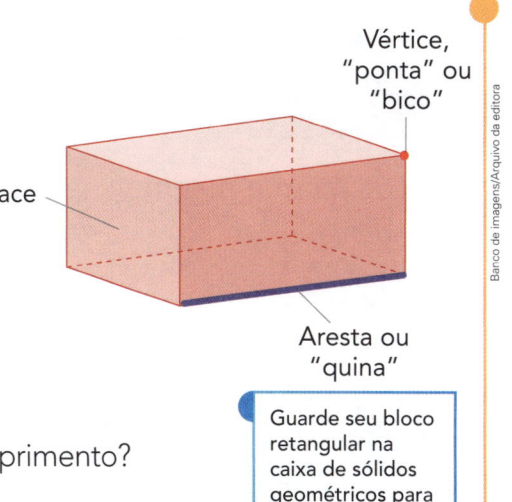

Vértice, "ponta" ou "bico"

Face

Aresta ou "quina"

Guarde seu bloco retangular na caixa de sólidos geométricos para usá-lo sempre que necessário.

- **ATIVIDADE ORAL** Manipule o paralelepípedo que você montou e responda.

  a) Todas as faces são iguais?

  b) Todas as arestas têm a mesma medida de comprimento?

  c) Quantos vértices ele tem?

- Compare suas respostas com as dos colegas.

---

1 **ESTIMATIVA**

Veja a foto deste bloco construído com tijolos iguais.

Bloco construído com tijolos.

a) Cada tijolo tem a forma de qual sólido geométrico? _____

b) O bloco todo tem a forma de qual sólido geométrico? _____

c) Quantos tijolos você acha que formam esse bloco?

_____

2 **ATIVIDADE EM GRUPO** Reúna-se com os colegas e construam um bloco igual ao mostrado na atividade anterior. Usem os paralelepípedos que vocês montaram.

Agora você pode conferir sua estimativa! Registre aqui.

Número de tijolos usados: _____

A esfera

Andréia Vieira/Arquivo da editora

Poesia ilustrada

Bola de gude
Bolha de sabão
Bola de pingue-pongue
Bola de capotão

Planeta Terra
O Sol da primavera
O que mais você conhece
que tem forma de esfera?

1 Responda à pergunta da poesia.

_____

2 Pense nos objetos destas fotos e responda.

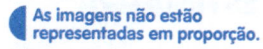
As imagens não estão representadas em proporção.

Globo terrestre.

Moeda.

Aliança.

a) Todos esses objetos são redondos? _____

b) Todos eles têm a forma de esfera? _____

c) Qual deles tem a forma de esfera? _____

Pakhnyushchy/Shutterstock — Reprodução/Casa da Moeda do Brasil/Ministério da Fazenda — João Ávila/Editora Abril

Saiba mais

O planeta Terra tem forma esférica, um pouco achatada nos polos. Vivemos na superfície dela, mas não caímos por causa da gravidade.

3 **PESQUISA E ESPORTES**

ATIVIDADE ORAL EM GRUPO

a) Quais esportes você conhece que são praticados com bola?

b) De qual esporte você mais gosta? Você acha importante praticar esportes? Por quê? Conte aos colegas e ouça o que eles têm a dizer sobre isso.

c) Agora, faça uma pesquisa para descobrir qual é o esporte preferido de sua turma.

Crianças jogando futebol.

Crianças jogando basquete.

As imagens não estão representadas em proporção.

4 **E SE QUASE TUDO FOSSE COMO A ESFERA?**

a) **ATIVIDADE ORAL** Imagine como seriam alguns objetos se tivessem a forma da esfera. Descreva-os para os colegas.

b) Desenhe quantos desses objetos você quiser no espaço abaixo.

Tecendo saberes

Brincadeiras como bolas e bonecas, pipas e piões, cinco marias, bolinhas de gude, ciranda, amarelinha, cabra-cega, passa anel e várias outras sempre divertiram as crianças no mundo todo e inspiraram as obras de muitos artistas.

Observe esta obra de arte, feita por Candido Portinari, um dos mais renomados pintores brasileiros.

Portinari retratou, em várias obras dele, a infância na cidade em que nasceu, as crianças, as brincadeiras e os brinquedos.

Você provavelmente já participou de algumas brincadeiras que ele retratou. Seus pais também. E seus avós. E os avós dos seus avós. Algumas brincadeiras são tão antigas que até os antigos imperadores de Roma devem ter brincado também!

Brincadeiras de crianças. 1941. Candido Portinari. Aquarela. 19,5 cm × 36 cm. Palácio Gustavo Capanema, no Rio de Janeiro, Rio de Janeiro.

1 **ATIVIDADE ORAL** Observe a obra de Portinari e responda.

a) Quais brincadeiras aparecem nessa obra?

b) Você já brincou de algumas delas? Quais?

2 **ATIVIDADE ORAL EM GRUPO** Converse com os colegas.

a) Você prefere brincar sozinho ou com os amigos?

b) Antigamente era comum as crianças brincarem nas ruas. Hoje, principalmente nas grandes cidades, isso não é muito comum. Por que você acha que isso aconteceu?

c) Você costuma brincar na rua?

a) Escolha 12 adultos. Mostre a tabela abaixo e pergunte de qual brincadeira cada um deles mais gostava quando era criança.

Faça 1 marca para cada resposta indicada pelos adultos. Depois, registre na outra coluna quantos votos cada brincadeira recebeu.

Brincadeiras votadas

Brincadeira	Marcas	Quantidade de votos
Pular corda		
Jogar bola		
Pular amarelinha		
Andar de bicicleta		

Tabela elaborada para fins didáticos.

b) Construa um gráfico com os valores da tabela pintando 1 quadrinho para cada voto. Dê um título para o gráfico.

Gráfico elaborado para fins didáticos.

c) Em qual das brincadeiras citadas na pesquisa se usa um objeto que tem a forma de esfera? _____

Rolam ou não rolam?

Com a ajuda de um adulto, monte os sólidos geométricos com o material das páginas 19 e 21 do **Ápis divertido**.

Veja ao lado o desenho e o nome dos sólidos geométricos montados.

Cilindro.   Cone.

- Explore esses novos sólidos geométricos: coloque-os sobre uma mesa, em diferentes posições, e empurre-os.

Depois, assinale as posições em que o cilindro e o cone rolam.

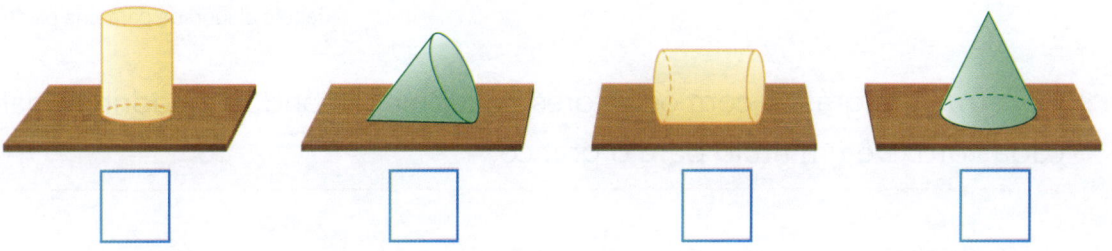

□   □   □   □

- Agora, pegue o cubo que você montou anteriormente, empurre-o sobre uma mesa e depois responda: O cubo rola?

_____

1 Estes são os sólidos geométricos cujos nomes você conheceu até agora.

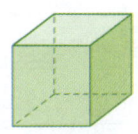 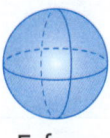 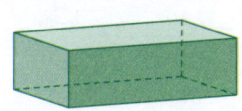  

Cubo.   Esfera.   Paralelepípedo.   Cilindro.   Cone.

a) Quais desses sólidos geométricos podemos fazer rolar?

_____

_____

b) E quais não rolam? _____

2 Pinte da mesma cor o desenho dos objetos que têm formas parecidas.

a) Sable Vector/Shutterstock

c) Reece with a C/Shutterstock

e) AVIcon/Shutterstock

g) Viktorija Reuta/Shutterstock

b) Colin Cramm/Dreamstime.com/Isuzu Imagens

d) Icon Craft Studio/Shutterstock

f) Alexandr III/Shutterstock

h) AVIcon/Shutterstock

◖ As imagens não estão representadas em proporção.

3 ## ROLAM OU NÃO ROLAM?

Indique as letras dos objetos da atividade anterior.

a) Objetos que podem rolar: _____

b) Objetos que não rolam: _____

c) Objetos que têm a forma de um cone: _____

d) Objetos que têm a forma de um cilindro: _____

4 Pegue um dado e uma bola. Manipule-os, apalpe-os, vire-os em diferentes posições e responda.

a) A bola é parecida com qual sólido

geométrico? _____

Dado. Cristina Negoita/Shutterstock

Bola. Bmaki/Shutterstock

b) E o dado? _____

c) **ATIVIDADE ORAL EM GRUPO** Quais diferenças você notou entre esses sólidos geométricos? Conte aos colegas.

5 Agora, pegue o cilindro e o cone que você montou e escreva 3 semelhanças que eles têm.

Cilindro. Cone. Ilustrações: Banco de imagens/Arquivo da editora

_____

_____

_____

6 SÓLIDOS GEOMÉTRICOS E ARTE

Aprecie esta foto, de uma escultura planejada pelo belga André Waterkeyn.

a) Quais sólidos geométricos estudados nesta Unidade você reconhece nesta imagem? Escreva o nome deles e quantos você consegue contar de cada um.

_____

_____

_____

Atomium, escultura construída em 1958, em Bruxelas, Bélgica. Foto de 2017.

b) Esses sólidos geométricos são do grupo dos que podem rolar?

_____

7 CRUZADINHA

a) Escreva o nome dos 5 sólidos geométricos estudados nesta Unidade. Siga as setas e coloque 1 letra em cada quadrinho.

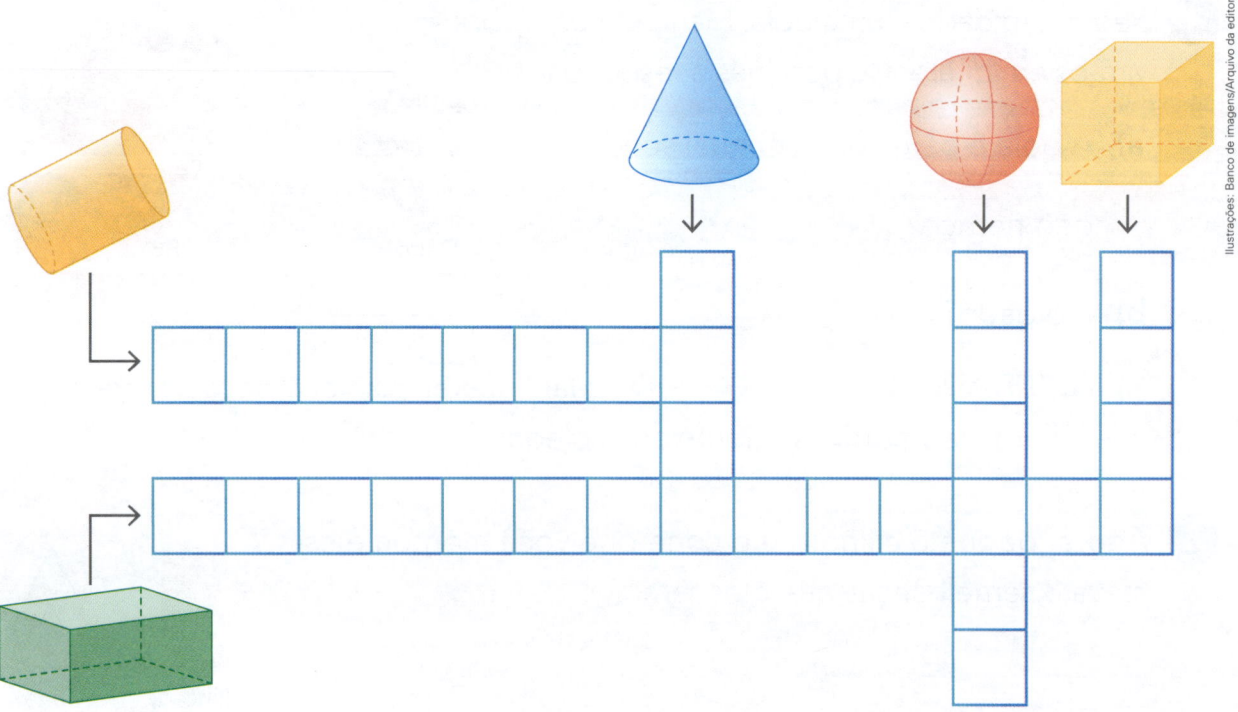

b) Agora, contorne os sólidos geométricos que podem rolar.

Mais atividades e problemas

1 Observe esta tirinha.

Charles M. Schulz. **Peanuts completo** – diárias e dominicais: 1950 a 1952. Porto Alegre: L&PM, 2009. p. 6.

Em todos os quadrinhos aparece um objeto que tem a forma parecida com a de um sólido geométrico que você já conhece.

Pinte o objeto de azul e escreva o nome do sólido geométrico correspondente.

_____

2 Mário e os colegas usaram sólidos geométricos para construir o castelo desenhado ao lado.

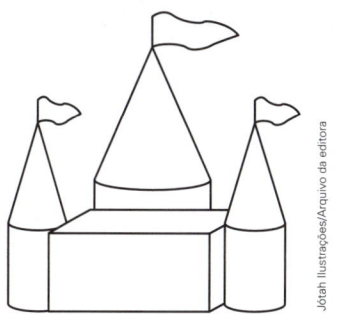

a) Complete a tabela indicando quantos sólidos geométricos foram usados.

Sólidos geométricos usados no castelo

Sólido geométrico	Cone	Paralelepípedo	Esfera	Cilindro	Cubo
Quantidade					

Tabela elaborada para fins didáticos.

b) Agora, desenhe portas e janelas e pinte o castelo como quiser.

3 Leia o que cada criança disse e complete.

Todo cubo tem 6 faces.

Existem cubos que têm 8 faces.

Paulo.

Todo sólido geométrico com 6 faces é um cubo.

Carlos.

Rita.

A criança que disse uma afirmação correta é _____.

4 MEDIDAS DE COMPRIMENTO NO PARALELEPÍPEDO

a) Cubra com lápis vermelho 2 arestas do paralelepípedo que têm medidas de comprimento iguais.

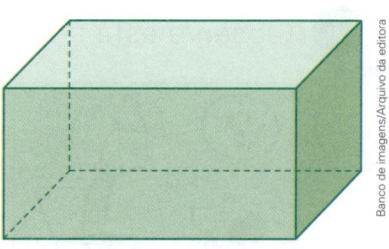

Banco de imagens/Arquivo da editora

b) Pinte com lápis azul 1 aresta do paralelepípedo cuja medida de comprimento seja diferente da medida das arestas pintadas de vermelho.

5 Imagine que você vai montar as caixinhas identificadas com números. Faça a correspondência do número com a letra que indica a caixinha desmontada.

A

C

Ilustrações: Banco de imagens/Arquivo da editora

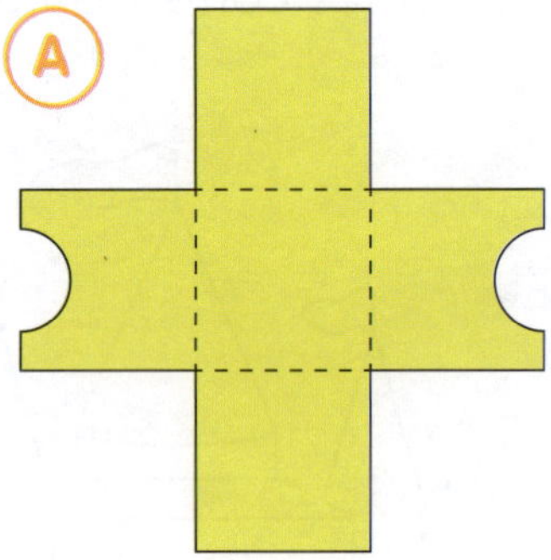

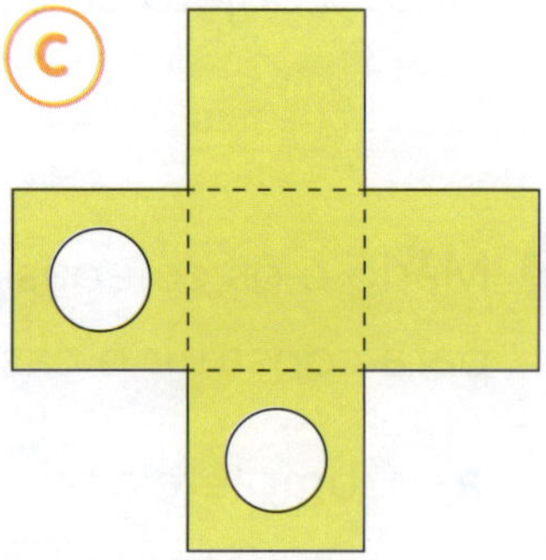

B

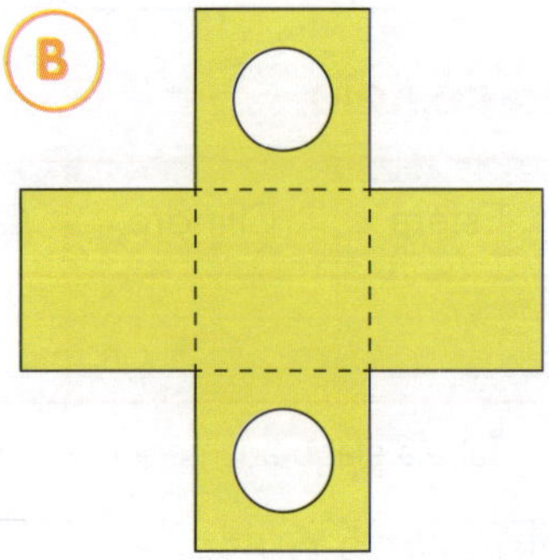

D

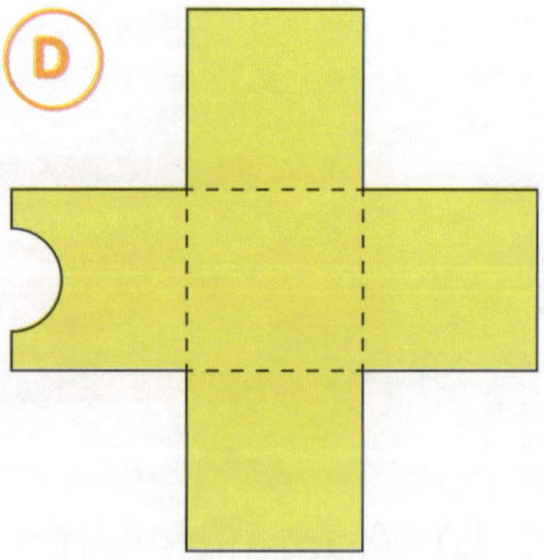

1

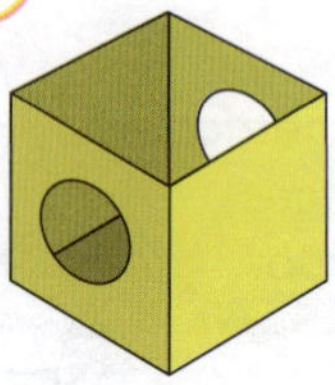

2

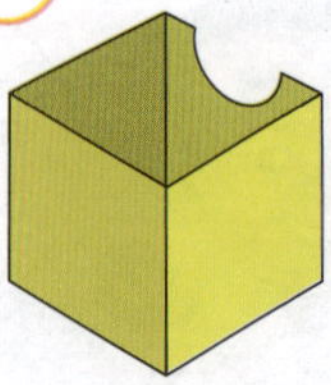

3

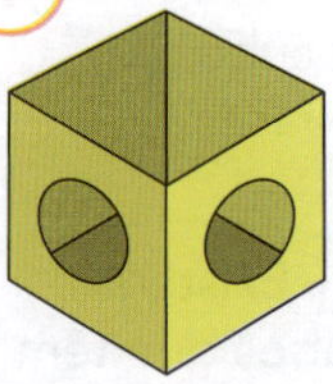

4

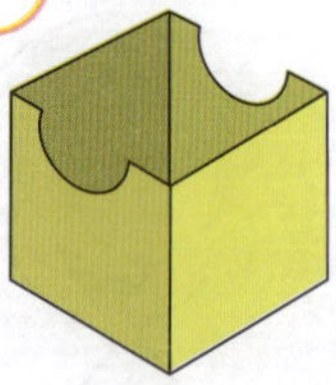

__________, __________, __________ e __________.

6 **TESTE DE ATENÇÃO**

Observe os quadros **A**, **B** e **C**.

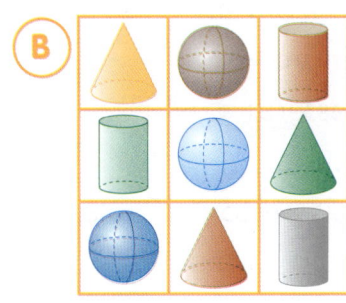

a) Qual desses quadros tem 1 esfera, 1 cone e 1 cilindro em todas as linhas e em todas as colunas? _____

b) Observe agora, no quadro abaixo, a forma e a posição de objetos que lembram sólidos geométricos.

Esses objetos têm a forma e a posição correspondentes aos sólidos geométricos de qual dos quadros acima? _____

➤ As imagens não estão representadas em proporção.

Bola de boliche.	Chapéu de festa.	Carretel.
Sinalizador de trânsito.	Lata de tinta.	Caixa de presente.
Toalha enrolada.	Funil.	Laranja.

c) Conte as colunas **da esquerda para a direita** e conte as linhas **de baixo para cima**. Por exemplo: a laranja está na 3ª coluna e na 1ª linha. Complete.

• O objeto que está na 2ª coluna e na 1ª linha é o _____.

• O carretel está na _____ coluna e na _____ linha.

• A lata de tinta está na _____ coluna e na _____ linha.

Unidade 2

Ilustrações: Banco de imagens/Arquivo da editora

7 AS CRIANÇAS NO PÁTIO

Localize as crianças pelas informações abaixo e registre o nome de cada criança na posição em que se encontra.

- Paula segura um cilindro.
- Sérgio segura uma esfera.
- Manoel segura um cubo.
- Ana é a que está mais perto de Paula.
- Lucas está entre Sérgio e Manoel.
- Regina está entre Lucas e Carla.

Vamos ver de novo?

1 QUE BICHO É?

Descubra o nome do bicho e faça um desenho dele.

1ª letra de  ⟶ _____

2ª letra de 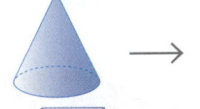 ⟶ _____

3ª letra de 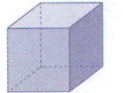 ⟶ _____

3ª letra de  ⟶ _____

6ª letra de ⟶ _____

2 PESQUISA E GRÁFICO

a) Construa o gráfico a partir da tabela, pintando 1 quadrinho para cada voto.

Suco favorito

Sabor	Quantidade de votos
Manga	
Laranja	
Caju	

Suco favorito

Sabor	Quantidade de votos					
Manga						
Laranja						
Caju						

Tabela e gráfico elaborados para fins didáticos.

b) Quantas pessoas foram entrevistadas? _____

c) Complete: O suco menos votado foi o de _____, com _____ votos, e o mais votado foi o de _____, com _____ votos.

d) **ATIVIDADE ORAL EM DUPLA** Para responder ao item **c**, você observou a tabela ou o gráfico? Explique para um colega a sua escolha.

ATIVIDADE EM DUPLA

a) Escolham um grupo de 15 pessoas para fazer uma pesquisa. Perguntem a cada pessoa de qual destas cores ela mais gosta. Registrem, em uma folha à parte, da maneira que preferirem.

● Vermelho ● Verde ● Amarelo ● Azul

b) Agora, registrem os votos na tabela e construam o gráfico pintando 1 quadrinho para cada voto.

Preferência de cor

Cor favorita	Marcas	Quantidade de votos
Vermelho		
Verde		
Amarelo		
Azul		

Tabela elaborada para fins didáticos.

Gráfico elaborado para fins didáticos.

c) Finalmente, escrevam perguntas sobre a pesquisa, de acordo com o indicado a seguir, e respondam às perguntas.

• Uma pergunta em que vocês usem uma adição para responder.

_____

• Uma pergunta em que vocês usem uma subtração.

_____

• Uma pergunta em que vocês comparem 2 números.

_____

O que estudamos

As imagens não estão representadas em proporção.

Reconhecemos em embalagens e em objetos a forma de figuras geométricas espaciais conhecidas como sólidos geométricos.

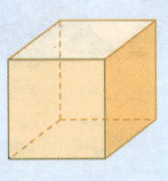
Cubo.

Dado.

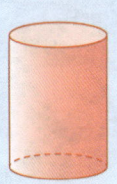
Cilindro.

Lata de tinta.

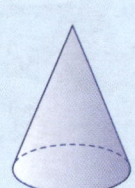
Cone.

Sinalizador de trânsito.

Identificamos as faces, as arestas e os vértices em cubos e em paralelepípedos.

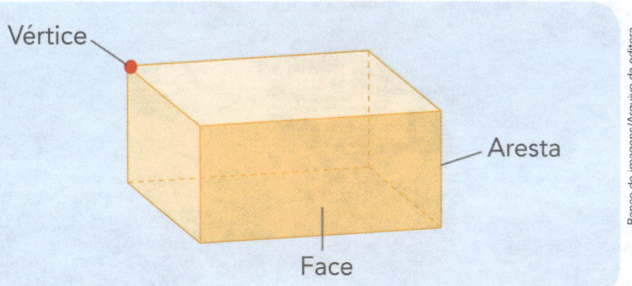
Vértice
Aresta
Face

Percebemos que há sólidos geométricos que podem rolar e outros que não rolam.

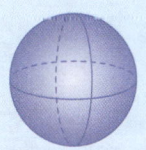
Pode rolar.

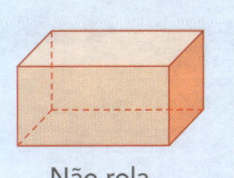
Não rola.

Comparamos alguns sólidos geométricos.
O cubo tem todas as faces iguais e o paralelepípedo não.

- O que você achou mais difícil no estudo desta Unidade?

- Você tem feito intervalos quando estuda em casa? O descanso é sempre importante!

- Como está sua alimentação? Lembre-se: com o corpo saudável, a mente também vai estar saudável para estudar!

3

Sistema de numeração decimal

- O que você vê nesta cena?
- Você já acompanhou um adulto em um local como esse?
- Descreva para um colega a organização das maçãs na banca.

Para iniciar

Quando fazemos contagens, formando grupos de objetos, estamos usando uma das características do sistema de numeração decimal, assunto desta Unidade.

● Analise a cena das páginas de abertura desta Unidade. Converse com os colegas e respondam às questões a seguir.

Na banca foram formados quantos grupos de 10 maçãs? E há quantas maçãs avulsas?

Então qual é o número total de maçãs?

Qual é o valor das notas com as quais o homem vai pagar as maçãs?

As 3 notas juntas indicam que valor total?

Se cada maçã custa 2 reais, então dá para o homem comprar 10 maçãs? Se sim, então com quantos reais ele ainda vai ficar?

Ilustrações: Jotah Ilustrações/Arquivo da editora

● Converse com os colegas sobre mais estas questões.

a) Continuando esta sequência, até qual número você sabe contar?

| 1 | 2 | 3 | 4 | 5 | 6 | 7 | 8 | ...

b) Se você pegar 12 laranjas e um colega pegar 21 laranjas, então as quantidades serão iguais? Por quê?

c) Pedro tem 96 figurinhas coladas no álbum dele e agora vai colar mais 3 figurinhas. Com quantas figurinhas o álbum vai ficar?

Dezenas inteiras ou dezenas exatas

1 O pedreiro Adauto está construindo um muro. Veja o bloco que ele está usando.

a) Complete: cada bloco tem 10 furos ou _____ **dezena** de furos.

b) Quantos furos há em uma fileira com 1 bloco? E em uma fileira com 2 blocos? E em uma com 3 blocos? Observe e complete.

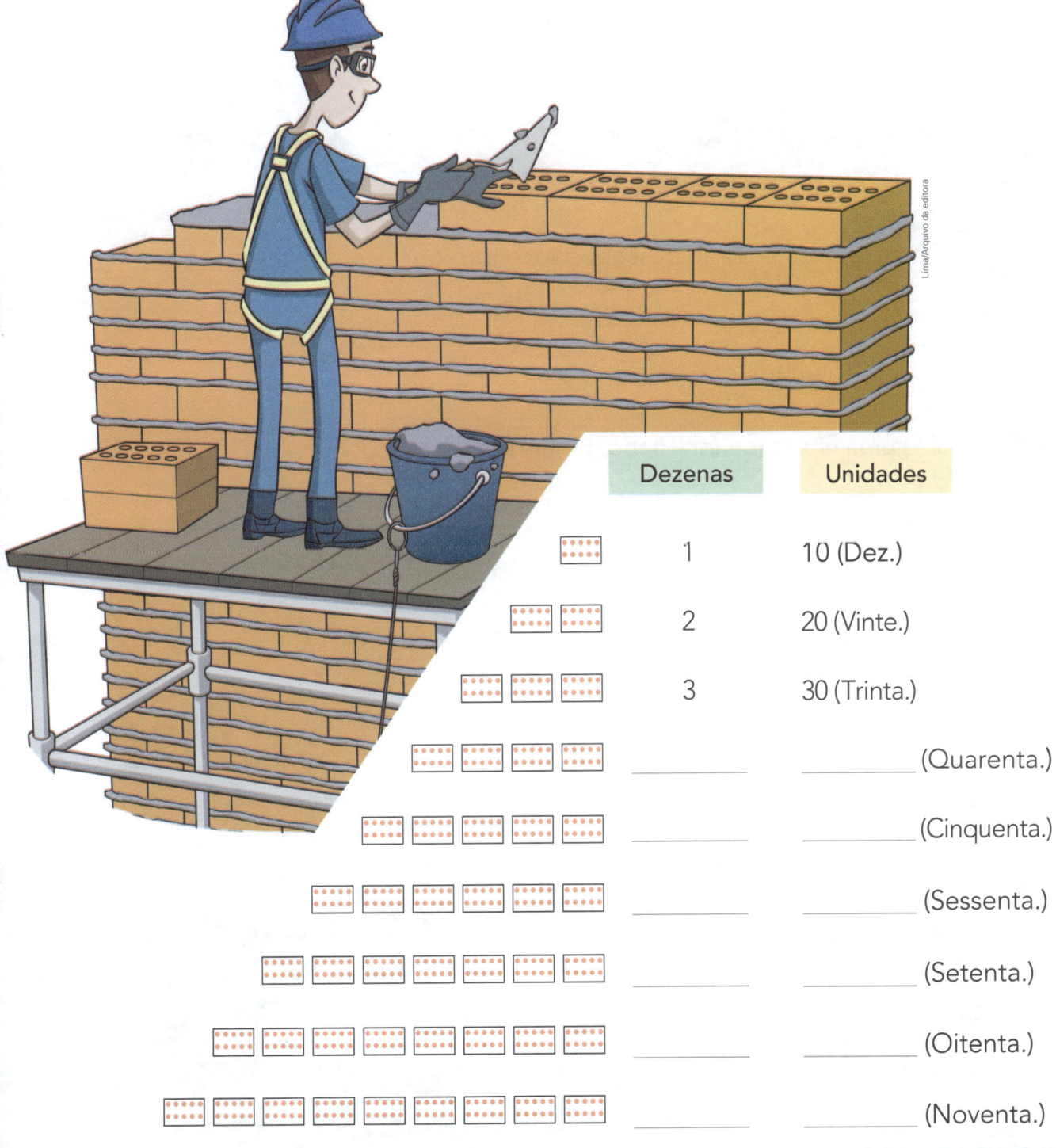

	Dezenas	Unidades
▦	1	10 (Dez.)
▦▦	2	20 (Vinte.)
▦▦▦	3	30 (Trinta.)
▦▦▦▦	_____	_____ (Quarenta.)
▦▦▦▦▦	_____	_____ (Cinquenta.)
▦▦▦▦▦▦	_____	_____ (Sessenta.)
▦▦▦▦▦▦▦	_____	_____ (Setenta.)
▦▦▦▦▦▦▦▦	_____	_____ (Oitenta.)
▦▦▦▦▦▦▦▦▦	_____	_____ (Noventa.)

Lima/Arquivo da editora

2 Em outra banca da feira, os pêssegos também serão embalados em caixas de 10. Contorne-os em grupos de 10 e depois responda às questões.

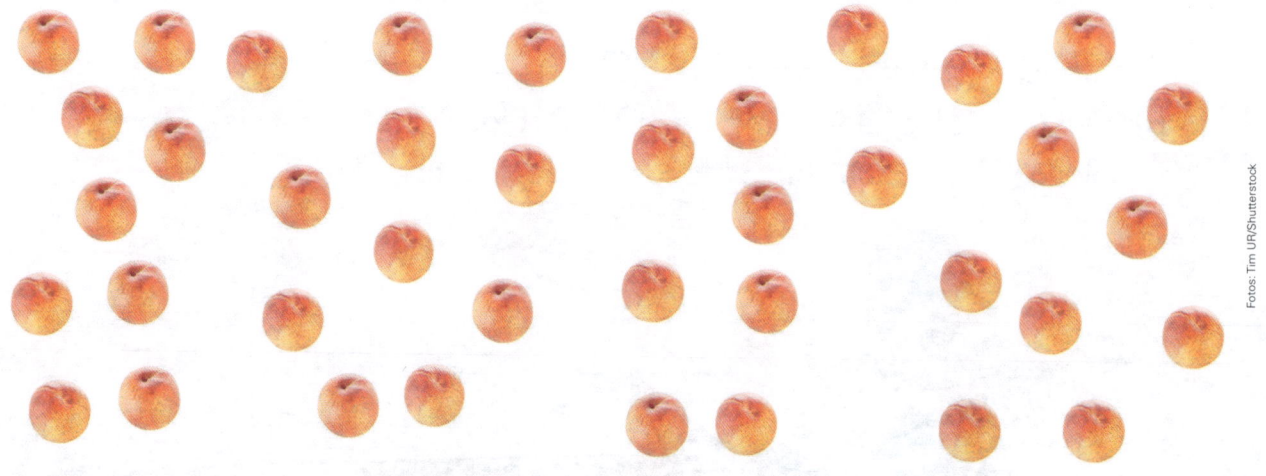

Fotos: Tim UR/Shutterstock

a) Quantos grupos de 10 pêssegos você formou? _____

b) Sobraram pêssegos? _____

c) Qual é o número total de pêssegos? _____

3 Escolha uma figura (quadradinho, bolinha, balão, etc.).

a) Desenhe 2 dezenas da figura que você escolheu.

b) Agora, complete.

No total você desenhou _____ _____ .

4 Um jogador marcou 6 dezenas de gols em todos os jogos do campeonato. Quantos gols ele marcou ao todo?

Jotah Ilustrações/Arquivo da editora

_____

Adição e subtração com dezenas inteiras

1 Já sabemos que 2 + 3 = 5.

Observe o que acontece quando juntamos 2 dezenas e 3 dezenas.

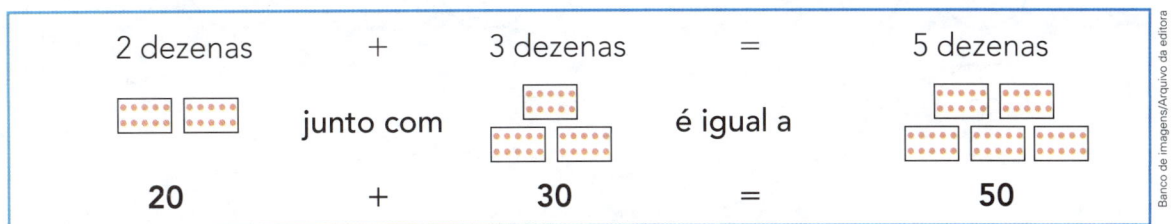

2 dezenas	+	3 dezenas	=	5 dezenas
junto com		é igual a		
20	**+**	**30**	**=**	**50**

Agora é sua vez. Escreva o resultado das adições e das subtrações.

a)

1 + 8 = _____

10 + 80 = _____

b)

7 − 5 = _____

70 − 50 = _____

2 CÁLCULO MENTAL

Analise cada operação e calcule o resultado mentalmente. Depois, registre os resultados e confira com os dos colegas.

a) 8 − 2 = _____

b) 80 − 20 = _____

c) 7 + 1 = _____

d) 70 + 10 = _____

e) 30 + 30 = _____

f) 90 − 40 = _____

g) 30 + 20 = _____

h) 70 − 40 = _____

i) 70 + 20 = _____

3 PROBLEMA

Leia, pense e resolva.

Uma equipe de basquete marcou 40 pontos no primeiro tempo e 50 pontos no segundo tempo. Quantos pontos a equipe fez ao todo?

_____

Cesta e bola de basquete.

4 **SEQUÊNCIAS DE DEZENAS INTEIRAS**

a) Continue as sequências de dezenas inteiras. Depois, confira com um colega.

(10) (20) (30) (40) ( ) ( ) ( ) ( ) ( )

(90) (80) (70) (60) ( ) ( ) ( ) ( ) ( )

b) **ATIVIDADE ORAL EM GRUPO (TODA A TURMA)** Para finalizar, com a turma toda, leia os números de cada sequência em voz alta, de forma pausada e ritmada.

5 Veja o que Bete fez com o número 40.

| 10 + 30 | 20 + 20 | 30 + 10 |

40

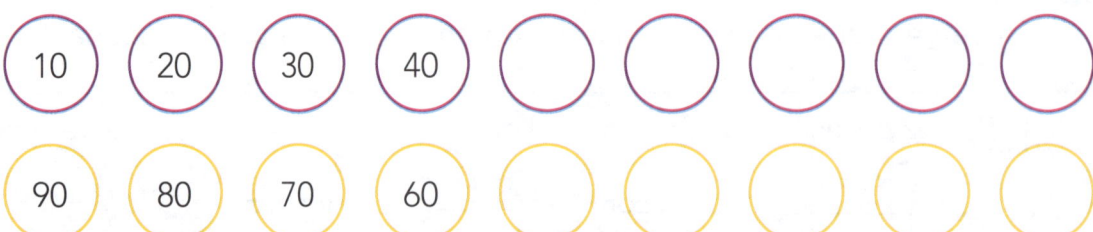

Usei apenas adição de dezenas inteiras.

Agora, faça o mesmo com os números 50 e 60.

a)

50

b)

60

6 **CÁLCULO MENTAL**   ◖ As imagens não estão representadas em proporção.

Raul comprou a camiseta e o livro.
Veja com qual nota ele pagou.

a) Quanto Raul gastou?

_____

b) Quanto ele recebeu de troco?

_____

R$ 20,00   R$ 10,00

Recursos para facilitar a contagem

Agrupando de 10 em 10

1 Marisa vende botões em uma loja. Para contá-los, ela formou grupos de 10.

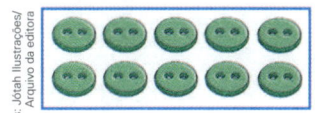 

10 + 3 = 13

Treze.

20 + 5 = 25

Vinte e cinco.

Agora, conte mais estes e registre.

a)

_____ + _____ = _____

Quarenta e sete.

b)

_____ + _____ = _____

_____

2 Forme grupos de 10 e escreva quantos são os botões no total.

Total: _____ + _____ = _____

Leitura do número: _____

Utilizando o material dourado

1 1 unidade:  (cubinho)   1 dezena: (barrinha)

Observe a imagem acima e responda.

a) Quantas formiguinhas aparecem na imagem? _____

b) Quantos cubinhos cada formiguinha está carregando? _____

c) Então, no total, quantos cubinhos as formiguinhas estão carregando?

_____

d) 1 barrinha é formada por quantos cubinhos? _____

e) 1 dezena é formada por quantas unidades? _____

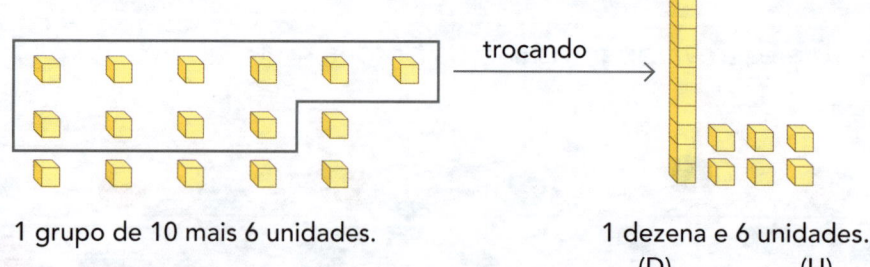

Para contar mais de 10 unidades, trocamos cada grupo de 10 unidades (cubinhos) por 1 dezena (barrinha) e, depois, indicamos o total.

D	U
1	6

16

Leitura: dezesseis.

trocando

1 grupo de 10 mais 6 unidades.

1 dezena e 6 unidades.
(D)   (U)

Atenção! O número 16 é formado por 2 algarismos.

16

O **1** é o algarismo das dezenas.   O **6** é o algarismo das unidades.

2 Observe com atenção e complete.

a)

D	U

_____ barrinha e _____ cubinhos

ou

_____ dezena e _____ unidades

b)

D	U

_____ barrinhas e _____ cubinhos

ou

_____ dezenas e _____ unidades

c)

D	U

_____ dezenas e _____ unidade

d)

D	U

_____ dezenas e _____ unidades

e)

_____

Algarismo das dezenas: _____.

Algarismo das unidades: _____.

f)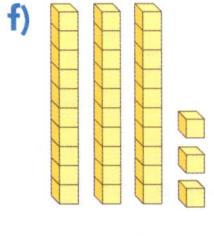

_____

g)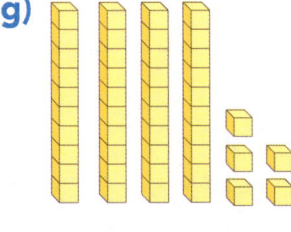

_____

3 **ATIVIDADE ORAL** 61 é o mesmo que 16? Por quê?

Utilizando fichas

1 Vamos representar os números de outra maneira? Com a ajuda de um adulto, destaque as fichas da página 23 do **Ápis divertido**.

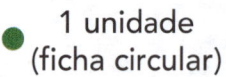 1 unidade (ficha circular)

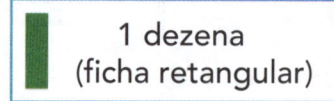 1 dezena (ficha retangular)

Na contagem, cada 10 fichas circulares são trocadas por 1 ficha retangular.

Veja, por exemplo, como podemos representar o número de conchas.

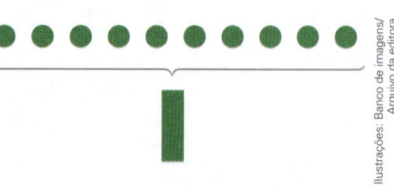

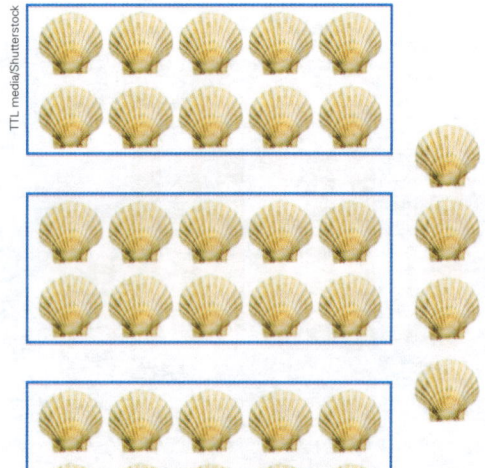

Grupos de 10 ou dezenas	Unidades soltas
3	4

Representação com fichas:

Número de conchas: 34

Leitura: trinta e quatro.

Agora, escreva o número que está representado pelas fichas ao lado e desenhe a quantidade correspondente com figuras triangulares.

2 Observe os agrupamentos feitos.

a) Indique com as fichas do **Ápis divertido** a quantidade total de bolas. Depois, desenhe as fichas no quadrinho abaixo e escreva o número correspondente.

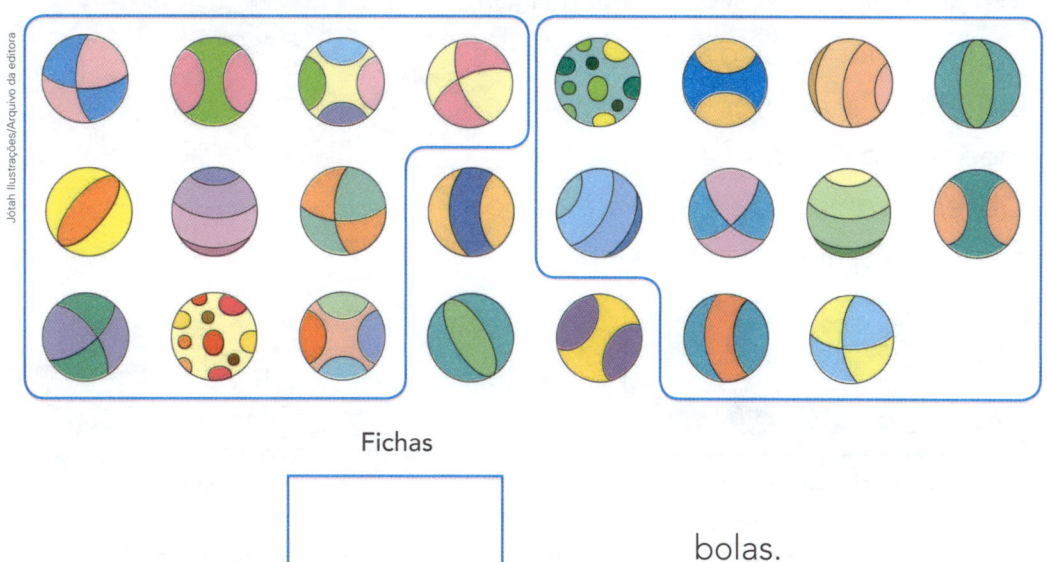

Fichas

_____ bolas.

b) Numere as bolas a partir do 1 e confirme o número obtido.

3 Pratique um pouco usando fichas. Em alguns itens você desenha as fichas e, em outros, você escreve o número.

a) 21   **c)** 54   **e)** 63

b)

d)

f)

Utilizando o dinheiro

1 Júlio, dono de uma padaria, sempre recebe muitas moedas dos clientes. Por isso hoje ele vai ao banco trocar moedas de 1 real por notas de 10 reais. Assim, ele ajuda a manter a circulação de moedas no bairro.

Observe como fica essa troca e depois complete as frases.

10 moedas de 1 real

correspondem a

1 nota de 10 reais.

a) Podemos trocar _____ moedas de 1 real por 1 nota de 10 reais.

b) Podemos trocar _____ moedas de 1 real por 2 notas de 10 reais.

c) Podemos trocar 40 moedas de 1 real por _____ notas de 10 reais.

As imagens não estão representadas em proporção.

2 Observe as fotos das notas e das moedas e complete.

a)

_____ nota de 10 reais e

_____ moedas de 1 real.

D	U
__	__

Total: _____ reais.

b)

_____ notas de 10 reais e

_____ moedas de 1 real.

D	U
__	__

Total: _____ reais.

3 Quantos reais há em cada item? Registre.

As imagens não estão representadas em proporção.

a)

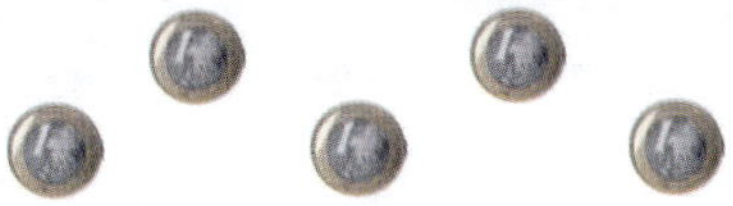

_______ reais.

c)

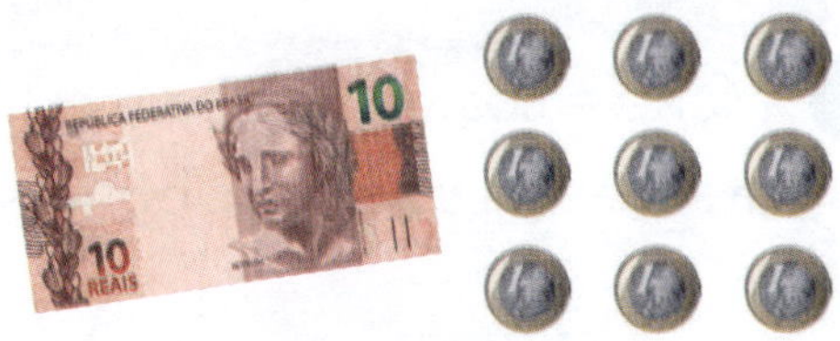

_______ reais.

Reprodução/Casa da Moeda do Brasil/Ministério da Fazenda

b)

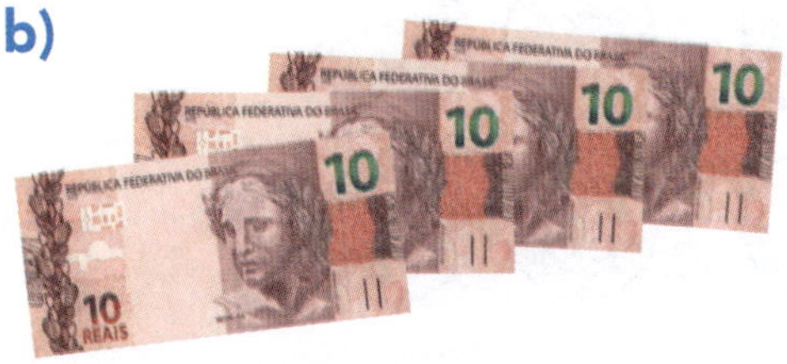

____

d)

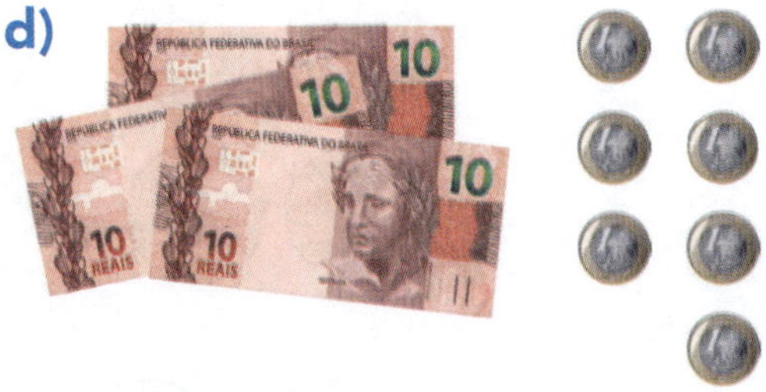

____

4 Represente com desenhos de fichas (▮ e ●) os valores em reais dos itens da atividade anterior.

a) **b)** **c)** **d)**

Banco de imagem/Arquivo da editora

5 **ATIVIDADE EM DUPLA** Brinquem com as notas de 10 reais e as moedas de 1 real do **Ápis divertido**.

Alternem as posições nas brincadeiras.

1ª) Um aluno mostra uma quantia de 1 a 99 reais com o dinheiro e o outro diz a quantia.

2ª) Um aluno diz uma quantia de 1 a 99 reais e o outro mostra com o dinheiro.

Lima/Arquivo da editora

Reprodução/Casa da Moeda do Brasil/Ministério da Fazenda

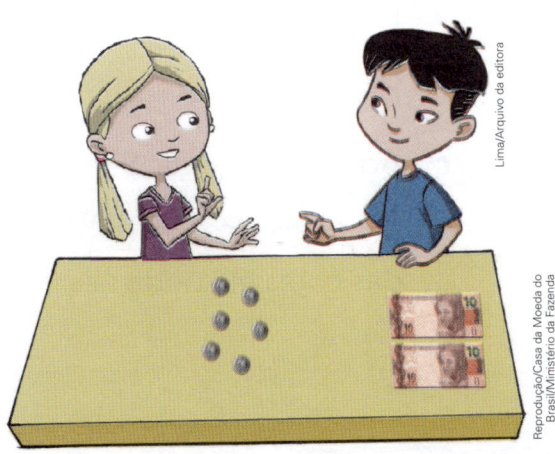

Fazendo estimativas

1 Marta é costureira e tem estes botões para usar em um vestido. Observe com atenção as cores dos botões.

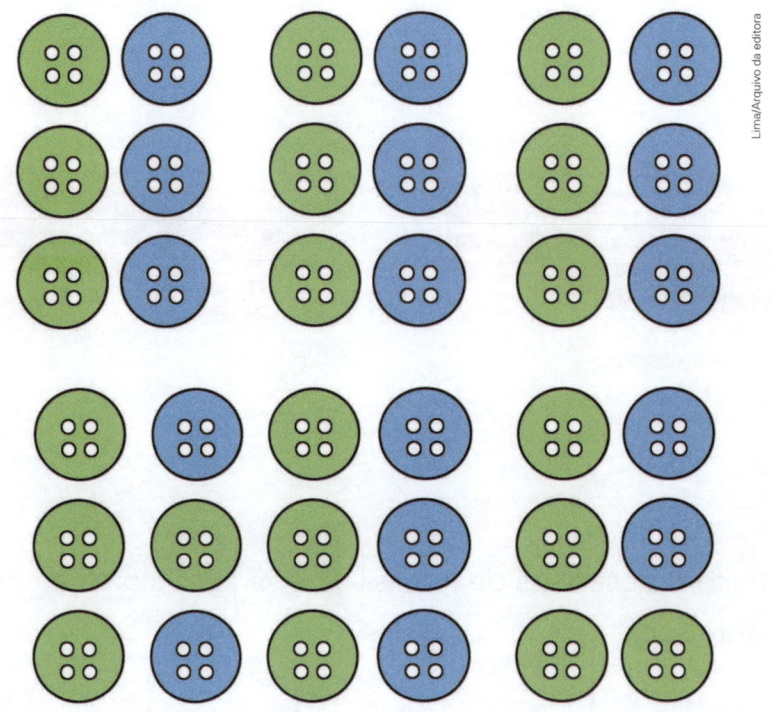

Lima/Arquivo da editora

a) Você acha que há mais botões verdes ou azuis? Registre sua estimativa.

_____

b) Conte os botões e complete.

Há _____ botões verdes.

Há _____ botões azuis.

Há mais botões _____, pois _____ é maior do que _____.

c) Agora, responda: Sua estimativa foi boa? _____

d) Marta precisa de 15 botões da mesma cor para colocar no vestido. Qual das cores ela pode usar? Responda e justifique sua resposta.

_____

_____

2 Observe este estacionamento com muitos carros.

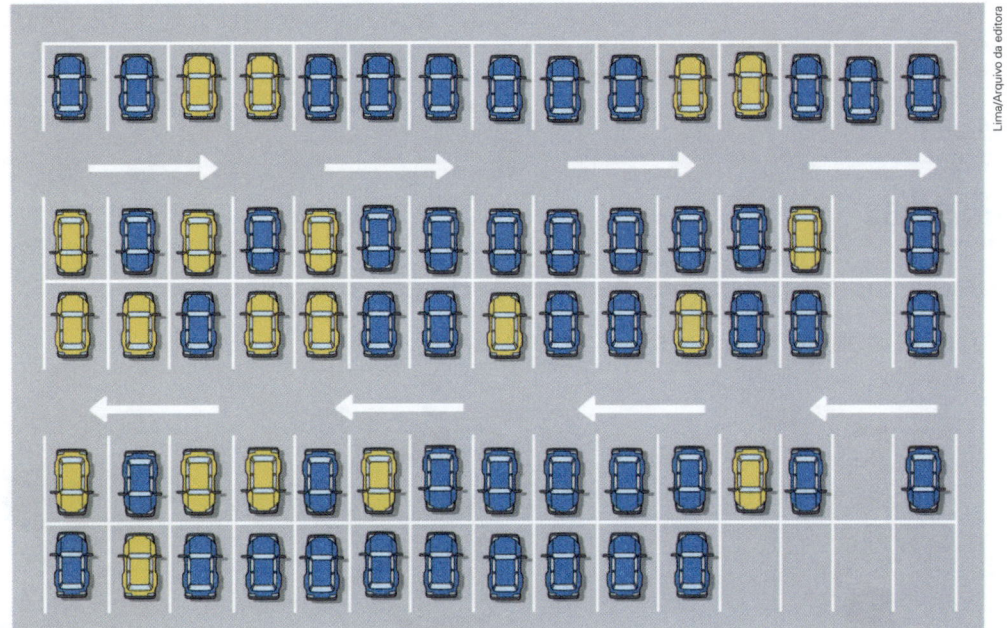

Lima/Arquivo da editora

a) Você acha que o número de carros nesse estacionamento é 80, menos do que 80 ou mais do que 80?

Analise a imagem com atenção, faça uma estimativa e registre aqui.

_____

b) Agora você vai conferir sua estimativa. Contorne grupos de 10 carros e complete.

São _____ grupos de 10 e mais _____ carros.

Total: _____ carros.

Sua estimativa foi boa? _____

c) Finalmente, conte e registre mais alguns números e faça a comparação.

_____ carros amarelos.

_____ carros azuis.

Há mais carros _____ do que _____ , pois _____ é

maior do que _____ .

São _____ carros _____ a mais.

Tecendo saberes

Profissões

Existem muitas profissões na sociedade em que vivemos.

Observe abaixo imagens de algumas delas.

Árbitra.

Agricultor.

Cozinheiro.

Ilustrações: Lima/Arquivo da editora

1 Pense nas profissões que você viu nas imagens.

a) Quais profissões você já conhecia?

_____

b) Cite mais algumas profissões que você conhece e não apareceram nas imagens.

_____

2 **ATIVIDADE ORAL EM GRUPO (TODA A TURMA)** Pense e converse com os colegas.

a) Você acha que existem profissões que são mais importantes do que outras? Por quê?

b) O que você acha que aconteceria se, por exemplo, não existissem mais dentistas? Ou se não existissem mais coletores de lixo? Ou, ainda, se não existissem professores?

3 ATIVIDADE ORAL EM GRUPO (TODA A TURMA) Observe mais algumas imagens de profissões e converse com os colegas e o professor.

Técnica de informática.

Soldadora.

Cientista.

Mecânica.

Ilustrações: Lima/Arquivo da editora

a) Você conhece essas profissões?

b) Você conhece alguma mulher que **exerce** alguma dessas profissões?

• **exerce:** que pratica, que cumpre os deveres da profissão.

c) Você sabia que, antigamente, algumas profissões eram praticadas apenas por homens?

d) Você acha que algumas profissões só podem ser exercidas por homens? E algumas, apenas por mulheres? Por quê?

4 Você já sabe qual profissão quer desempenhar? Faça um desenho dela e depois mostre-o para os colegas.

 # Ordem dos números

Explorar e descobrir

- Observe as peças do material dourado.

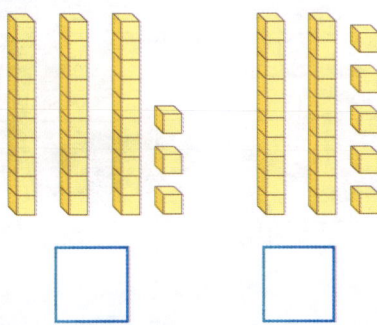

a) Escreva nos quadrinhos acima os números que estão representados com essas peças.

b) Pinte o quadrinho correspondente à representação com mais barrinhas.

c) Complete com os números dos quadrinhos acima.

_____ é maior do que _____.

_____ é menor do que _____.

- Observe mais algumas peças do material dourado.

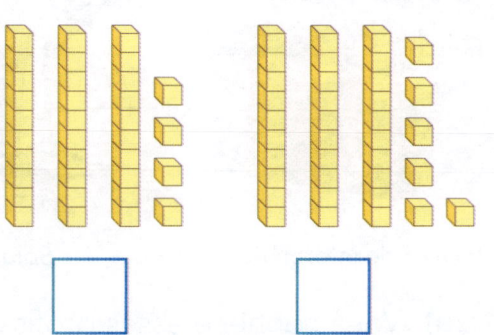

a) Escreva nos quadrinhos acima os números que estão representados com essas peças.

b) Como a quantidade de barrinhas é igual, pinte o quadrinho correspondente à representação com mais cubinhos.

c) Complete com os números dos quadrinhos acima.

_____ é maior do que _____.

_____ é menor do que _____.

1 Compare as quantidades e complete com os números. Veja o significado dos sinais: > (**é maior do que**) e < (**é menor do que**).

a)

_____ < _____

b)

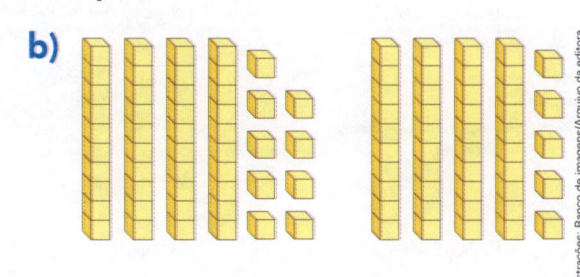

_____ > _____

2 Escreva os sinais > **(é maior do que)**, < **(é menor do que)** ou = **(é igual a)** entre os números de cada item.

a) 45 _____ 38

c) 68 _____ 65

e) 43 _____ 43

b) 53 _____ 57

d) 37 _____ 41

f) 55 _____ 45

3 Complete o quadro de números até 99, na ordem crescente, ou seja, do menor para o maior.

0	1	2	3	4					
10	11	12			15				
								28	
					36				
40									
									59
		63							
								78	
	81								
							97		

Unidade 3

4 **ATIVIDADE ORAL EM GRUPO** Qual número vem depois do 99? Converse com os colegas e depois complete.

99 + 1 = _____ (Leitura: _____)

5 Complete estas sequências com os números "vizinhos" do quadro acima.

_____ , 40, _____ .

_____ , _____ , 56, _____ , _____ .

92, _____ , _____ , _____ , _____ , 97.

_____ , 79, _____ .

6 Em um jogo, os participantes devem usar fichas como estas para construir figuras planas.

Veja as figuras que Pedro e Lia construíram.

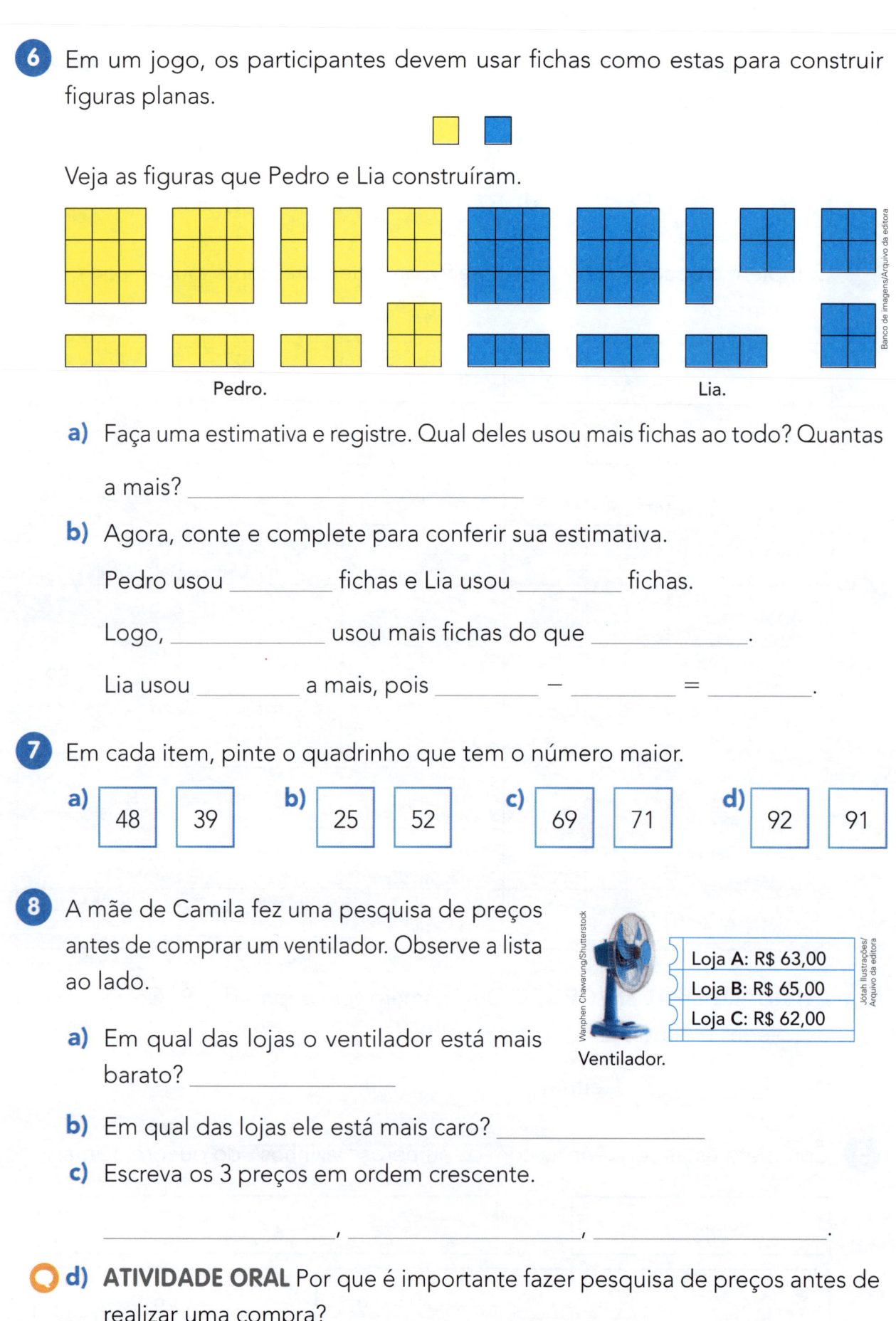

Pedro.

Lia.

a) Faça uma estimativa e registre. Qual deles usou mais fichas ao todo? Quantas a mais? _____

b) Agora, conte e complete para conferir sua estimativa.

Pedro usou _____ fichas e Lia usou _____ fichas.

Logo, _____ usou mais fichas do que _____.

Lia usou _____ a mais, pois _____ − _____ = _____.

7 Em cada item, pinte o quadrinho que tem o número maior.

a) 48 39 **b)** 25 52 **c)** 69 71 **d)** 92 91

8 A mãe de Camila fez uma pesquisa de preços antes de comprar um ventilador. Observe a lista ao lado.

Loja A: R$ 63,00
Loja B: R$ 65,00
Loja C: R$ 62,00

Ventilador.

a) Em qual das lojas o ventilador está mais barato? _____

b) Em qual das lojas ele está mais caro? _____

c) Escreva os 3 preços em ordem crescente.

_____, _____, _____.

d) ATIVIDADE ORAL Por que é importante fazer pesquisa de preços antes de realizar uma compra?

Composição e decomposição de números

1 Paulinho está organizando os caquis para vender na banca dele. Observe o item **a** e complete o item **b**.

a)

$$50 + 3 = 53$$

Cinquenta e três.

b)

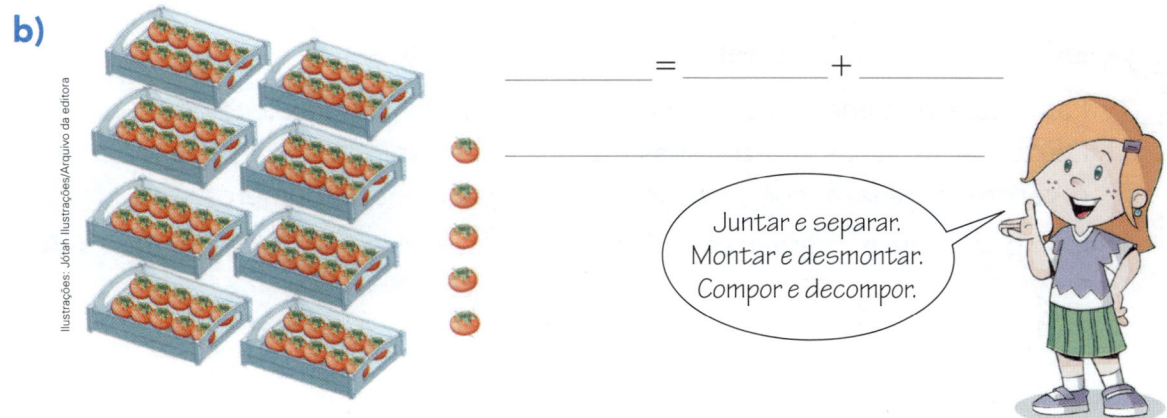

_____ = _____ + _____

_____

Juntar e separar.
Montar e desmontar.
Compor e decompor.

Ilustrações: Jótah Ilustrações/Arquivo da editora

2 **ATIVIDADE ORAL EM GRUPO (TODA A TURMA)** Converse com os colegas sobre o significado das palavras **composição** e **decomposição**, que aparecem nas frases a seguir. Consulte um dicionário se necessário.

> Em 50 + 3 = 53 fizemos uma **composição** do número 53.

> Em 85 = 80 + 5 fizemos uma **decomposição** do número 85.

3 Faça a composição ou a decomposição dos números em dezenas inteiras e unidades.

a) 26 = _____

b) 30 + 1 = _____

c) 40 + 9 = _____

d) 62 = _____

e) 80 + 8 = _____

f) 57 = _____

g) 15 = _____

h) 90 + 4 = _____

4 Complete.

As imagens não estão representadas em proporção.

a) Com 1 nota de  e 1 nota de  obtemos a quantia de

R$ _____, pois _____ + _____ = _____.

b) Podemos obter R$ 22,00 com 1 nota de R$ _____ e 1 nota de

R$ _____, pois _____ = _____ + _____.

Explorar e descobrir

- Para escrever números de 2 algarismos vamos usar dezenas inteiras e unidades. Destaque as fichas das dezenas inteiras e das unidades da página 23 do **Ápis divertido** para fazer composições e decomposições de números.

- Componha um número usando 1 ficha das dezenas e 1 ficha das unidades. Assim:

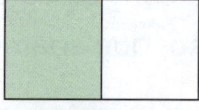  $\longrightarrow$  $\longrightarrow$ 10 + 2 = 12

Componha pelo menos mais 10 números dessa maneira usando as fichas. Registre aqui 2 deles.

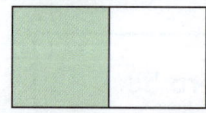  $\longrightarrow$ 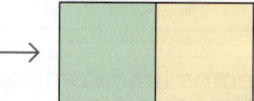 $\longrightarrow$ _____

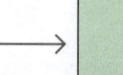 $\longrightarrow$ $\longrightarrow$ _____

- Agora, faça o contrário. Ainda usando as fichas, decomponha os números dados. Depois, escreva como você fez.

 $\longrightarrow$  $\longrightarrow$  $\longrightarrow$ 34 = 30 + 4

| 5 | 6 | $\longrightarrow$ | | $\longrightarrow$ | | $\longrightarrow$ | _____ |

| 7 | 8 | $\longrightarrow$ | | $\longrightarrow$ | | $\longrightarrow$ | _____ |

| 9 | 3 | $\longrightarrow$ | | $\longrightarrow$ | | $\longrightarrow$ | _____ |

Número par e número ímpar

1 Leia a parlenda e responda.

> Casal é par
> Dois sapatos, par de sapatos
> Trilho de trem é par
> Dois vasos, par de vasos
> Par de olhos, dois olhos
> Par de orelhas, duas orelhas
> Cavalo e égua na cocheira
> Lado a lado, belo par

O que mais tem par? _____

2 Observe as ilustrações abaixo e escreva o número de pessoas em cada uma delas.
Em seguida, forme pares de pessoas e escreva **par** quando não sobrar nenhuma e **ímpar** quando sobrar 1 pessoa.
Veja os exemplos.

4: Par.   3: Ímpar.   7: _____

____: _____   ____: _____   ____: _____

3 **ATIVIDADE ORAL EM GRUPO** Pensem bem, conversem e encontrem uma explicação para esta pergunta: Por que os números ímpares têm esse nome? Uma dica: O que não é perfeito recebe o nome de **imperfeito**; o que não é possível é **impossível**.

Explorar e descobrir

- Complete as sequências.

  a) Sequência dos números pares.

  (0) (2) (4) ( ) ( ) ( ) ( ) ( ) ( ) ( ) ( ) ...

  b) Sequência dos números ímpares.

  (1) (3) (5) ( ) ( ) ( ) ( ) ( ) ( ) ( ) ( ) ...

- Agora, observe os números das sequências e responda.

  a) Com quais algarismos os números pares terminam?

  _____

  b) E os números ímpares? _____

- Finalmente, coloque o número correspondente em cada quadrinho e escreva se ele é par ou ímpar.

  a) Sua idade atual, em anos. ⟶ ☐ _____

  b) Número de dias no mês de julho. ⟶ ☐ _____

  c) Número de alunos na sua turma. ⟶ ☐ _____

  d) Número de jogadores titulares em um time de futebol de campo. ⟶

  ⟶ ☐ _____

Jogo da composição

Em cada rodada, cada participante gira o clipe nas 2 roletas, faz a composição das dezenas exatas com as unidades e anota na folha de papel sulfite. Por exemplo: 40 + 7 = 47

O jogador que obtiver o número maior pinta 2 quadrinhos na tabela de pontuação se o número for par e pinta 1 quadrinho se o número for ímpar. O outro jogador não pinta nenhum quadrinho.

Vence a partida quem pintar 10 quadrinhos primeiro.

Material
- 1 clipe
- 1 lápis ou caneta
- 1 folha de papel sulfite

Quem é o maior? É par ou é ímpar?

As imagens não estão representadas em proporção.

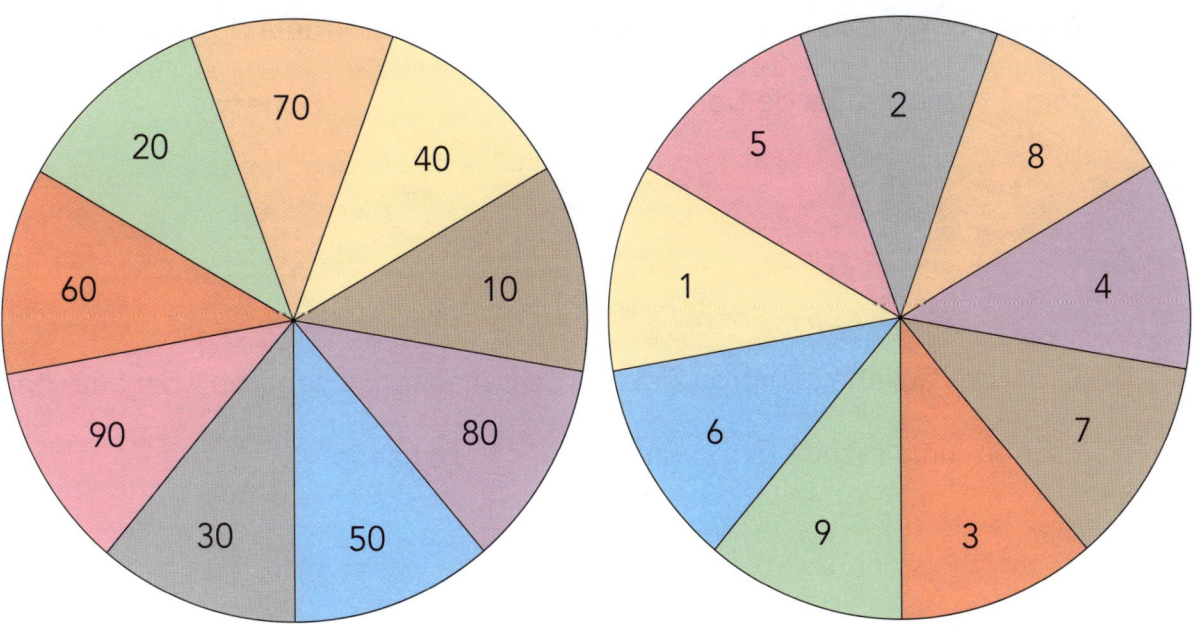

Tabela de pontuação

Nome	Pontuação									

Tabela elaborada para fins didáticos.

Vencedor: _____

Dúzia e meia dúzia

Caixa de ovos.

1 Anelise vai fazer quindins.

a) Para uma receita ela precisa usar toda esta caixa, com 1 dúzia de ovos.

Quantos ovos há em 1 dúzia? _____

b) Se ela quisesse fazer só metade da receita, então ela usaria meia dúzia de ovos. Assinale com um **X** meia dúzia de ovos na foto acima e, depois, complete a frase abaixo.

Meia dúzia de ovos corresponde a _____ ovos.

2 **PROBLEMAS**

Faça desenhos ou cálculos e complete. Depois, confira com os colegas.

a) Miguel tem 1 dúzia de bonecos e a irmã dele tem meia dúzia. Juntos eles têm 1 dúzia e meia de bonecos, ou seja, _____ bonecos.

b) O pai de Paulinho comprou 2 dúzias de bananas. Ele separou 4 bananas para usar em uma receita. Sobraram _____ bananas.

c) Luana precisa de 1 dúzia de morangos para fazer um bolo. Ela já tem 9 morangos. Estão faltando _____ morangos.

Sugestão de...
Livro

Uma dúzia e meia de bichinhos.
Marciano Vasques.
São Paulo: Atual, 2014.

Mais atividades e problemas

1 Em um jogo, a cada ponto que o jogador faz, ele recebe 1 palito de dente. Quem completa 10 palitos de dente troca por 1 palito de sorvete.

a) Veja o resultado final de uma partida desse jogo e complete a tabela.

Marcos.

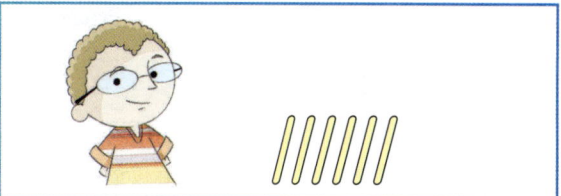

Luís.

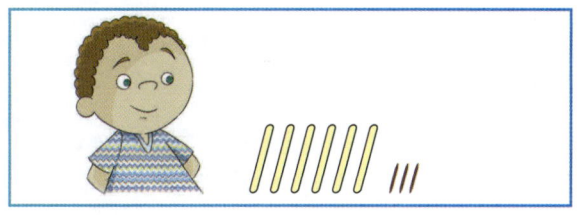

Maurício.

Jogo com palitos

Jogador	Pontuação
Marcos	
Luís	
Maurício	

Tabela elaborada para fins didáticos.

◀ As imagens não estão representadas em proporção.

b) Quem fez mais pontos nessa partida? _____

c) Quem fez menos pontos? _____

2 Observe como Felipe colocou os números 43 e 87 entre as dezenas inteiras mais próximas. Escreva as dezenas inteiras nos demais números.

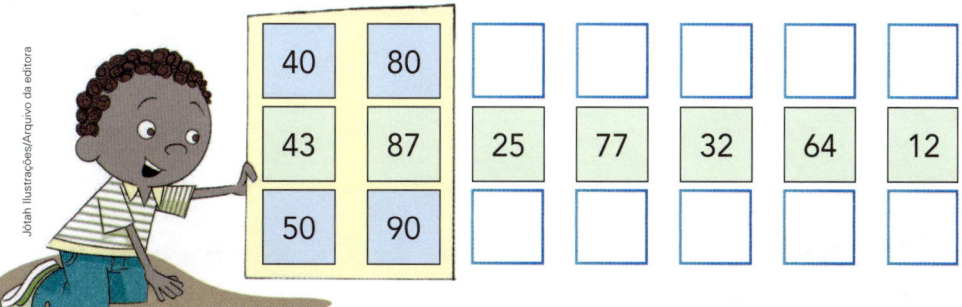

40	80					
43	87	25	77	32	64	12
50	90					

3 **DESAFIO**

Estou entre 60 e 70. A soma do meu algarismo das unidades com meu algarismo das dezenas é 10. Quem sou eu? _____

Jotah Ilustrações/Arquivo da editora

4 CÁLCULO MENTAL

Veja como Aninha pensou para efetuar 8 + 5 mentalmente.

> Vou tentar formar 10.
> Penso quanto falta em 8 para chegar a 10. Faltam 2.
> Então, penso 5 como 2 + 3.
> 8 + 5 ou 8 + 2 + 3 ou
> 10 + 3. Logo, 8 + 5 = 13.

Veja agora outros exemplos.

6 + 9 = ?

6 + 4 + 5

10 + 5

Logo, 6 + 9 = 15.

> Quanto falta em 6 para chegar a 10? Faltam 4.
> Então, penso 9 como 4 + 5.

7 + 7 = ?

7 + 3 + 4

10 + 4

Logo, 7 + 7 = 14.

9 + 3 = ?

9 + 1 + 2

10 + 2

Logo, 9 + 3 = 12.

Agora é com você! Calcule mentalmente e registre. Depois, confira com os colegas.

a) 5 + 9 = _____

b) 4 + 8 = _____

c) 6 + 7 = _____

5 CÁLCULO MENTAL

Marina foi a uma lanchonete e pediu 1 sanduíche natural e 1 copo com suco de laranja. Sabendo que o sanduíche custou R$ 7,00 e o copo com suco custou R$ 5,00, calcule mentalmente e registre quanto ela gastou. _____

◄ As imagens não estão representadas em proporção.

Dotshock/Shutterstock

Sanduíche natural.

Roxana Bashyrova/Shutterstock

Copo com suco de laranja.

6 MAIS CÁLCULO MENTAL

"Andando" no quadro da atividade 3 (página 87), para a frente e para trás, podemos efetuar mentalmente algumas adições e subtrações. Veja.

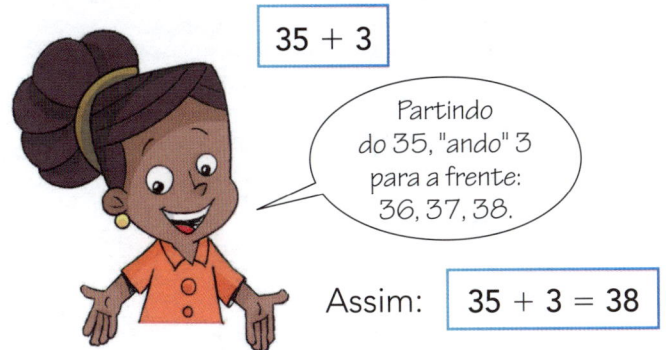

35 + 3

Partindo do 35, "ando" 3 para a frente: 36, 37, 38.

Assim: 35 + 3 = 38

60 − 2

Partindo do 60, "ando" 2 para trás: 59, 58.

Assim: 60 − 2 = 58

Pense na sequência dos números, calcule mentalmente e escreva o resultado.

a) 63 + 4 = _____

b) 22 + 5 = _____

c) 58 + 2 = _____

d) 71 − 3 = _____

e) 33 − 4 = _____

f) 16 + 2 = _____

7

Roberto tinha 58 figurinhas e ganhou 3 figurinhas do primo dele. Nara tinha 65 figurinhas e deu 3 delas para o irmão dela.

a) Agora, quem tem mais figurinhas: Roberto ou Nara?

_____

b) Quantas a mais? _____

8 PADRÃO OU REGULARIDADE

ATIVIDADE ORAL EM GRUPO Descubra um padrão (ou uma regularidade) em cada sequência e conte-o para os colegas. Depois, completem as sequências.

a)  7 17 27 37 ◯ ◯ ◯ ◯ ◯ ◯

b)  45 40 35 30 ◯ ◯ ◯ ◯ ◯

Unidade 3

Analise os exemplos, descubra o código e complete os demais quadrinhos.

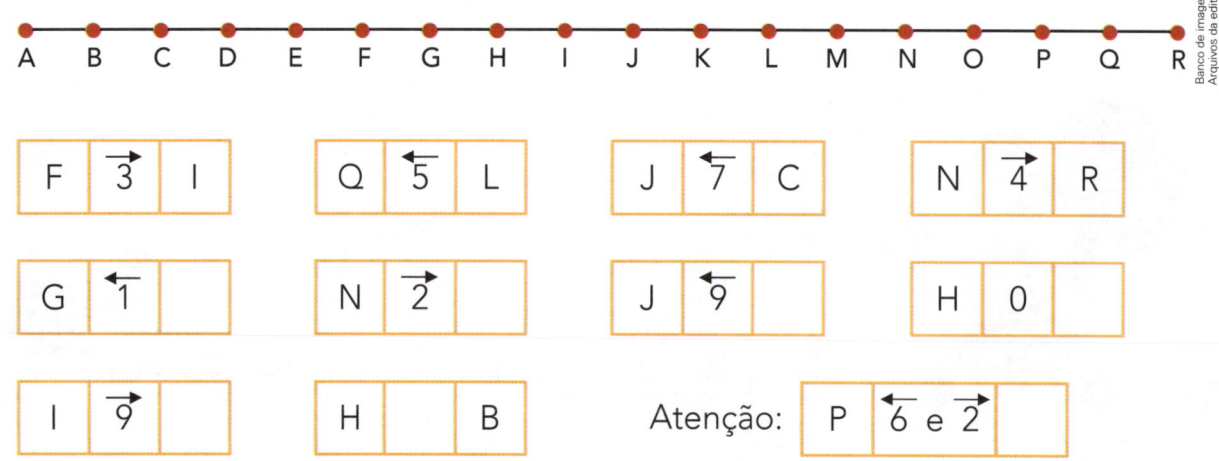

| F | 3→ | I |

| Q | ←5 | L |

| J | ←7 | C |

| N | 4→ | R |

| G | ←1 | |

| N | 2→ | |

| J | ←9 | |

| H | 0 | |

| I | 9→ | |

| H | | B |

Atenção: | P | ←6 e 2→ | |

10

ATIVIDADE ORAL EM GRUPO Imagine que você tem estas moedas em um saquinho e vai retirar 1 ou mais delas sem olhar.

Converse com os colegas e verifique se o que está citado em cada item **nunca acontece**, **sempre acontece** ou **às vezes acontece e às vezes não**.

a) Retirar 2 moedas de valor igual.

b) Retirar 3 moedas de valor igual.

c) Retirar 2 moedas de valor diferente.

d) Retirar 1 moeda de valor menor do que 50 centavos.

e) Retirar 1 moeda de 50 centavos.

◀ As imagens não estão representadas em proporção.

11 Mac Lordan esqueceu a camiseta de basquete dele no vestiário. Veja as dicas e ajude-o a encontrar a camiseta.

● A camiseta de Mac Lordan não é azul.

● O número na camiseta é maior do que 18.

● O número na camiseta é ímpar.

Qual é a cor e o número da camiseta de Mac

Lordan? _____

Vamos ver de novo?

1 Escreva os números. Depois, compare-os e pinte o quadrinho do número maior.

Número de dias em 2 semanas → ☐   ☐ ← Número de dedos nas 2 mãos

2 **DESAFIO**

Observe a sequência de imagens e os tracinhos.

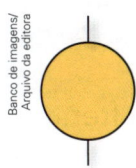 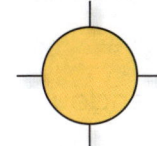 

Banco de imagens/ Arquivo da editora

_____ tracinhos.   _____ tracinhos.   _____ tracinhos.   _____ tracinhos.

a) Descubra uma regularidade para a sequência, desenhe a 4ª imagem e confira com os colegas.

b) Escreva o número de tracinhos desenhados em cada imagem.

3 Complete as afirmações.

a) A sequência numérica que começa no 4, "pula" de 3 em 3 e tem 6 números

é: _____, _____, _____, _____, _____, _____.

b) Uma atividade que começa às 8 horas e termina às 11 horas de um mesmo

dia tem duração de _____ horas.

c) O mês que fica entre o 7º e o 9º mês do ano é _____. Ele é o

_____ mês do ano.

4 DESLOCAMENTO

Em uma das fases de um jogo *on-line*, Amélia e Paulo devem montar um roteiro para levar o personagem da casa azul até a casa amarela.

a) Observe o roteiro que Amélia fez pelas quadras do mapa e complete a descrição.

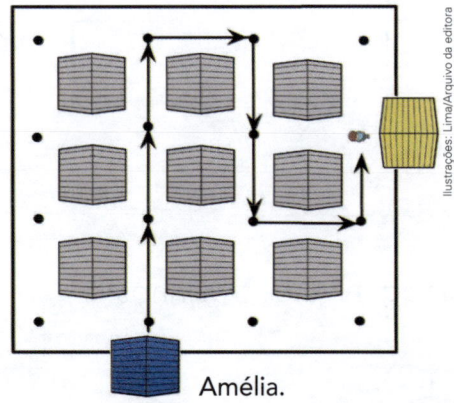

Amélia.

- Saindo da casa azul, o personagem andou 3 quadras para a frente.
- Ele virou à _____ e andou _____.
- Virou à _____ e andou _____.
- Virou à _____ e andou _____.
- Virou à _____ e andou _____.
- A casa amarela estava à direita.

b) Agora, veja a descrição do roteiro que Paulo fez e trace-o no mapa.

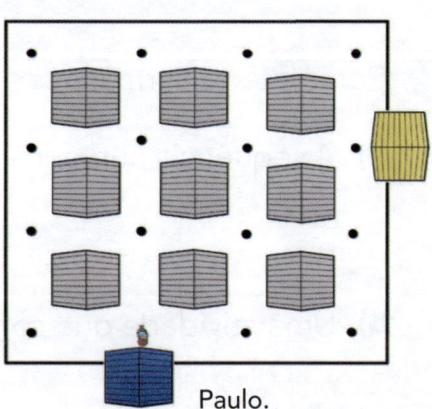

Paulo.

- Saindo da casa azul, o personagem andou 1 quadra para a frente.
- Ele virou à esquerda e andou 1 quadra.
- Virou à direita e andou 2 quadras.
- Virou à direita e andou 3 quadras.
- Virou à direita e andou 1 quadra.
- A casa amarela estava à esquerda.

O que estudamos

Vimos as dezenas inteiras ou dezenas exatas 10, 20, 30, 40, 50, 60, 70, 80 e 90 e efetuamos operações com elas.

$$20 + 40 = 60 \qquad\qquad 50 - 30 = 20$$

Verificamos que fazer agrupamentos de 10 em 10 auxilia na contagem.

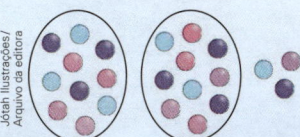

2 grupos de 10 mais 3.

$$20 + 3$$

23

Estudamos como ordenar números até 99 observando o quadro dos números.

- 19 é maior do que 15.
- Os números 7, 12, 20 e 33 estão na ordem crescente, ou seja, do menor para o maior.

Completamos e criamos sequências de números seguindo padrões.

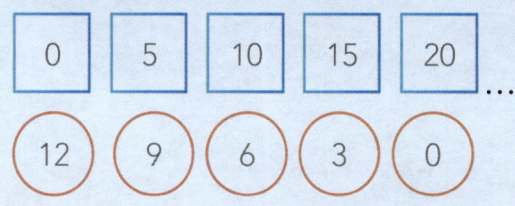

| 0 | 5 | 10 | 15 | 20 | ... |

| 12 | 9 | 6 | 3 | 0 |

Fizemos composição e decomposição de números até 99 em dezenas inteiras e unidades.

- $30 + 7 = 37$ é composição do 37.
- $91 = 90 + 1$ é decomposição do 91.

Separamos os números em pares (que terminam em 0, 2, 4, 6 ou 8) e ímpares (que terminam em 1, 3, 5, 7 ou 9).

- 8, 30 e 64 são números pares.
- 5, 41 e 49 são números ímpares.

Vimos o significado de dúzia e de meia dúzia.

 As imagens não estão representadas em proporção.

1 dúzia de ovos.
12 ovos.

Meia dúzia de quiuís.
6 quiuís.

- Você gostou das atividades desta Unidade?
- Você teve dúvidas para entender alguma atividade? Não precisa ter vergonha! Pergunte ao professor o que você não entender.

4 Regiões planas e contornos

- O que você vê nesta cena?
- Você já brincou de empinar pipa? Em que local?
- Em que as pipas desta cena são diferentes entre si?

Para iniciar

Veja quantas pipas no ar!

As pipas são objetos cujos desenhos nos dão ideia de figuras geométricas conhecidas como **regiões planas**.

Nesta Unidade vamos estudar algumas regiões planas e os contornos delas.

- Analise a cena das páginas de abertura desta Unidade. Converse com os colegas e respondam às questões a seguir.

Cada pipa dá ideia de sólido geométrico ou de região plana?

Qual é a cor da pipa que tem a forma da figura ao lado?

Qual é a cor da pipa que tem a forma triangular? E qual forma a pipa verde tem?

Todas as pipas têm a mesma forma?

Ilustrações: Jótah Ilustrações/Arquivo da editora

- Converse com os colegas sobre mais estas questões.

As imagens não estão representadas em proporção.

a) Um dado nos dá ideia de sólido geométrico ou de região plana?

b) E cada uma das faces de um dado?

c) Quais dos objetos das fotos abaixo você acha que dão ideia de região plana?

Dado. — Orion/Shutterstock

Face do dado. — Robert Eastman/Shutterstock

Nota de 10 reais.

Reprodução/Casa da Moeda do Brasil/Ministério da Fazenda

Bola. — Brmak/Shutterstock

Bandeirinhas de festa. — Carla Nichiata/Shutterstock

Caixa de sapatos. — Dja65/Shutterstock

d) Uma lata de leite em pó lembra qual sólido geométrico?

e) Nesse sólido geométrico existe alguma parte que dá ideia de região plana? Que forma essa parte tem?

Lata de leite em pó. — Melodia plus photos/Shutterstock

Regiões planas

1 Veja fotos de objetos que dão a ideia de **região plana**.

Placa de trânsito.

CD.

Notas.

Assinale os quadrinhos dos objetos que dão ideia de região plana.

☐ Folha de papel sulfite.	☐ Parede da sala.	☐ Ovo.
☐ Garrafa.	☐ Tampo da mesa.	☐ Chão da sala.
☐ Tijolo.		

Explorar e descobrir

ATIVIDADE ORAL EM GRUPO Destaque as regiões planas da página 25 do **Ápis divertido** e observe-as. O que elas têm de diferente? Há algo parecido entre algumas formas? Cole-as aqui e converse com os colegas sobre o que você observou.

Unidade 4

2 **ATIVIDADE ORAL EM GRUPO** Pegue os sólidos geométricos que você montou na Unidade 2. Pegue também uma bola. Nesses objetos, procure localizar partes que dão a ideia de região plana.

Em seguida, troque ideias com os colegas e respondam: Por que o nome **região plana**?

3 Considere as figuras geométricas abaixo.

Assinale com uma • o quadrinho das figuras que representam sólidos geométricos. Assinale com um **X** o quadrinho das figuras que representam regiões planas.

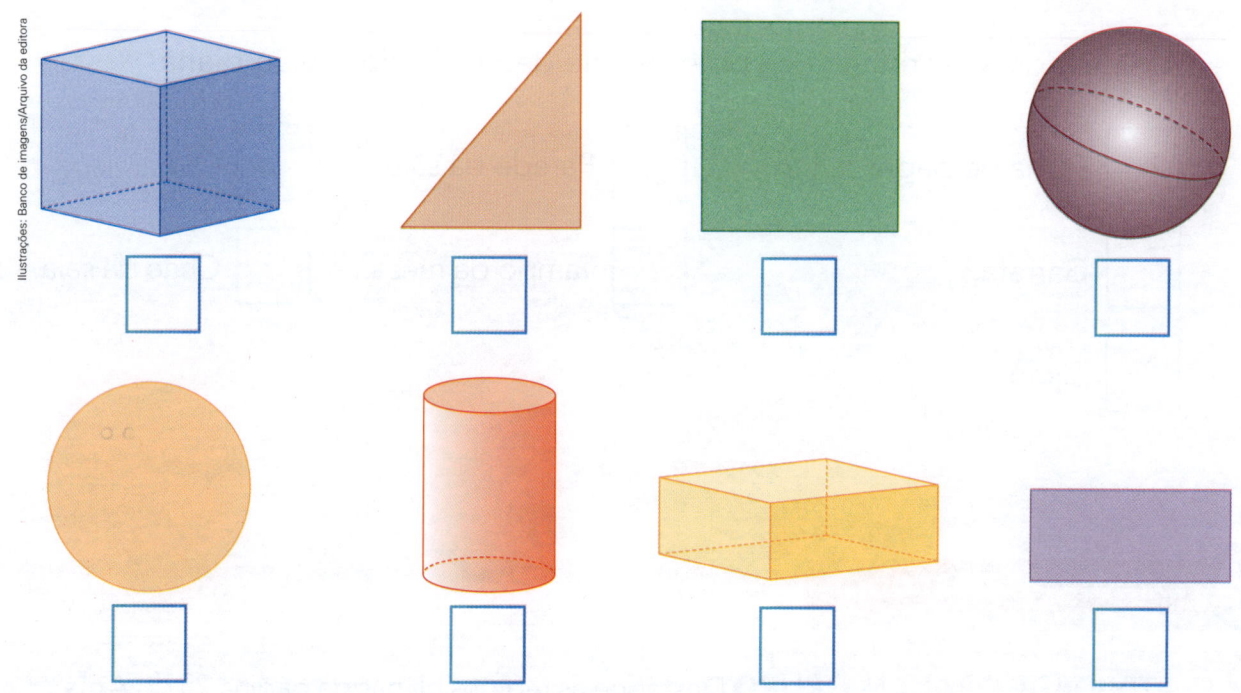

4 **ESTÁ CHEGANDO O DIA DA FESTA!**

Para enfeitar uma festa na escola, Lucas e os colegas estão fazendo e pendurando bandeirinhas.

Descubra uma regularidade ou um padrão na sequência das cores e das formas das bandeirinhas. Continue desenhando e pintando seguindo o mesmo padrão. Depois, veja como os colegas fizeram.

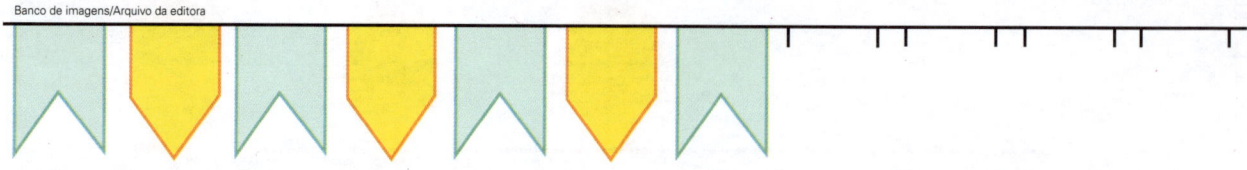

5 BRINCANDO COM REGIÕES PLANAS: DOBRADURAS

Você sabia que podemos brincar com regiões planas fazendo dobraduras?

Que tal aprender a fazer um chapéu de soldado? É bem fácil!

Pegue uma folha de papel sulfite e dobre-a como indicado na sequência de imagens.

Dobre a folha
ao meio.

2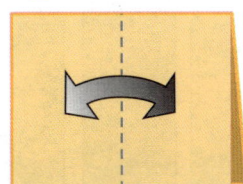

Dobre mais uma
vez ao meio e
depois desdobre.

3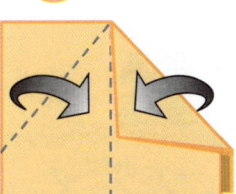

Dobre as pontas
como indicado.

4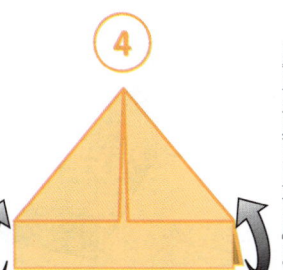

Agora, dobre
cada aba de
baixo para cima.

Marcha, soldado
cabeça de papel.
Se não marchar direito, vai
preso pro quartel!

5

Está pronto o
seu chapéu!

◀ As imagens não estão
representadas em proporção.

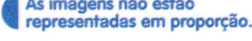

🔍 Explorar e descobrir

- Pegue uma caixa de creme dental.
  Qual sólido geométrico ela lembra?

Caixa de creme dental.

_____

- Agora, desmonte a caixa e tire as abas com cuidado. Recorte as partes e cole tudo, menos as abas, em uma folha de papel sulfite. Cada parte dá ideia de uma **região plana**.
  Quantas partes você colou?

Caixa desmontada.

_____

6 Observe o que aconteceu no **Explorar e descobrir** da página anterior. A caixa de creme dental tem a forma de um paralelepípedo.

> As faces do paralelepípedo são **regiões planas** chamadas **regiões retangulares**.

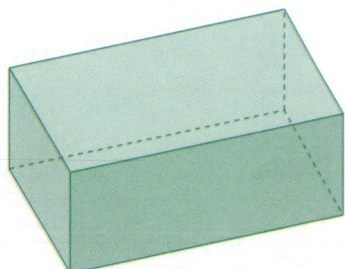

Paralelepípedo.

Regiões retangulares.

Agora, responda de acordo com as figuras acima.

a) Quantas faces o paralelepípedo tem? _____

b) Como são as faces do paralelepípedo?

_____

7 Todas as bandeiras esticadas lembram regiões planas.

Assinale a bandeira na qual todos os desenhos e todas as cores formam apenas regiões retangulares.

Bandeira do Brasil.

Bandeira da Alemanha.

Bandeira do Japão.

8 Vamos continuar a brincadeira de desmontar? Agora é a vez do cubo.

As faces do cubo são **regiões planas** chamadas
regiões quadradas.

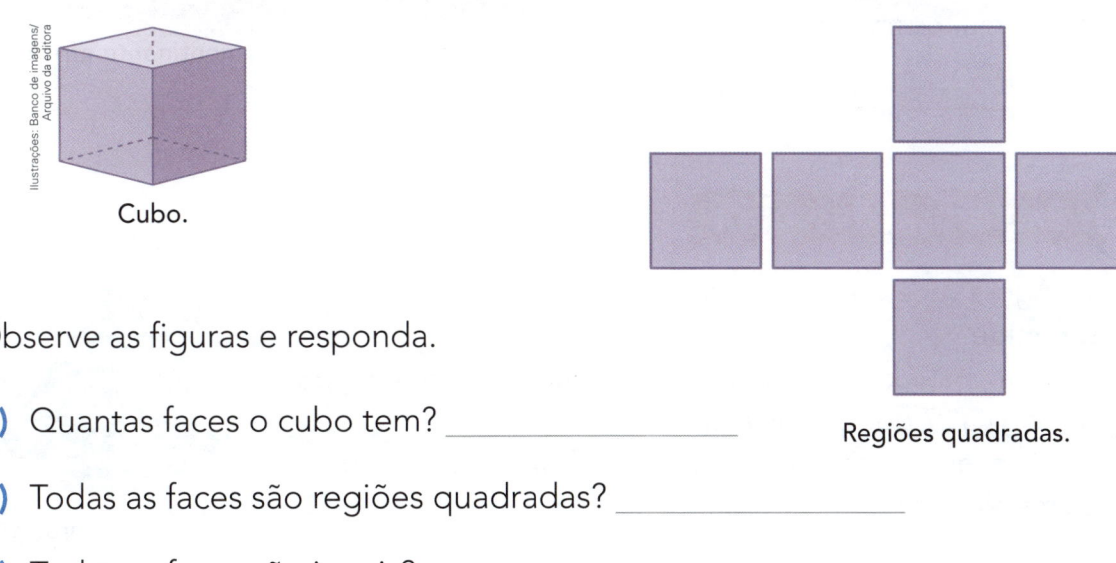

Cubo.

Regiões quadradas.

Observe as figuras e responda.

a) Quantas faces o cubo tem? _____

b) Todas as faces são regiões quadradas? _____

c) Todas as faces são iguais? _____

9 **ESTIMATIVA**

Imagine que você vai seguir estas instruções.

- Colocar um dado sobre o espaço ao lado.

- Contornar a face apoiada no papel e pintar
  o interior da figura obtida.

a) Qual região plana você obteria? _____

b) Use esse espaço e siga as instruções. Depois, confira sua estimativa.

10 Vamos completar o mosaico abaixo?

Continue o padrão usado e pinte o restante do mosaico.

Saiba mais

As pirâmides do Egito eram tumbas gigantes, construídas para sepultar os faraós.

Elas foram erguidas com blocos de pedra muitos anos atrás.

Pirâmides do Egito, no continente africano. Foto de 2018.

Explorar e descobrir

Agora você vai montar um sólido geométrico chamado **pirâmide**.

Com a ajuda de um adulto, destaque e monte a figura da página 27 do **Ápis divertido**.

Na pirâmide também podemos identificar faces, vértices e arestas.

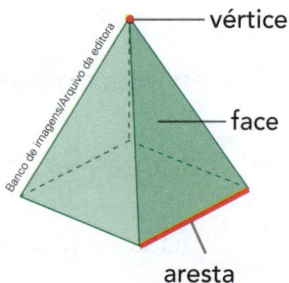

- Quantas faces esta pirâmide tem? _____

- Explore a pirâmide e responda: Todas as faces são iguais? _____

- Nesta pirâmide, uma das faces tem a forma de uma região plana diferente das demais. Como se chama essa região plana? _____

11 A pirâmide que você montou é chamada **pirâmide de base quadrada**. Ao desmontar uma pirâmide de base quadrada obtemos algumas regiões planas chamadas **regiões triangulares** e 1 **região quadrada**.

Observe esta pirâmide e responda.

Quantas faces são triangulares?

_____

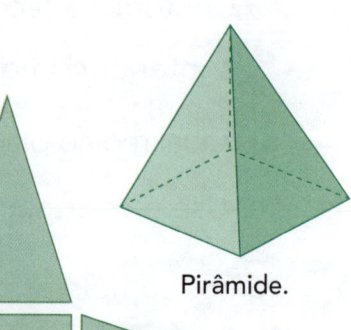

Pirâmide.

Regiões triangulares e região quadrada.

12 **FAÇA DO SEU JEITO**

Uma laranja lembra uma esfera, não é mesmo?

O que vemos ao cortar uma laranja lembra uma **região circular** ou um **círculo**.

Laranja.   Esfera.

Corte da laranja.   Região circular ou círculo.

Pense em como fazer e desenhe aqui 2 ou mais regiões circulares de tamanhos diferentes.

13 A professora de Cátia pediu aos alunos que levassem para a aula um objeto que lembrasse uma região circular.

Qual destes objetos Cátia poderia levar? Assinale com um **X**.

  Bola.   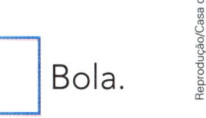  Moeda.    **As imagens não estão representadas em proporção.**  Bambolê.

14 **ATIVIDADE ORAL EM DUPLA** Quais objetos do seu dia a dia têm a forma de regiões circulares? Conte a um colega.

15 Carolina fez um desenho usando regiões planas. Observe com atenção e responda.

a) Ela desenhou quantas regiões ◣ ? _____

b) E quantas regiões ▬ ? _____

c) Quantas regiões ⬤ ? _____

d) Quantas regiões ◼ ? _____

16 Agora é com você! Faça o desenho de algum objeto que tenha pelo menos 1 região quadrada, 1 retangular, 1 triangular e 1 circular.

17 Quem sou eu? Descubra e complete.

Sou um destes 6 números.

Sou maior do que 30.

Apareço em uma região triangular.

Sou um número par.

Eu sou o número _____.

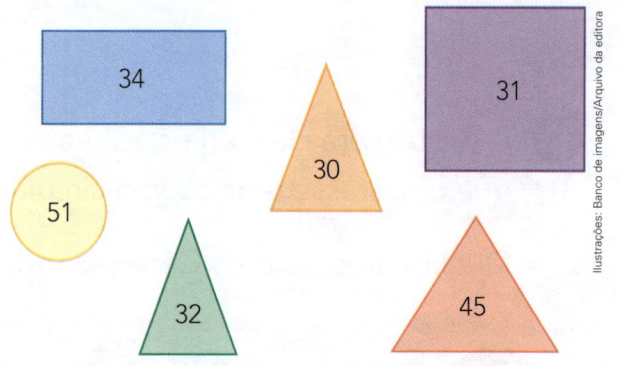

18 **DESAFIO**

Destaque as regiões triangulares da página 25 do **Ápis divertido**. Depois, para cada item, forme uma região quadrada com elas. A cada construção feita, confira com os colegas.

a) Juntando 2 peças.

b) Juntando 3 peças.

c) Juntando 4 peças.

19 GEOMETRIA E ARTE

ATIVIDADE ORAL Muitos pintores e desenhistas constroem as obras de arte utilizando regiões planas. Quer um exemplo? Veja este quadro do pintor holandês Piet Mondrian.

a) Quantas regiões quadradas aparecem neste quadro?

b) Descreva as regiões quadradas que você visualiza.

c) Qual forma as demais regiões planas têm?

Composição em vermelho, preto, azul, amarelo e cinza. 1921. Piet Mondrian. Óleo sobre tela. 59,5 cm × 59,5 cm. Galeria Nacional de Arte Moderna e Contemporânea de Roma, Itália.

20 CLASSIFICAÇÕES

Nina e Mário estavam brincando com estas 8 regiões planas que eles construíram e recortaram.

a) **ATIVIDADE ORAL EM GRUPO** Nina separou essas 8 regiões planas em 3 grupos. Veja como ela fez e converse com os colegas sobre o que ela viu em comum para formar os grupos.

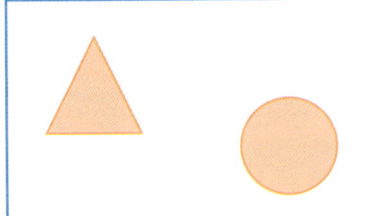  

b) Em seguida, foi a vez de Mário. Ele separou as 8 regiões planas em 2 grupos, de acordo com a forma delas.

Desenhe e pinte as regiões planas de acordo com o que Mário fez.

㉑ LOCALIZAÇÃO NA MALHA QUADRICULADA

O macaco está na coluna **3** e na linha **C**. A posição dele é $(3, C)$.

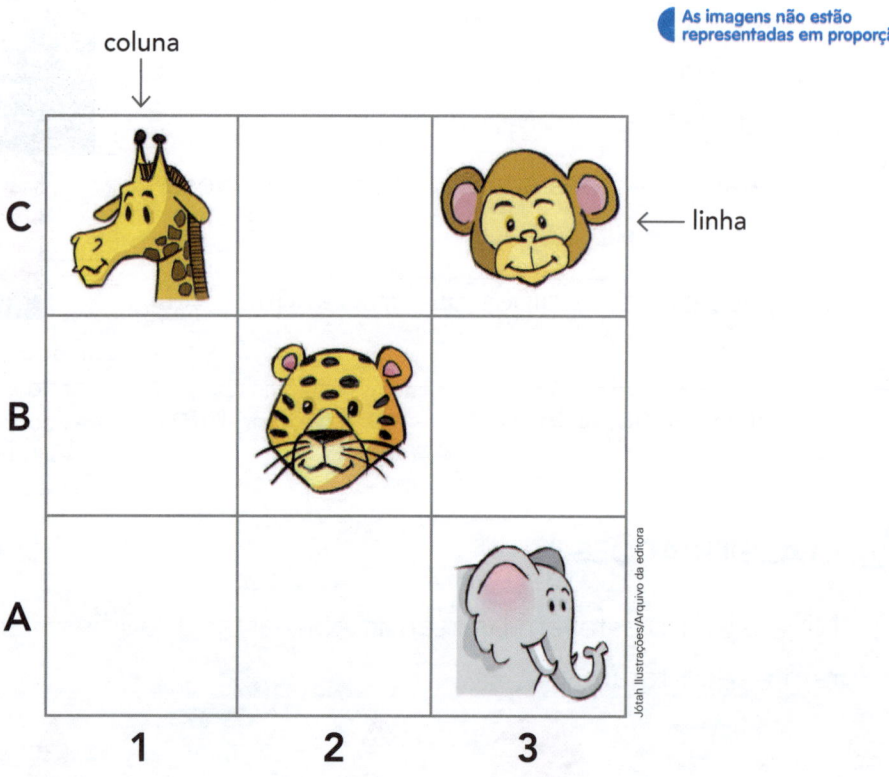

As imagens não estão representadas em proporção.

Jotah Ilustrações/Arquivo da editora

a) Agora é com você. Complete as frases.

- A onça está na coluna _____ e na linha _____. A posição dela é _____.

- O animal que está na posição $(1, C)$ chama-se _____.

- Escolha mais um animal e desenhe-o na coluna **1** e na linha **B**, ou seja, na posição $(1, B)$.

- O elefante está na posição. _____

b) Escolha uma "casinha" vazia e desenhe nela o animal que você quiser. Depois, mostre a um colega e peça a ele que escreva a posição de seu desenho:

Coluna _____ e linha _____.

Você faz o mesmo com o desenho dele.

㉒ ATIVIDADE ORAL EM GRUPO Descubra com os colegas pelo menos 3 objetos que lembram regiões planas e ainda não foram citados nesta Unidade.

23 REGIÕES PLANAS E DESLOCAMENTOS

Vamos levar Lulu, Loló e Lelé até as casinhas? Nos caminhos, eles devem passar por figuras com a forma de regiões planas: 1 figura circular, 1 figura quadrada e 1 figura triangular.

a) Veja o roteiro que Lulu vai percorrer.

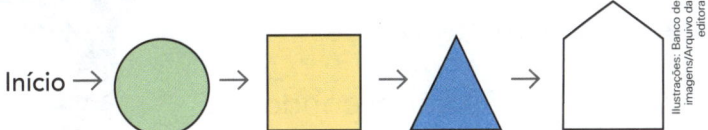

Trace o caminho de Lulu e escreva acima o número da casinha em que ele chegou.

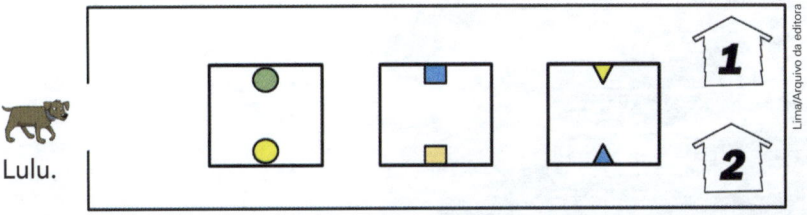

b) Veja o caminho que Loló vai percorrer.

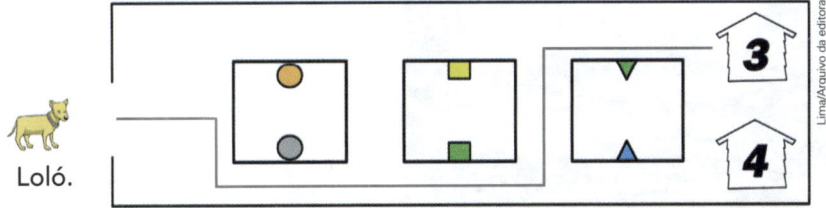

Pinte o roteiro abaixo e escreva o número da casinha em que ele vai chegar.

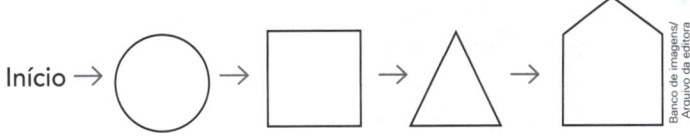

c) Agora você cria um roteiro para Lelé e traça o caminho para ele chegar à casinha de número 6.

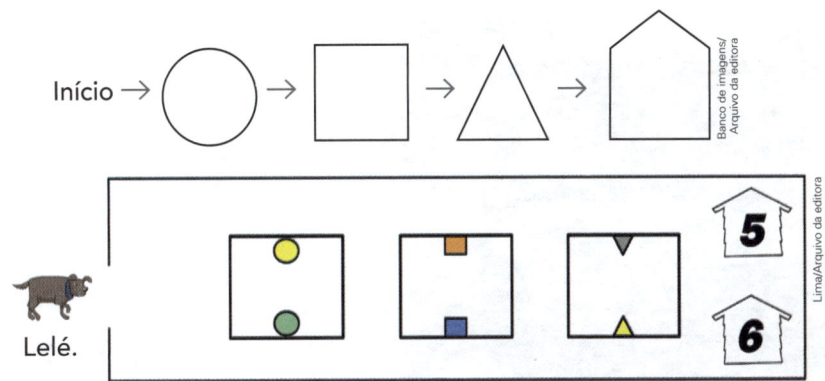

Vistas de um objeto

As imagens não estão representadas em proporção.

1 Quando tiramos uma foto, estamos vendo um objeto ou uma cena em determinada posição.

As fotos abaixo mostram como vemos um automóvel de diferentes posições.

Ligue cada foto à descrição correspondente.

Vista de lado.

Vista de frente.

Vista de trás.

Vista de cima.

2 Observe como o primeiro cubo é visto de frente, de lado e de cima. Faça o mesmo com os demais cubos, pintando e desenhando como eles são vistos.

Cubo	De frente	De lado	De cima

As imagens não estão representadas em proporção.

3 **VAMOS BRINCAR DE TUDO À VISTA?**

Construa um monóculo do seguinte modo: pegue uma folha de papel e enrole formando um "cilindro" por onde você vai olhar.

Agora, brinque de **Tudo à vista!**

Ande pela sala observando pelo monóculo tudo o que quiser!

Unidade 4

Tecendo saberes

De olho nos detalhes

1 Observe com atenção a imagem abaixo. Você consegue descobrir todos os animais que se encontram nela? Pinte os animais que conseguir achar.

2 **ATIVIDADE ORAL EM GRUPO (TODA A TURMA)** Às vezes, para perceber os detalhes e compreender melhor uma situação, é importante olhá-la com atenção.

Leia esta história em quadrinhos.

Isso já aconteceu com você? Compartilhe com os colegas e o professor.

3 VAMOS OBSERVAR MAIS DE PERTO?

ATIVIDADE ORAL EM GRUPO

a) Você já viu ou ouviu falar em lupa? Sabe para que ela serve?

b) Observe os passos para construir uma lupa.

Construindo uma lupa

Material

- 1 pote plástico
- pequenos objetos, como moedas ou botões
- filme plástico de cozinha
- água
- elástico

Foto da etapa 1, mostrando os objetos colocados dentro do pote, coberto com o filme plástico preso com elástico.

Como fazer

1. Coloque os objetos dentro do pote. Cubra o pote com o filme plástico, deixando-o meio frouxo, e prenda-o com o elástico.
2. Com a mão, empurre levemente o centro do filme para dentro do pote, sem deixar furar o filme, e coloque água em cima.

Fonte de consulta: TV CULTURA. **Programas**. Disponível em: <http://cmais.com.br/x-tudo/experiencia/14/lentedeaumento.htm>. Acesso em: 12 set. 2019.

O que você acha que vai acontecer ao observar de cima os objetos dentro do pote?

c) Construa uma lupa e faça a experimentação. O que você havia imaginado se confirmou?

4 Observe novamente os objetos que você colocou dentro da lupa que construiu e veja também os objetos nas lupas dos colegas. Depois, registre aqui o que você viu de mais interessante.

 # Contornos

Rafael usou uma lata de ervilhas, que tem a forma de um **cilindro**, e fez 2 desenhos.

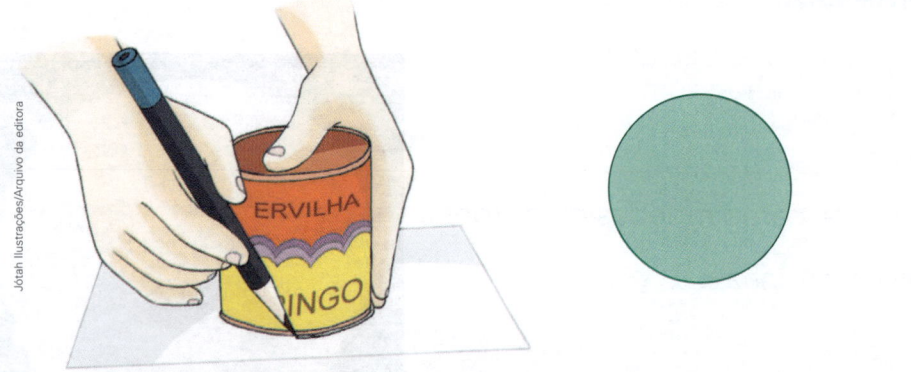

No primeiro desenho ele contornou a lata e depois pintou o interior do contorno.

- Qual é o nome da **região plana** que Rafael desenhou?

_____

No segundo desenho ele contornou a lata e não pintou o interior do contorno. Ele ficou apenas com o **contorno** da região plana do primeiro desenho.

- Agora é a sua vez!

Pegue o paralelepípedo que você guardou em sua caixa de sólidos geométricos. Apoie-o no espaço abaixo e faça 2 desenhos: a região plana e o contorno. Identifique cada desenho.

1 O contorno de uma região retangular é uma **linha** que chamamos de **retângulo**. Veja como chamamos algumas partes do retângulo.

Região retangular.

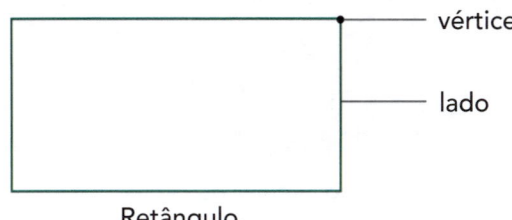
vértice
lado
Retângulo.

a) Quantos lados o retângulo tem? _____

b) Quantos vértices o retângulo tem? _____

2 O contorno de uma região quadrada é uma **linha** que recebe o nome de **quadrado**. No quadrado também podemos identificar vértices e lados, como no retângulo.

Região quadrada.

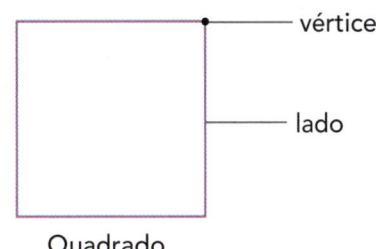
vértice
lado
Quadrado.

a) Quantos lados o quadrado tem? _____

b) Quantos vértices o quadrado tem? _____

3 O contorno de uma região triangular é uma **linha** chamada **triângulo**. No triângulo também podemos identificar vértices e lados, como no retângulo e no quadrado.

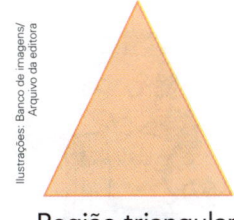
Região triangular.

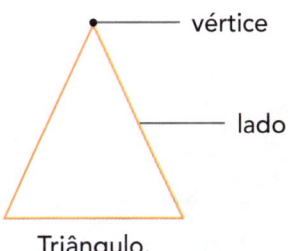
vértice
lado
Triângulo.

a) Quantos lados o triângulo tem? _____

b) Quantos vértices o triângulo tem? _____

Unidade 4

4 O contorno de um **círculo** é uma **linha** que chamamos de **circunferência**.

Região circular ou círculo.

Circunferência.

a) Pense em como são os lados e os vértices do retângulo, do quadrado e do triângulo. Observe então a circunferência acima e responda.

- A circunferência tem lados? _____

- Quantos vértices a circunferência tem? _____

b) Desenhe circunferências de vários tamanhos usando moedas, botões, etc.

5 **ATIVIDADE ORAL** Veja só! O bambolê dá a ideia de uma circunferência.

Você sabe equilibrar um bambolê girando-o na cintura? E no pé? E no braço?

Brincando com elásticos

1 Celso ganhou um **geoplano**!

Geoplano é uma tábua cheia de preguinhos, como a da imagem ao lado.
Ele está esticando elásticos coloridos nos preguinhos e formando figuras que lembram contornos.
Que tal você também inventar figuras como estas? Abaixo, faça as linhas com uma régua, como se fossem elásticos. Os pontinhos verdes representam os preguinhos do geoplano.
Veja o exemplo.

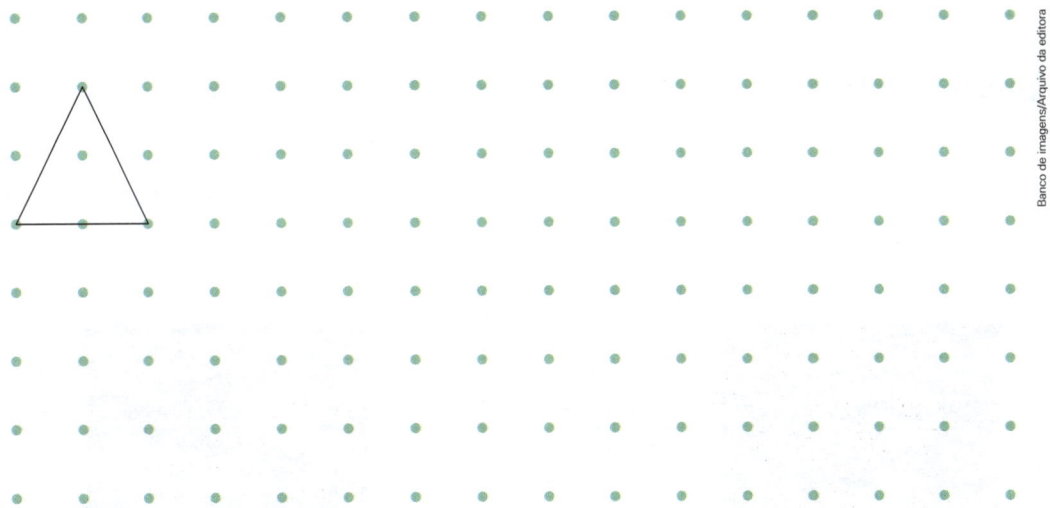

2 Cubra os tracejados abaixo. Depois, ligue cada contorno obtido ao nome correspondente.

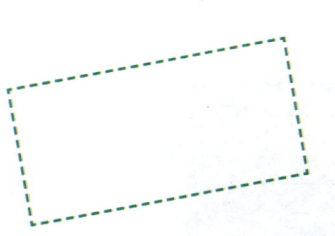 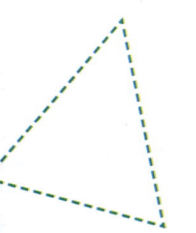  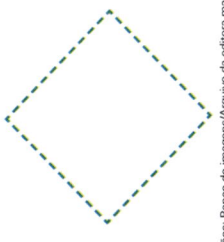

| Triângulo. | Retângulo. | Quadrado. | Circunferência. |

Matemática e tecnologia

Geoplano virtual

Você acabou de aprender o que é um geoplano e usou elásticos para representar contornos. Vamos explorar agora um geoplano virtual?

Com a ajuda do professor, acesse o *site* <https://apps.mathlearningcenter.org/geoboard/> e veja a tela inicial do geoplano virtual. Observe as cores dos elásticos e os pontos que representam os pregos.

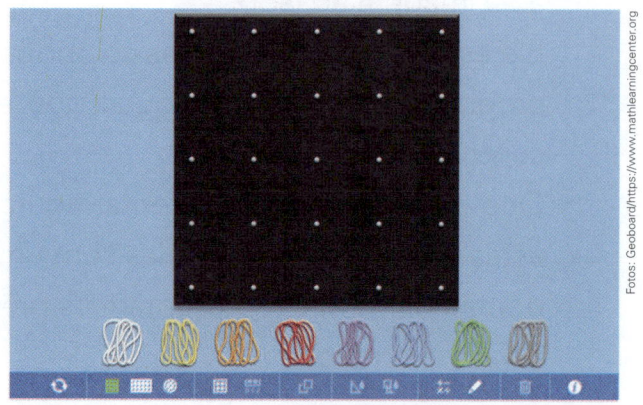

Para pegar um elástico, clique com o *mouse* na cor que você escolher e, segurando o botão do *mouse*, arraste o elástico até um dos pregos.

Quando você soltar o botão do *mouse*, o elástico vai se fixar automaticamente nos 2 pregos mais próximos.

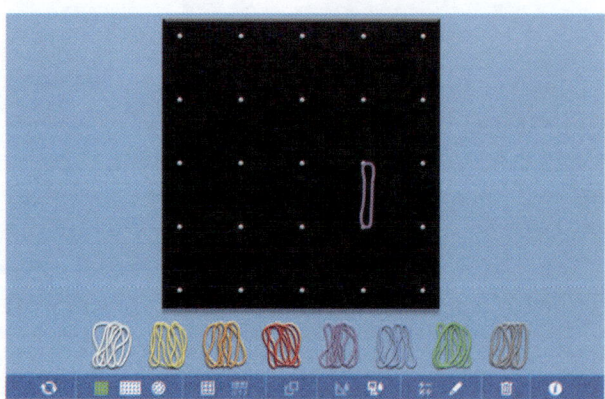

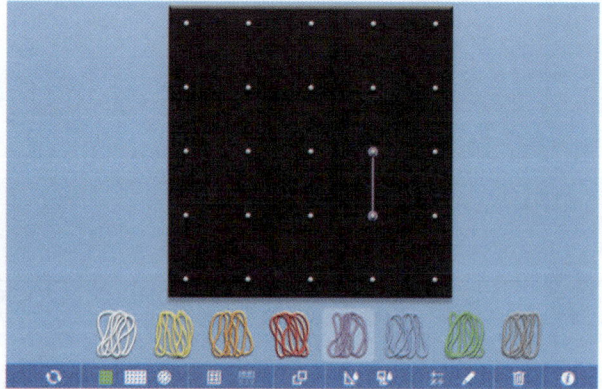

Clicando em uma das pontas do elástico, você pode arrastá-la para outros pregos, esticando o elástico.

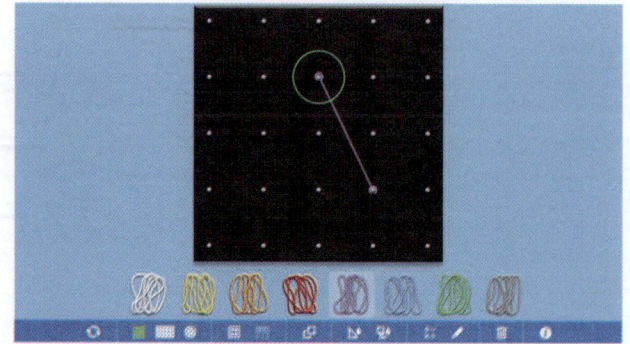

E, clicando em outra parte do elástico, você pode prendê-lo em mais um prego, obtendo a representação de um contorno.

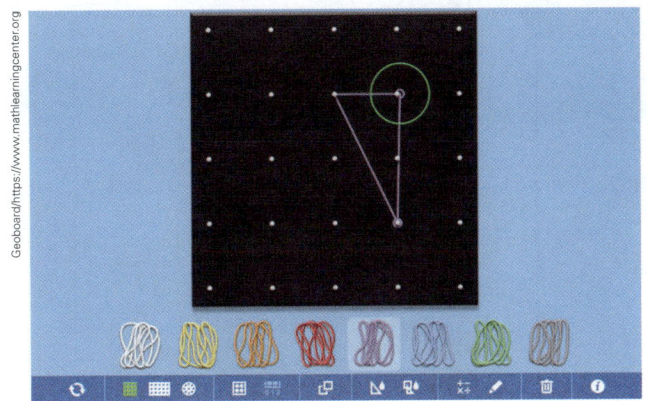

Explore um pouco o geoplano virtual, os elásticos e as movimentações! Depois, faça as construções de contornos propostas a seguir.

1 Construa um quadrado e um retângulo no geoplano virtual e complete as frases.

- O retângulo tem _____ lados e _____ vértices.

- O quadrado tem _____ lados _____ vértices.

2 Construa um triângulo e complete a frase.

- O triângulo tem _____ lados e _____ vértices.

3 Agora, construa um contorno com 5 lados, sem sobrepor nenhum deles, e complete a frase.

- A figura que construí tem _____ lados e _____ vértices.

4 **ATIVIDADE ORAL EM GRUPO** Por fim, faça a construção livre de um contorno e mostre-a aos colegas. Veja os contornos que eles fizeram, identifique os lados e os vértices e converse com os colegas sobre como se sentiram fazendo as construções no geoplano virtual.

Brincando também aprendo

JOGO PARA 2 PARTICIPANTES.

A cada rodada, um participante por vez deve retirar um papelzinho, verificar a figura geométrica correspondente à letra sorteada e marcar os pontos na tabela, de acordo com o que está indicado a seguir.

- Sólido geométrico: 3 pontos.
- Região plana: 2 pontos.
- Contorno: 1 ponto.

Vence a partida quem marcar mais pontos após 6 rodadas.

Material

- 12 papeizinhos para sorteio, com as letras de **A** até **L**

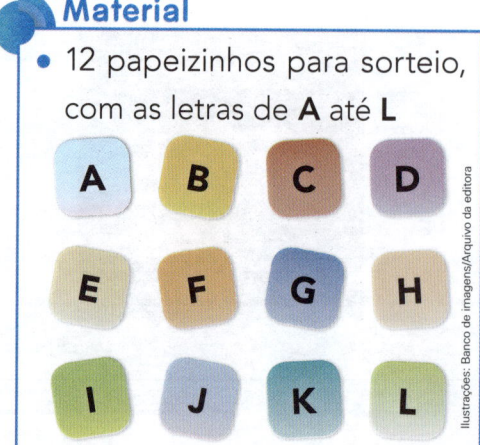

Ilustrações: Banco de imagens/Arquivo da editora

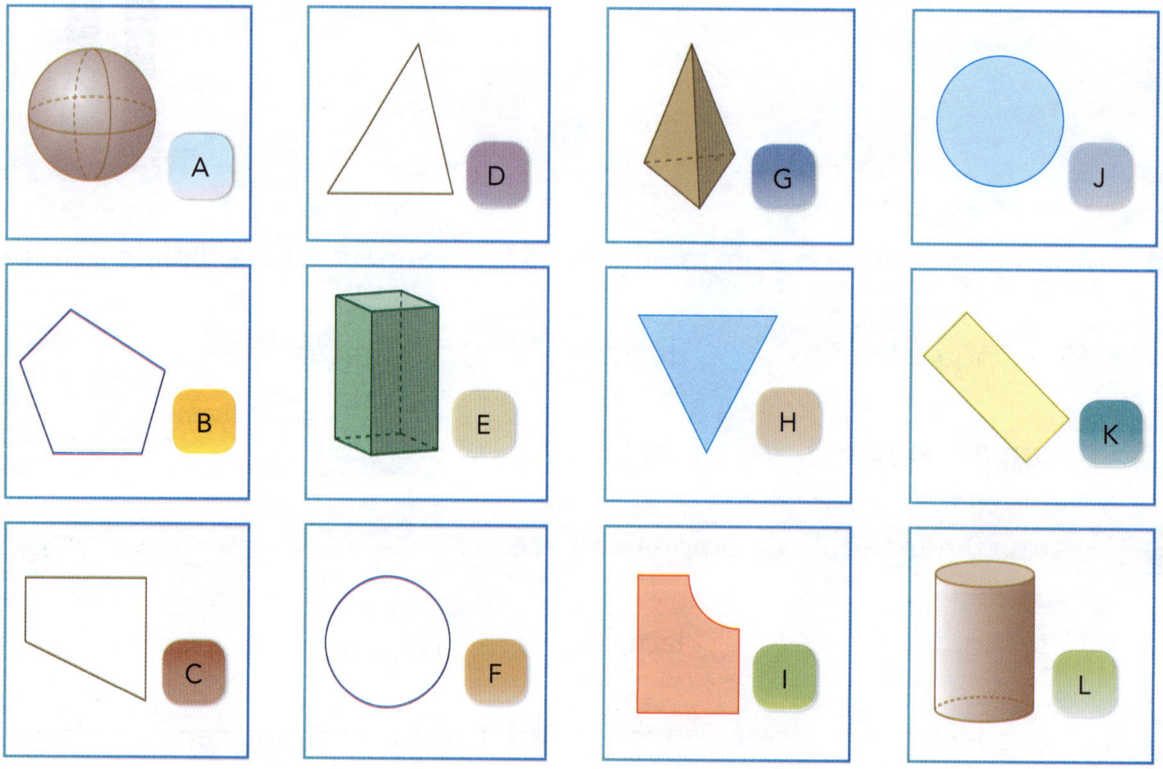

Ilustrações: Banco de imagens/Arquivo da editora

Tabela de pontuação

Nome	Pontos												

Tabela elaborada para fins didáticos.

Simetria

Explorar e descobrir

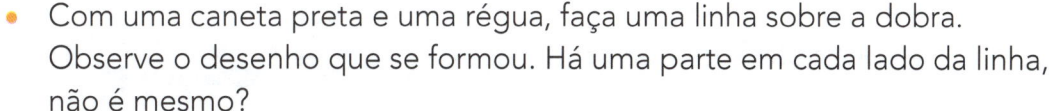

Banco de imagens/Arquivo da editora

- Pegue uma folha de papel sulfite e dobre-a como na figura ao lado.
Desdobre-a e pingue, com um pincel, uma gotinha de tinta sobre a dobra. Agora, dobre novamente no mesmo lugar. Aperte com cuidado para a tinta espalhar. Desdobre a folha e deixe secar.

- Com uma caneta preta e uma régua, faça uma linha sobre a dobra. Observe o desenho que se formou. Há uma parte em cada lado da linha, não é mesmo?

Ao dobrar o papel sobre a linha, as 2 partes coincidem? _____

Uma figura plana apresenta **simetria** quando é possível dobrá-la de modo que as 2 partes coincidam, como foi feito na atividade acima.

As figuras **A** e **B** abaixo apresentam simetria. A dobra está indicada pela linha tracejada verde. Ela é o **eixo de simetria**.

A figura **C** não apresenta simetria.

As imagens não estão representadas em proporção.

Paulrommer/Shutterstock

Borboleta.

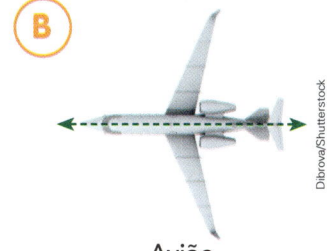

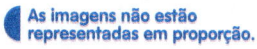

Dibrova/Shutterstock

Avião.

Maksim Toome/Shutterstock

Carro.

1 Destaque as figuras da página 29 do **Ápis divertido**. Cada uma dessas figuras tem simetria.

Dobre cada figura de modo que as 2 partes coincidam e, depois, trace nas figuras abaixo a linha correspondente à dobra que você fez.

Ilustrações: Banco de imagens/ Arquivo da editora

Vamos fazer dobraduras para obter uma região quadrada?

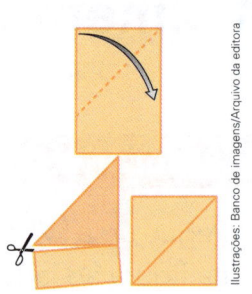

- Pegue uma folha de papel sulfite e dobre-a como na imagem ao lado. Corte a sobra de papel com uma tesoura de pontas arredondadas.

  Desdobre a região quadrada obtida e, com a régua, trace uma linha sobre a dobra.

- Em seguida, faça outra dobra da região quadrada de modo que as 2 partes coincidam. Desdobre e trace uma linha sobre a dobra.

  Repita essa operação algumas vezes mais, explorando todas as possibilidades de dobra.

  Compare o que você obteve com as produções dos colegas.

- Finalmente, responda: Quantos eixos de simetria uma região quadrada tem?

_____

2 Agora é com você!

Descubra e assinale cada figura plana a seguir que apresenta simetria.

Em cada uma delas, use uma régua e trace a linha que indica onde deve estar a dobra para que as partes coincidam (eixo de simetria).

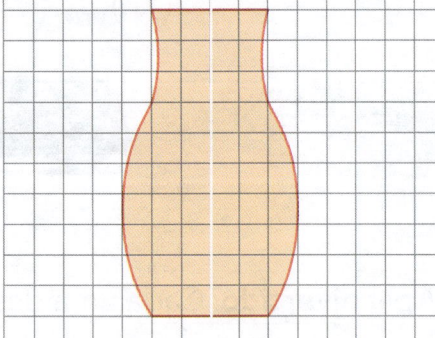

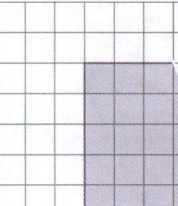
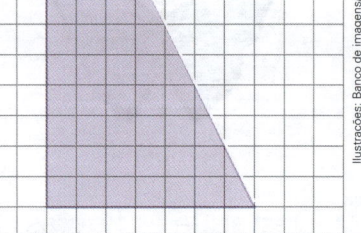

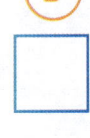
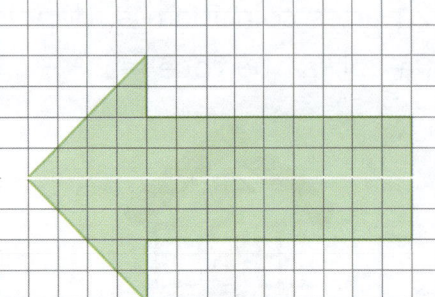

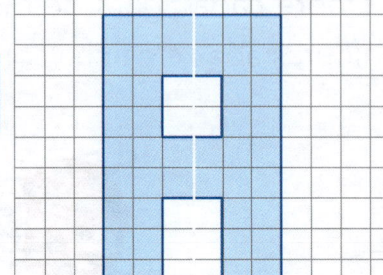

3 Complete o desenho da casinha para que ela apresente simetria.

O eixo de simetria deve ser a linha tracejada verde!

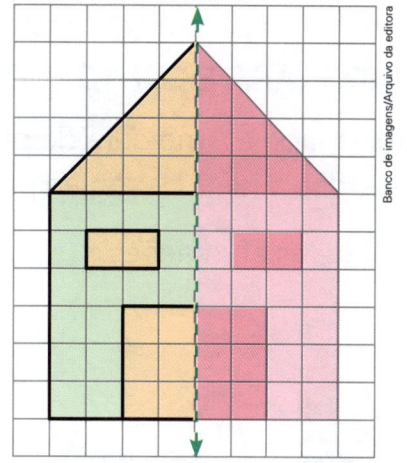

4 **ATIVIDADE EM DUPLA** Observem as figuras **A**, **B** e **C**.

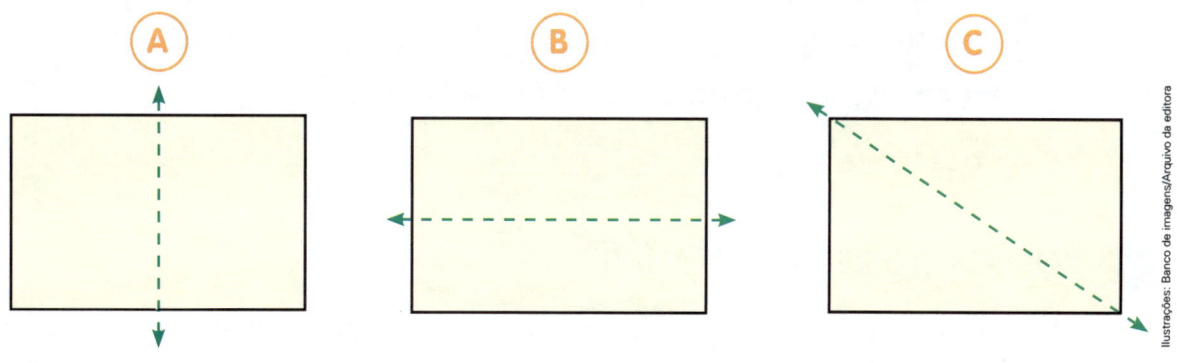

A   **B**   **C**

a) Peguem uma folha de papel sulfite e façam dobras nas linhas tracejadas destas figuras. Verifiquem em quais das dobraduras as 2 partes da folha coincidem.

b) Agora, indiquem aqui a letra das figuras nas quais a linha tracejada é um eixo de simetria: _____ e _____ .

5 Recorte de jornais ou revistas uma figura plana que apresente simetria e cole-a aqui. Depois, trace nela um eixo de simetria.

Mais atividades

1 REGIÃO PLANA E CONTORNO

A foto ao lado e a moldura do porta-retratos são objetos que dão a ideia de região plana e de contorno.

Complete as afirmações.

As imagens não estão representadas em proporção.

a) A foto dá ideia de _____.

b) A moldura do porta-retratos dá ideia de _____.

c) Ambas têm a forma _____.

2 COMPONDO REGIÕES PLANAS

a) Observe as regiões planas abaixo. Utilizando 2 dessas regiões planas podemos formar uma região retangular. Descubra quais são e, depois, veja se sua resposta coincide com as dos colegas.

Regiões _____ e _____.

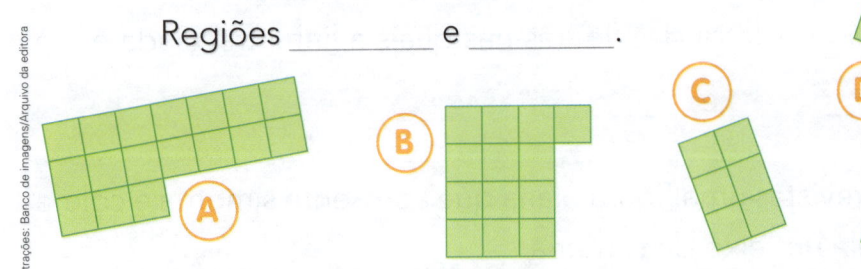

b) Agora, desenhe e pinte na malha quadriculada a região retangular formada por essas 2 regiões planas.

3 Vamos decompor regiões quadradas?

a) Marcela decompôs a região quadrada da esquerda em 3 regiões triangulares e pintou cada uma de uma cor.

Usando uma régua, decomponha a região quadrada da direita, obtendo 3 regiões triangulares. Mas faça uma decomposição diferente da feita por Marcela.

Ilustrações: Banco de imagens/Arquivo da editora

b) Depois foi a vez de Lino. Ele decompôs a região quadrada em 2 regiões retangulares e 2 triangulares. Veja a solução de Lino e faça uma decomposição diferente na figura da direita.

4 **DESAFIO**

Agora a decomposição da região quadrada deve ser feita em 4 regiões planas iguais, ou seja, de mesma forma e mesmo tamanho. O item **a** já está feito.

a) Em 4 regiões retangulares iguais.

b) Em 4 regiões quadradas iguais.

c) Em 4 regiões triangulares iguais.

Ilustrações: Banco de imagens/Arquivo da editora

5 Observe os desenhos de frutas, verduras e legumes dentro de algumas regiões planas.

  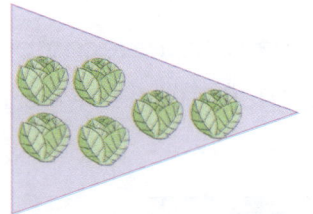 

a) Complete o quadro.

Alimento	Fruta, verdura ou legume?	Forma da região plana	Número de unidades do produto
Abacaxi			
Cenoura			
Alface			
Açaí			

b) Observe o quadriculado e descubra a posição de cada fruta. A posição do quiuí já está registrada.

As imagens não estão representadas em proporção.

Quiuí.
$(A, 5)$

Manga.
_____

Mamão.
_____

Morango.
_____

Ameixa.
_____

Pera.
_____

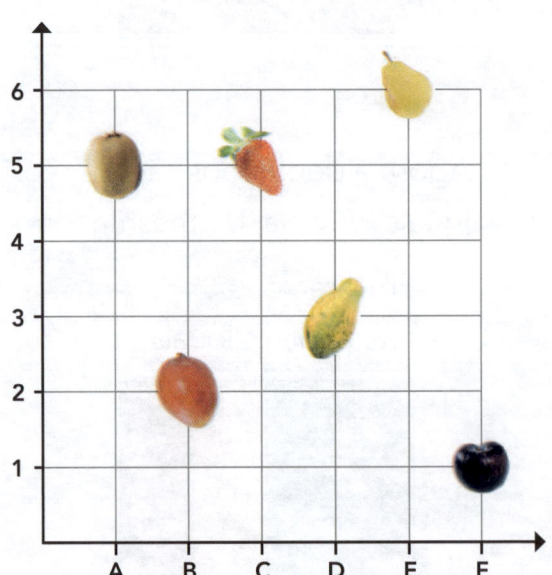

c) Agora, desenhe uma jabuticaba na posição $(F, 2)$ do quadriculado.

6 Observe as 5 regiões planas desenhadas abaixo, indicadas por letras. Nessas regiões planas vemos a forma das pipas que aparecem nas páginas de abertura desta Unidade.

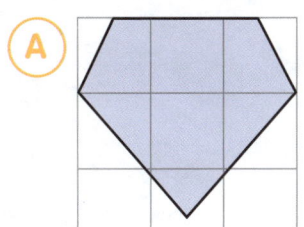 A

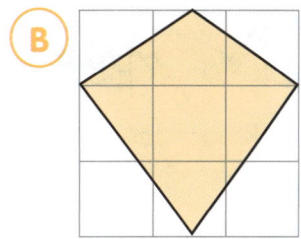 B

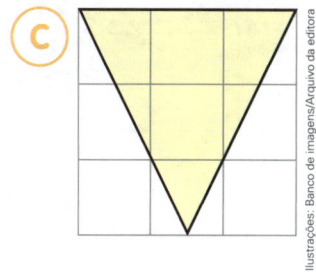 C

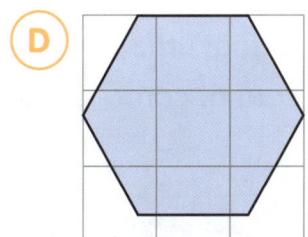 D

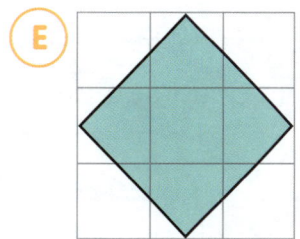 E

a) A seguir temos o desenho do contorno de 4 dessas regiões planas. Coloque a letra da região plana correspondente a cada contorno.

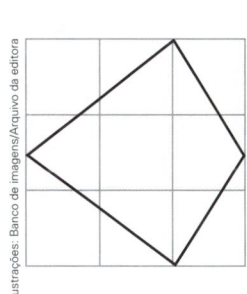 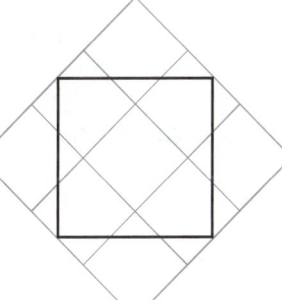 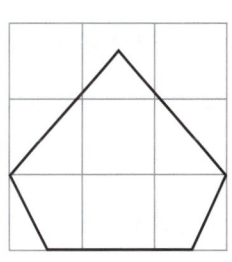 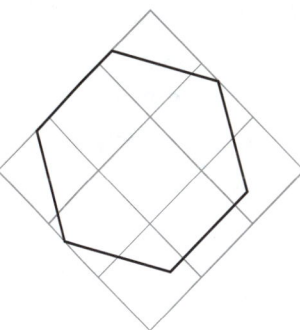

Contorno

de _____.

Contorno

de _____.

Contorno

de _____.

Contorno

de _____.

b) Agora, coloque a letra da região plana cujo contorno não apareceu acima e, usando uma régua, desenhe esse contorno.

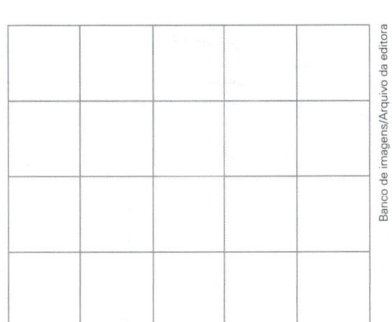

Contorno de _____.

7 Use palitos de sorvete para formar figuras como estas, que lembram contornos. Em seguida, construa com palitos mais uma figura e desenhe-a aqui.

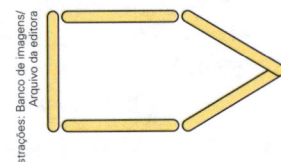 

Ilustrações: Banco de imagens/Arquivo da editora

8 Com 4 palitos inteiros e iguais, podemos formar uma figura como esta ao lado, que lembra um quadrado.

Banco de imagens/Arquivo da editora

a) Com quantos palitos inteiros podemos formar uma figura que lembra um quadrado diferente deste: com 6, com 7 ou com

8 palitos? _____

b) Construa essa figura e, depois, desenhe-a no espaço abaixo.

c) Agora, construa com palitos e desenhe mais estas figuras.

- Com 4 palitos inteiros, uma figura que não lembre um quadrado.

- Uma figura com 6 palitos inteiros que lembre um retângulo.

- Com o menor número possível de palitos, uma figura que lembre um triângulo.

- Com 5 palitos inteiros, uma figura que lembre um triângulo.

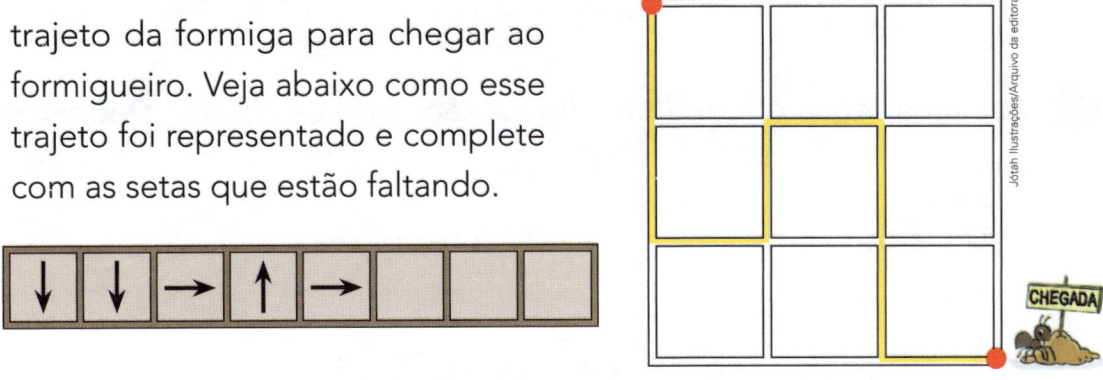

a) Observe ao lado, em amarelo, o trajeto da formiga para chegar ao formigueiro. Veja abaixo como esse trajeto foi representado e complete com as setas que estão faltando.

As imagens não estão representadas em proporção.

b) Agora o coelho vai buscar as cenouras.

Veja abaixo a representação do trajeto e pinte-o ao lado.

c) Finalmente, o ratinho vai buscar o queijo.

Atenção: você pinta um caminho e faz a representação dele com 4 setas! Depois, confere com um colega sua solução e a dele.

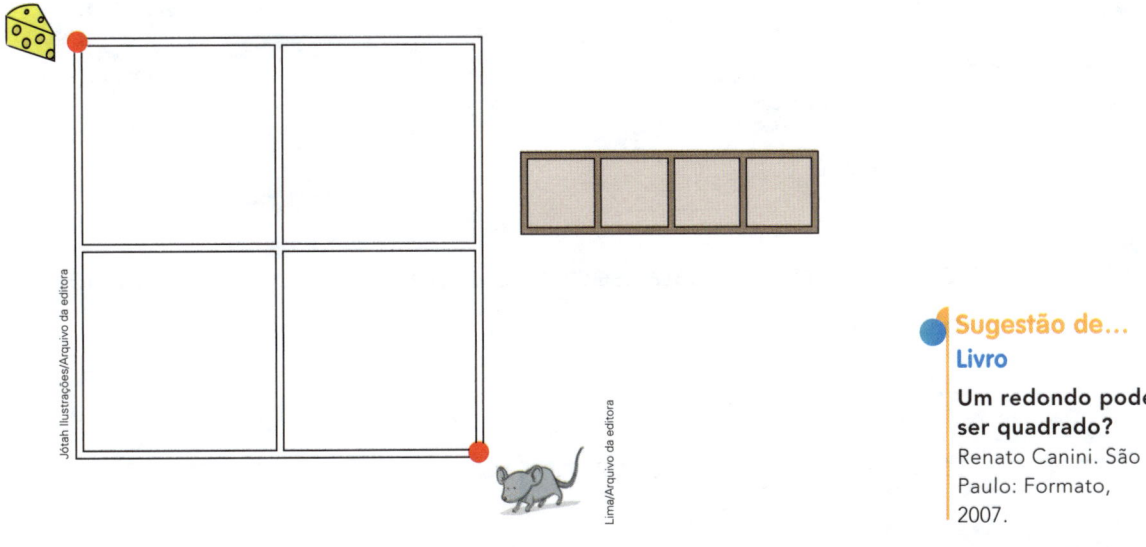

Sugestão de...
Livro

Um redondo pode ser quadrado?
Renato Canini. São Paulo: Formato, 2007.

Vamos ver de novo?

1 Use uma régua e forme uma figura seguindo os passos. Depois, complete a frase.

- Ligue os pontos 1 e 2, depois 2 e 3 e depois 3 e 1.

- Agora, ligue os pontos 4 e 5, depois 5 e 6 e depois 6 e 4.

- Pinte a figura obtida como preferir.

A figura formada é uma _____

de _____ pontas.

1
•

5 •   • 6

2 •   • 3

•
4

2 **DESAFIO: JOGO DOS 7 ERROS**

Descubra as 7 diferenças entre estas cenas. Registre como preferir.

Lima/Arquivo da editora.

3 Descubra um padrão nesta sequência de números e continue usando o mesmo padrão.

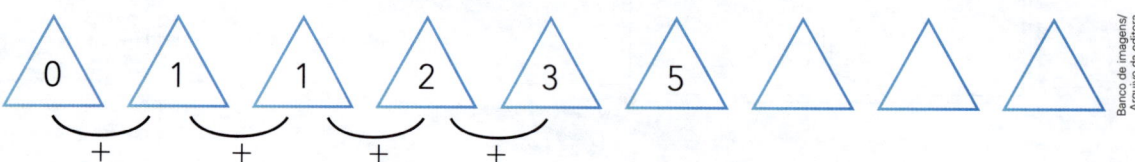

Banco de imagens/Arquivo da editora

4 Complete de forma adequada.

Paulo comprou 1 caneta por _____ reais, fez o pagamento com 1 nota de

_____ reais e recebeu _____ reais de troco.

5 **MENSAGEM CODIFICADA E SAÚDE**

Código

1	2	3	4	5	6
Z	H	J	B	U	E
7	8	9	10	11	12
Q	A	I	F	X	L
13	14	15	16	17	18
G	P	R	O	C	K
19	20	21	22	23	24
S	D	T	V	N	M

a) Use o código acima e descubra uma mensagem importante para sua saúde.

22 8 24 16 19   17 5 9 20 8 15

4 6 24   20 6

23 16 19 19 16 19   20 6 23 21 6 19

b) Na mensagem, pinte de amarelo os quadrinhos correspondentes aos números pares e pinte de rosa os quadrinhos correspondentes aos números ímpares.

c) **ATIVIDADE EM DUPLA** Use o mesmo código e, em uma folha à parte, crie uma frase com uma mensagem sobre saúde. Depois, passe para um colega decifrar. Você decifra a frase dele.

6 CRUZADINHA

Determine os 5 números indicados abaixo. Depois, registre-os na cruzadinha, seguindo as setas.

Atenção! Registre 1 algarismo em cada quadrinho.

- 42 − 3 ⟶
- 9 dezenas e 1 unidade. ⟶
- 1 dezena. ⟶
- 70 + 3 ⟶
- Quarenta e sete. ⟶

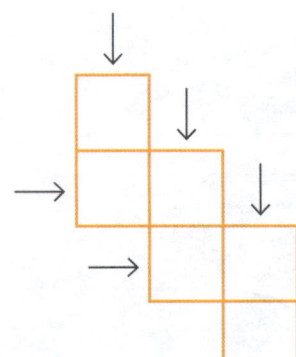

7 Na escola de Paula há 3 turmas de 2º ano.

| 2º ano A: 30 alunos. | 2º ano B: 27 alunos. | 2º ano C: 30 alunos. |

Complete.

a) O 2º ano _____ e o 2º ano _____ têm o mesmo número de alunos.

b) O 2º ano **B** tem _____ alunos a _____ do que o 2º ano **A**.

c) No total são _____ alunos no 2º ano.

8 CÁLCULO MENTAL

Calcule mentalmente e registre os preços.

As imagens não estão representadas em proporção.

Bola.

R$ 10,00

Peteca.

R$ 5,00

a) 3 bolas. _____

b) 1 bola e 2 petecas. _____

c) 2 bolas e 3 petecas. _____

O que estudamos

Identificamos objetos que lembram regiões planas.

Sentido único.

Dê a preferência.

Duplo sentido de circulação.

Parada obrigatória à frente.

Região retangular.

Região triangular.

Região circular.

Região quadrada.

Reconhecemos as diferentes vistas de um objeto, como as desta caixa, por exemplo.

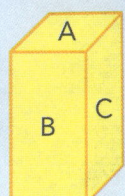

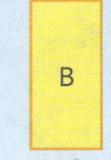
Vista de cima.

Vista de frente.

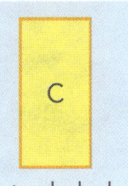
Vista de lado.

Identificamos contornos de regiões planas, traçamos contornos em malhas quadriculadas e construímos contornos no geoplano e com palitos.

Quadrado.

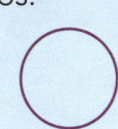
Circunferência.

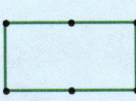
Retângulo.

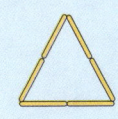
Triângulo.

Trabalhamos a ideia de simetria e de eixo de simetria com dobraduras, recortes e desenhos.

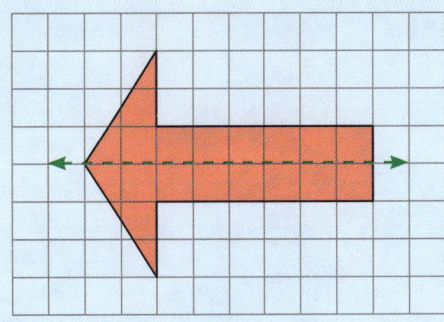

Fizemos colagens e desenhos, construímos sequências e apresentamos classificações envolvendo regiões planas e contornos.

- Você tem participado das aulas? Tem feito perguntas quando tem alguma dúvida?
- Você costuma compartilhar suas ideias com os colegas?
- Você percebeu bem a diferença entre uma região plana e o contorno dela?

Unidade

5 Ampliando o estudo da adição

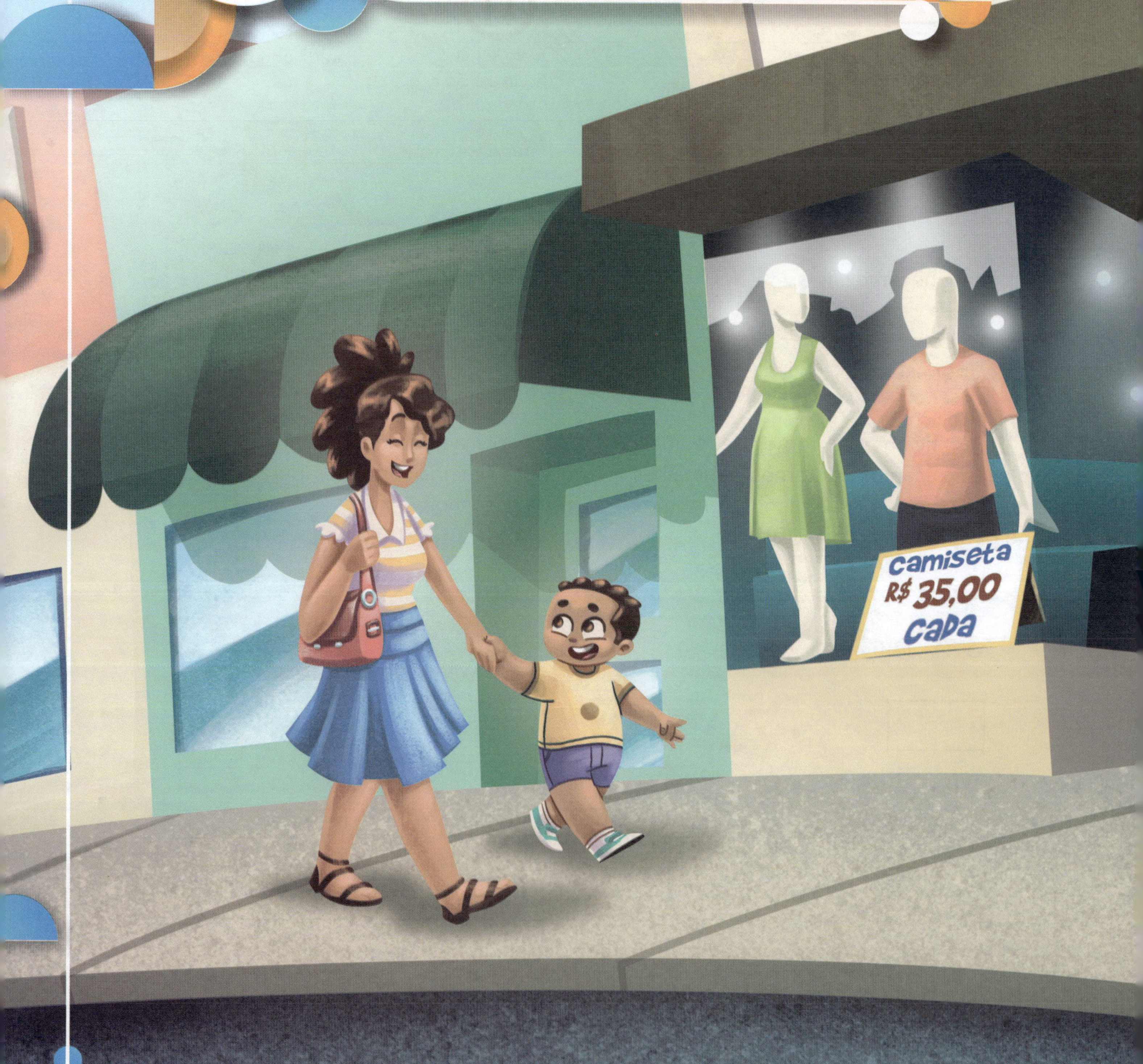
camiseta
R$ 35,00
CADA

Boné
R$ 10,00
cada

Meias
R$ 12,00
o Par

Bermuda
R$ 21,00
cada

- O que você vê nesta cena?
- Quais produtos aparecem na vitrine da loja?
- Você já foi a uma loja que vende produtos como estes?

Para iniciar

Quando compramos 2 ou mais produtos em uma loja, precisamos da adição para saber qual é o valor total a ser pago.

Nesta Unidade vamos retomar e ampliar o estudo da adição, envolvendo números até 99.

- Analise a cena das páginas de abertura desta Unidade. Converse com os colegas e respondam às questões a seguir.

Quanto uma pessoa vai gastar na compra de 1 camiseta e 1 boné na loja de roupas e acessórios?

Com R$ 30,00 dá para comprar 1 bermuda e 1 par de meias nessa loja? Por quê?

O que é mais caro comprar nessa loja: 3 bermudas ou 2 camisetas?

Ilustrações: Jótah Ilustrações/Arquivo da editora

- Converse com os colegas sobre mais estas questões.

As imagens não estão representadas em proporção.

a) Qual palavra está relacionada à operação de adição: juntar ou tirar?

b) Quantos anos você tem?

c) Quantos anos você terá daqui a 10 anos?

Bolo de aniversário.

Joingate/Shutterstock

d) Quando você lança 2 dados em um jogo, como faz para descobrir o total de pontos?

e) Em qual momento um comerciante usa a adição na loja dele?

Dados.

Reprodução/Shutterstock

Ideias da adição

1 **JUNTAR QUANTIDADES**

Calcule e complete.

No passeio da escola, 9 meninos e 7 meninas da turma do 2º ano foram à visitação ao museu.

No total foram _____ alunos da turma do 2º ano.

Sugestão de...
Livro
Somar.
Ann Montague Smith. São Paulo: Girassol, 2007.

2 **ACRESCENTAR UMA QUANTIDADE A OUTRA**

Calcule e complete.

Dona Alzira tem 18 laranjas.

Se ela comprar mais meia dúzia de laranjas,

então ficará com _____ laranjas.

Pacote com meia dúzia de laranjas.

3 Invente, complete e confira com os colegas.

a) Fernando tinha _____ reais e ganhou 1 nota de 5 reais do tio dele.

Agora Fernando tem _____ reais.

b) Juntando _____ balões azuis com _____ balões vermelhos, Júlia tem um total de 14 balões.

Atividades e problemas

1 **ATIVIDADE ORAL EM GRUPO (TODA A TURMA)** **Somar** e **adicionar** são palavras que correspondem a **efetuar uma adição**. Invente uma situação em que apareça uma dessas palavras e relate para os colegas.

2 **ATIVIDADE ORAL EM GRUPO**
Converse com os colegas sobre o código abaixo e, depois, preencha o esquema ao lado.

- A seta ➡ indica **somar 2**.
- A seta ⬇ indica **somar 3**.

0	➡	2	➡	☐	➡	☐	➡	☐
⬇		⬇		⬇		⬇		⬇
3	➡	5	➡	☐	➡	☐	➡	☐
⬇		⬇		⬇		⬇		⬇
☐	➡	☐	➡	☐	➡	☐	➡	☐

3 **PROBLEMAS**
Resolva os problemas e indique as adições correspondentes. Pense sempre na melhor maneira de resolver.

a) Antônio já havia feito 19 pontos no jogo de basquete. Agora ele acertou uma cesta de 3 pontos. Qual é o total de pontos que ele fez?

_____

Adição: _____

b) João tem 1 nota de 20 reais e 1 nota de 2 reais. Pedro tem 2 notas de 10 reais.

Quantos reais João e Pedro têm juntos? _____

Adições: _____, _____ e _____.

4 Veja o primeiro calendário e escreva o número do dia dos 2 sábados seguintes.

SETEMBRO
SÁBADO
12

SETEMBRO
SÁBADO

SETEMBRO
SÁBADO

Fotos: Sanit Fuangnakhon/Shutterstock

Saiba mais

O **resultado** de uma adição é chamado de **soma**. Assim, a soma de 3 e 5 é 8, pois 3 + 5 = 8.

5 Calcule como quiser e complete.

a) A soma de 4 e 2 é _____, pois 4 + 2 = _____.

b) A soma de 30 e 40 é _____, pois _____.

c) A soma de um número com ele mesmo é 14.

Esse número é o _____, pois _____ + _____ = _____.

d) Agora, complete como quiser!

A soma de _____ e _____ é _____, pois _____.

6 **SOMA 10**

ATIVIDADE EM GRUPO Junte-se a 2 colegas e façam esta brincadeira.

- Um aluno mostra com os dedos uma quantidade de 0 a 10.
- O outro mostra com os dedos a quantidade que completa 10.
- O terceiro fala a adição correspondente, se estiver correta.

Ao longo da atividade vocês se revezam nas funções.

3 mais 7 é igual a 10.

Jótah Ilustrações/Arquivo da editora

7 **REGULARIDADE**

Observe as adições, descubra uma regularidade e complete para obter todas as adições de 2 números com soma 10.

a) 0 + _____ = 10

b) 1 + _____ = 10

c) 2 + _____ = _____

d) _____ + _____ = _____

e) 4 + _____ = 10

f) _____ + _____ = _____

g) 6 + _____ = _____

h) _____ + _____ = _____

i) 8 + _____ = _____

j) _____ + _____ = _____

k) _____ + _____ = _____

Algoritmos da adição

1 César tem 12 figurinhas.

Luana tem 13 figurinhas.

Quantas figurinhas eles têm juntos?

Compreender

O que você já sabe: César tem 12 figurinhas e Luana tem 13 figurinhas.

O que você quer saber: quantas figurinhas os dois têm juntos.

Planejar

Para saber quanto eles têm juntos, você deve efetuar a **adição** 12 + 13.

Executar

Efetue a adição usando o material dourado e confira aqui. Depois, complete o **algoritmo usual**.

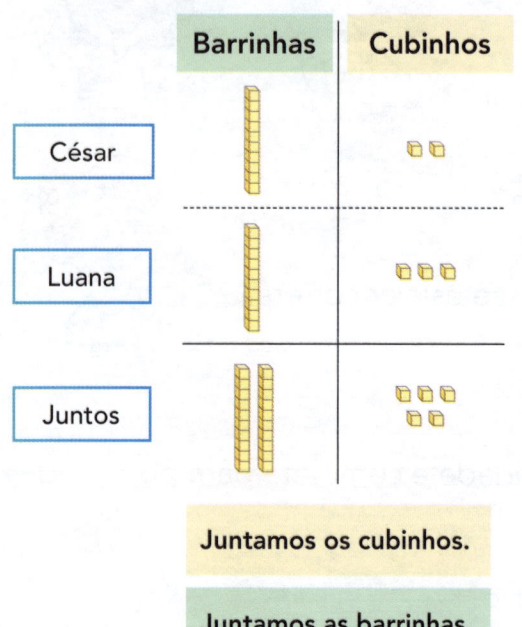

	Barrinhas	Cubinhos
César		
Luana		
Juntos		

Juntamos os cubinhos.

Juntamos as barrinhas.

Algoritmo usual

Dezenas	Unidades
1	2
+ 1	3
☐	☐

ou

1	2
+ 1	3
☐	☐

Some as unidades e registre.

Some as dezenas e registre.

Verificar

Você deve chegar ao mesmo resultado efetuando a adição pelo **algoritmo da decomposição**. Efetue e complete.

12 = 10 + 2

13 = 10 + 3

_____ + _____ = _____

Responder

Complete: César e Luana têm juntos _____ figurinhas.

2 Marcos tinha 21 latinhas decoradas em uma coleção. Agora ele conseguiu outras 35 latinhas. Com quantas latinhas decoradas ele ficou?

Compreender

O que você já sabe: Marcos tinha 21 latinhas e conseguiu mais 35 latinhas.

O que você quer saber: com quantas latinhas ele ficou.

Planejar

Para saber com quantas latinhas ele ficou, você deve acrescentar 35 a 21, ou seja, efetuar a **adição** 21 + 35.

Executar

Complete a adição efetuada com fichas e com o algoritmo usual.

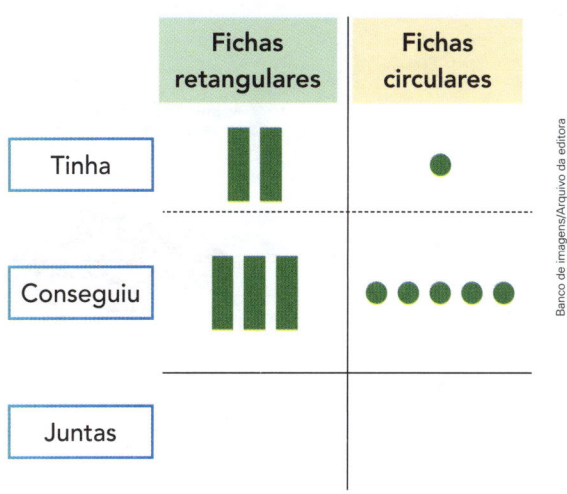

Algoritmo usual

Dezenas	Unidades

+   ou +

Junte as fichas circulares e registre.	Some as unidades e registre.
Junte as fichas retangulares e registre.	**Some as dezenas e registre.**

Verificar

Efetue a mesma adição, mas agora usando o **algoritmo da decomposição**. O resultado deve ser o mesmo.

21 = ____ + ____

35 = ____ + ____
_____
____ + ____ = ____

Responder

Complete: Marcos ficou com _____ latinhas decoradas.

3 **ATIVIDADE ORAL EM GRUPO (TODA A TURMA)** Vocês já conheciam a palavra **algoritmo**? Conversem sobre o significado dessa palavra.

4 **PROBLEMAS**

Resolva os problemas usando 2 algoritmos diferentes. Lembre-se sempre das etapas.

Compreender   **Planejar**   **Executar**   **Verificar**   **Responder**

a) Em uma prateleira há 15 livros sobre animais e 24 livros sobre plantas. Qual é o total de livros dessa prateleira?

Jótah Ilustrações / Arquivo da editora

As imagens não estão representadas em proporção.

b) Maurício quer comprar este par de tênis. Ele tinha R$ 52,00 e ganhou R$ 15,00 do pai dele. Ele já pode comprar o par de tênis? Por quê?

R$ 70,00

Jótah Ilustrações / Arquivo da editora

c) Em um campeonato de vôlei da escola, há 24 alunos inscritos. Ainda há mais 12 vagas. Qual é o número mínimo de alunos que participarão do campeonato? E o número máximo?

5 Na turma de Michel há 14 meninos e 25 meninas. Qual é o total de alunos?

Para saber quantos alunos há nessa turma, é preciso efetuar a adição 14 + 25.

a) Complete os 2 algoritmos, indique a adição e escreva a resposta.

Algoritmo da decomposição

14 = _____ + _____

25 = _____ + _____

_____ + _____ = _____

Adição: _____ + _____ = _____

Resposta: _____

Algoritmo usual

$$
\begin{array}{r}
1\ \ 4 \\
+\ 2\ \ 5 \\
\hline
\underline{}\ \ \underline{}
\end{array}
$$

b) Agora, complete com os números de sua turma: há _____ meninos,

_____ meninas e o total de alunos é _____, pois _____ + _____ = _____.

6 Dino fez 12 anos no dia 21 de fevereiro. Depois de 5 dias, Maria fez 7 anos a mais do que Dino.

Complete: Maria fez _____ anos no dia _____ de _____.

7 Efetue as adições pelos processos indicados e registre as somas.

a) 37 + 24 = _____   Usando o algoritmo da decomposição.

_____ = _____ + _____

_____ = _____ + _____

_____ + _____ = _____

b) 66 + 19 = _____   Somando 66 com 20 e depois tirando 1.

_____ + _____ = _____ e _____ − _____ = _____

c) 43 + 45 = _____ e 76 + 11 = _____   Pelo algoritmo usual.

Adição com reagrupamento

1 **FAÇA DO SEU JEITO**

Paulo resolveu efetuar a adição 38 + 45 pelo algoritmo usual, mas logo viu que havia alguma coisa diferente.

Ao somar as unidades $(8 + 5)$, obteve 13, um número de 2 algarismos.

Como você faria para descobrir o resultado de 38 + 45?

2 Em uma barraca de frutas foram vendidas 26 maçãs e 18 peras. Quantas frutas foram vendidas no total?

Para saber a resposta, devemos efetuar a adição 26 + 18. Acompanhe.

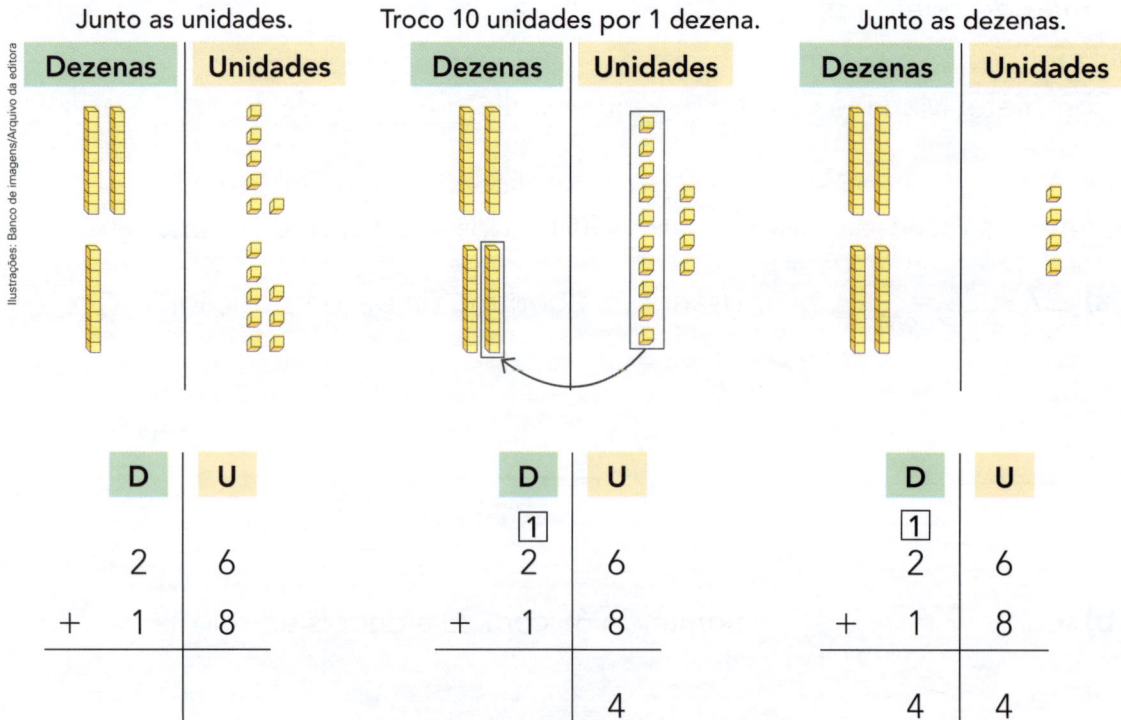

6 unidades + 8 unidades = 14 unidades
14 unidades = 1 dezena + 4 unidades

Complete a resposta do problema: Foram vendidas _____ frutas no total.

3 Vamos usar as fichas que você já destacou do **Ápis divertido** para efetuar a adição 45 + 16.

a) Separe as fichas que representam o 45 e as fichas que representam o 16. Junte as fichas circulares e as fichas retangulares.

b) Com quantas fichas circulares você ficou no total? _____

c) É possível registrar essa quantidade na ordem das unidades no algoritmo usual?

_____

d) Faça a troca necessária das fichas e complete com quantas fichas você ficou:

_____ fichas retangulares e _____ ficha circular.

	Fichas retangulares	Fichas circulares
Separe as fichas e registre 45.		
Separe as fichas e registre 16.		

D	U	Algoritmo usual simplificado

$$\begin{array}{r} \overline{} \\ 4 \quad 5 \\ + \quad 1 \quad 6 \\ \hline \end{array}$$

Junte as fichas circulares e registre.

Faça a troca necessária.

Junte as fichas retangulares e registre.

Some as unidades e registre.

Some as dezenas e registre.

45 + 16 – _____

4 Agora vamos efetuar 46 + 34. Faça concretamente, como na atividade anterior, e depois registre.

	Fichas retangulares	Fichas circulares
Separe as fichas e registre 46.		
Separe as fichas e registre 34.		

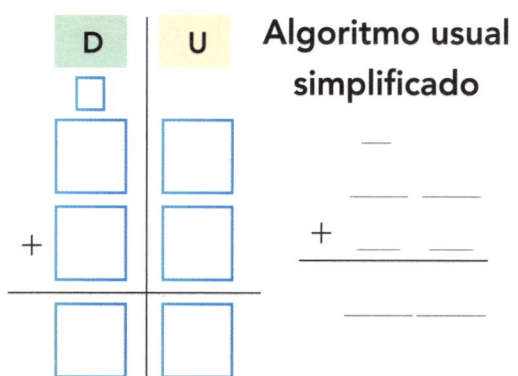

D	U	Algoritmo usual simplificado

Junte as fichas circulares e registre.

Faça a troca necessária.

Junte as fichas retangulares e registre.

Some as unidades e registre.

Some as dezenas e registre.

46 + 34 = _____

5 Efetue mais estas adições pelo algoritmo usual.

a) 19 + 36 =____   **b)** 54 + 37 =____   **c)** 27 + 29 =____   **d)** 58 + 23 =____

D	U
☐	
+	

	5	4
+	3	7

6 A distância entre Tiradentes e São João del Rei, cidades históricas de Minas Gerais, tem medida de comprimento de aproximadamente 11 quilômetros. Quantos quilômetros um carro percorre para fazer uma viagem de ida e volta de Tiradentes a São João del Rei?

Vista aérea de Tiradentes, Minas Gerais. Foto de 2018.

Vista aérea de São João del Rei, Minas Gerais. Foto de 2018.

7 Na biblioteca da sala de aula de Tiago havia 68 livros, antes de a professora receber uma doação de 15 livros. Quantos livros essa biblioteca passou a ter? _____

8 Marcela tinha R$ 46,00 e ganhou R$ 12,00.
Miguel tinha R$ 39,00 e ganhou R$ 19,00.
Qual deles ficou com uma quantia maior?

_____

9 **ADIÇÃO DE 3 NÚMEROS**

A professora pediu aos alunos que calculassem o valor de 16 + 40 + 32.

Eliana fez de um jeito, Cátia fez de outro e Celso fez de outro jeito ainda.

Eliana

$$16 \qquad 56$$
$$+40 \qquad +32$$
$$\overline{56} \qquad \overline{88}$$

Cátia

$$16$$
$$40$$
$$+32$$
$$\overline{88}$$

Celso

$$10 + 40 + 30 = 80$$
$$6 + 0 + 2 = 8$$
$$80 + 8 = 88$$

Agora é com você! Encontre o resultado de 23 + 35 + 24 dessas 3 maneiras diferentes.

Logo: 23 + 35 + 24 = _____

10 Calcule e responda.

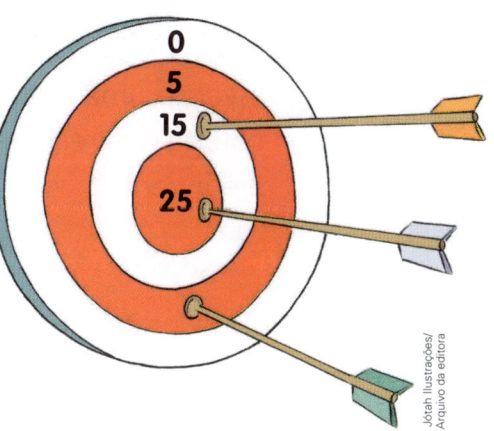

a) Qual é o total de pontos obtidos com estes 3 dardos? _____

b) Qual é o número máximo de pontos que pode ser feito com 3 dardos? _____

11 **DESAFIO**

Sem repetir os números 1, 2, 3, 4, 5 e 6, coloque-os nas ◯ de modo que a soma em cada lado da figura triangular seja 10.

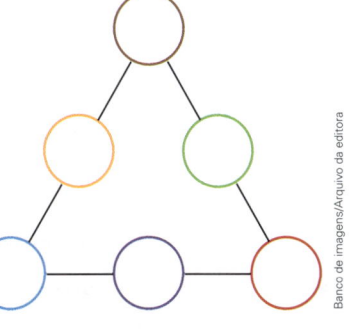

Mais atividades e problemas

1 **CÁLCULO MENTAL: SOMAR 9**

Para somar 9, posso somar 10 e tirar 1.

$37 + 9 = ?$
$37 + 10 = 47$ e $47 - 1 = 46$
Logo, $37 + 9 = 46$.

$9 + 76 = ?$
$10 + 76 = 86$ e $86 - 1 = 85$
Logo, $9 + 76 = 85$.

Agora é sua vez! Efetue mentalmente e complete.

a) $34 + 9 = $ _____

b) $9 + 15 = $ _____

c) $9 + 51 = $ _____

d) $86 + 9 = $ _____

e) $68 + 9 = $ _____

f) $9 + 43 = $ _____

2 **CÁLCULO MENTAL**

ATIVIDADE EM DUPLA

a) Invente uma situação que seja resolvida pela adição $49 + 9$ e peça a um colega que resolva mentalmente. Você resolve mentalmente a situação que ele inventou.

_____

_____

b) **ATIVIDADE ORAL** Conversem, efetuem mentalmente mais estas adições e registrem o resultado, cada um no próprio livro.

$37 + 8 = $ _____ $72 + 19 = $ _____ $16 + 49 = $ _____

3 **PROBLEMAS E CÁLCULO MENTAL**

Calcule mentalmente e responda.

a) Há 43 figurinhas coladas em um álbum. Serão coladas 9 figurinhas.
Quantas figurinhas ficarão no álbum? _____

b) Um time de basquete fez 38 pontos no primeiro tempo. No segundo tempo fez 45 pontos.
Quantos pontos esse time fez nos 2 tempos? _____

4 Observe a tabela de preços de alguns materiais escolares em uma papelaria.

Preço de materiais escolares

Material	Preço
Caderno	R$ 6,00
Apontador	R$ 2,00
Pasta	R$ 5,00

Tabela elaborada para fins didáticos.

Faça um levantamento de todas as compras possíveis de 2 desses materiais e dos 3 materiais escolares, e de quanto o comprador vai gastar em cada compra.

Materiais   **Valor a pagar**

- _____ e _____.   _____

- _____ e _____.   _____

- _____ e _____.   _____

- _____, _____ e _____.   _____

5 **RETOMAR E AMPLIAR**

a) Isto você já viu! Complete.

1 dezena: _____ unidades.   1 dúzia: _____ unidades.

Meia dezena: _____ unidades.   Meia dúzia: _____ unidades.

b) Agora, calcule e complete.

2 dezenas: _____ unidades.   3 dezenas e meia: _____ unidades.

1 dúzia e meia: _____ unidades. 1 dezena e 1 dúzia: _____ unidades.

3 dúzias: _____ unidades.   1 dúzia e meia dezena: _____ unidades.

6 Volte às páginas de abertura desta Unidade (páginas 140 e 141) e calcule quanto um cliente vai gastar nestas compras.

a) 1 camiseta, 1 bermuda e 1 boné.

_____

b) 2 bermudas e 1 par de meias.

_____

7 **QUANTIA MÍNIMA E QUANTIA MÁXIMA**

Romeu vai colocar estas moedas em um saquinho. Em seguida vai retirar 3 moedas, sem olhar.

▸ As imagens não estão representadas em proporção.

Reprodução/Casa da moeda do Brasil/Ministério da Fazenda

a) Qual é a menor quantia que ele pode obter no total com as 3 moedas retiradas? _____

b) E qual é a maior quantia? _____

8 **REGULARIDADES**

Em cada item, efetue as adições, complete os resultados e descubra uma regularidade. Depois, escreva como será a 10ª linha em cada item, de acordo com essa regularidade.

a) 16 + 1 = _____

16 + 2 = _____

16 + 3 = _____

16 + 4 = _____

...

10ª linha: _____

b) 7 + 2 = _____

7 + 4 = _____

7 + 6 = _____

7 + 8 = _____

...

10ª linha: _____

c) 3 + 4 = _____

13 + 4 = _____

23 + 4 = _____

33 + 4 = _____

...

10ª linha: _____

9 **ATIVIDADE ORAL EM GRUPO** Rafael efetuou 37 + 26 mentalmente, completando dezenas exatas. Veja como ele fez, converse com os colegas e efetue as demais adições pelo mesmo processo.

$$37 + 26$$
$$37 + 3 + 23$$
$$40 + 23 = 63$$
Logo:
$$37 + 26 = 63$$

a) 55 + 27 = _____

b) 48 + 18 = _____

c) 36 + 44 = _____

◀ **As imagens não estão representadas em proporção.**

10 Marina fez 48 pontos na primeira fase de um jogo de computador e 43 pontos na segunda fase. Quantos pontos ela fez nas 2 fases juntas? _____

11 Um feirante vendeu 1 dúzia e meia de laranjas de manhã e 2 dúzias à tarde. Ele vendeu quantas laranjas no total?

_____

Laranjas.

12 **CAÇA AO ERRO!**

Pinte o quadro com a adição que está com o resultado incorreto. Depois, reescreva a adição com o resultado correto.

66 + 7 = 73	35 + 48 = 73
74 + 22 = 96	16 + 44 = 60

Correção: _____

Vamos ver de novo?

1 Assinale o objeto que não lembra a forma do cilindro.

Instrumento musical.

Chapéu de festa.

Rolo de papel.

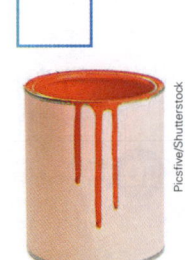

Lata de tinta.

2 Observe esta caixa com algumas maçãs.

a) Quantas maçãs cabem nesta caixa?

_____

b) E quantas maçãs cabem em 2 caixas?

_____

3 DESLOCAMENTOS

Observe as figuras com a forma de paralelepípedo.

Pinte um caminho na parte visível de cada figura que leve a formiga até a flor.

Mas atenção: cada caminho deve ter 12 _____.

O que estudamos

Vimos as ideias da adição.

- Juntar quantidades.

  Mário comprou 1 caderno
  de R$ 10,00 e 1 caneta de R$ 7,00.
  No total ele gastou R$ 17,00.

  $$10 + 7 = 17$$

- Acrescentar uma quantidade a outra.

  Giovana tinha R$ 34,00 e ganhou
  R$ 15,00 do avô dela.
  Agora ela tem R$ 49,00.

  $$34 + 15 = 49$$

Estudamos diferentes algoritmos para efetuar adições com resultados até 99.

$$25 + 34 = ?$$

$$25 + 30 = 55$$
$$55 + \ 4 = 59$$

$$25 + 34 = 59$$

$$12 + 26 = ?$$

$$\begin{array}{r} 1\ 2 \\ +\ 2\ 6 \\ \hline 3\ 8 \end{array}$$

$$12 + 26 = 38$$

$$44 + 37 = ?$$

$$44 = 40 + 4$$
$$37 = \underline{30 + 7}$$
$$70 + 11 = 81$$

$$44 + 37 = 81$$

Efetuamos adições com 3 números.

$$12 + 23 + 57 = ?$$

$$\begin{array}{r} 1\ 2 \\ +\ 2\ 3 \\ \hline 3\ 5 \end{array} \quad \begin{array}{r} \overset{1}{3}\ 5 \\ +\ 5\ 7 \\ \hline 9\ 2 \end{array} \quad \text{ou} \quad \begin{array}{r} \overset{1}{1}\ 2 \\ 2\ 3 \\ +\ 5\ 7 \\ \hline 9\ 2 \end{array}$$

ou
$$10 + 20 + 50 = 80$$
$$2 + 3 + 7 = 12$$
$$80 + 12 = 92$$

$$12 + 23 + 57 = 92$$

Resolvemos atividades e problemas envolvendo adição.

O 2º ano **A** tem 12 meninos e 15 meninas.

O 2º ano **B** tem 14 meninos e 12 meninas.

Qual das turmas tem mais alunos? O 2º ano **A**, pois 27 é maior do que 26.

2º ano **A**

$$\begin{array}{r} 1\ 2 \\ +\ 1\ 5 \\ \hline 2\ 7 \end{array}$$

2º ano **B**

$$\begin{array}{r} 1\ 4 \\ +\ 1\ 2 \\ \hline 2\ 6 \end{array}$$

- Como você tem se saído nas avaliações?

- Você procura estudar um pouco mais um assunto quando não resolve corretamente alguma atividade?

6 Ampliando o estudo da subtração

VOLTE 9 CASAS

- O que você vê nesta cena?
- Qual é o nome do jogo que aparece na cena?
- O que está escrito na carta na mão do menino?
- Você já brincou com um jogo como este?

Para iniciar

Mário quer saber em qual casa da trilha o peão preto dele vai ficar quando voltar 9 casas de onde está.

Rosana quer saber quantas casas faltam para o peão vermelho dela chegar à casa **40** da trilha.

As dúvidas de Mário e Rosana podem ser esclarecidas se eles efetuarem 2 subtrações. Nesta Unidade vamos retomar e ampliar o estudo dessa operação.

● Analise a cena das páginas de abertura desta Unidade. Converse com os colegas e respondam às questões a seguir.

Em qual casa o peão preto vai ficar ao voltar 9 casas?

Quantas casas faltam para o peão vermelho chegar à casa 40?

Quais subtrações Mário e Rosana devem efetuar para chegar a esses números?

Se na próxima jogada o peão vermelho voltar 3 casas de onde ele está na trilha, então em qual casa ele vai chegar? Qual é a subtração nesse caso?

As imagens não estão representadas em proporção.

● Converse com os colegas sobre mais estas questões.

a) Qual palavra está relacionada à operação de subtração: juntar ou separar?

b) Quantos anos você tem?

c) Quantos anos você tinha há 2 anos?

d) De quanto será o troco na compra deste livro, pagando com as notas abaixo? E qual subtração deve ser feita para calcular o troco?

Bolo de aniversário.

R$ 25,00

Livro.

Ideias da subtração

1 TIRAR UMA QUANTIDADE DE OUTRA

Complete com números e, depois, indique a subtração correspondente.

_____ balões. | Estouraram _____ balões. | Ficaram _____ balões.

_____ menos _____ é igual a _____ .

_____ – _____ = _____

> O que é, o que é?
> Quanto mais se tira, maior fica?

As imagens não estão representadas em proporção.

2 COMPARAR QUANTIDADES (QUANTOS A MAIS OU A MENOS)

Todos os coelhos querem uma cenoura, mas não há cenouras suficientes.

a) Ligue as cenouras aos coelhos de 1 em 1 (cada cenoura a 1 coelho diferente).

Cenouras.

Coelhos.

b) Agora, complete.

- São _____ cenouras e _____ coelhos.

- São _____ a mais do que _____ .

- São _____ a menos do que _____ .

- A subtração correspondente é _____ .

3 COMPLETAR UMA QUANTIDADE

Cada criança deve ficar com 1 balão.

a) Quantos balões estão faltando? _____

b) Escreva: de 5 para completar 8 faltam _____ .

c) Desenhe os balões que estão faltando.

d) Complete a subtração correspondente: _____ – _____ = _____

4 SEPARAR UMA QUANTIDADE OU UMA QUANTIA DE OUTRA

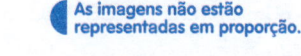
As imagens não estão representadas em proporção.

Veja as notas que Roberto tinha.

Ele separou 2 dessas notas para comprar esta bola.

a) Qual quantia Roberto tinha no total?

_____

R$ 15,00   Bola.

b) Qual quantia ele separou para comprar a bola?

_____

c) Assinale as notas que ele separou.

d) Com qual quantia ele ficou depois de comprar a bola? Escreva a subtração correspondente e a resposta.

Subtração: _____   Resposta: _____

> **Saiba mais**
>
> O **resultado** de uma subtração se chama **diferença**. Assim, a diferença entre 10 e 7 é 3, pois 10 − 7 = 3.

5 Calcule, complete e justifique.

a) A diferença entre 6 e 2 é _____, pois _____ − _____ = _____.

b) A diferença entre 80 e 10 é _____, pois _____.

c) A diferença entre 32 e 3 é _____, pois _____.

d) A diferença entre _____ e _____ é _____, pois _____.

6 Fabrício tem 9 anos e a irmã dele tem 5 anos.

a) Qual é a diferença entre essas idades?

_____

b) Indique a subtração: _____

7 Leia o texto a seguir com atenção e depois responda.

Chegou "seu" Chico Souza

Só sei que "seu" Chico Souza
Chegou e trouxe da China
A seda xadrez da Célia
O xale roxo da Sônia
O xale cinza da Sheila
E a saia chique da Selma.

Ciça. **Travatrovas**. Rio de Janeiro: Nova Fronteira, 1993.

a) Quantas vezes aparecem palavras que começam com **ch**? _____

b) Quantas vezes aparecem palavras que começam com **x**? _____

c) Qual subtração você usaria para calcular a diferença entre essas quantidades? _____

Algoritmos da subtração

1 No sábado de manhã, Marcos comprou 36 ovos para a lanchonete dele. Ele já usou 12 ovos. Quantos ovos restaram?

Compreender

O que você já sabe: havia 36 ovos e Marcos usou 12 ovos.

O que você quer saber: quantos ovos restaram.

Planejar

Para saber quantos ovos restaram é preciso efetuar a **subtração** 36 − 12, pois foram usados 12 ovos dos 36 ovos comprados.

Executar

Efetue a subtração usando as fichas que você destacou do **Ápis divertido**. Depois, complete o **algoritmo usual**.

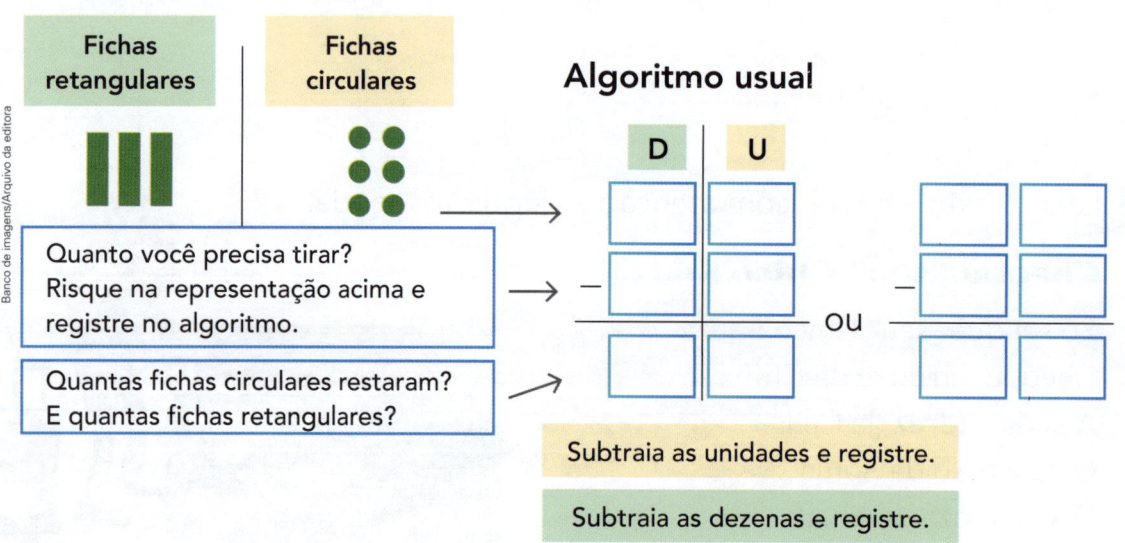

Verificar

Para saber se o cálculo está certo, basta somar os 12 ovos que foram usados aos ovos que restaram. O resultado deve ser igual ao número de ovos que Marcos comprou: 36.

Complete o algoritmo usual da adição e confira.

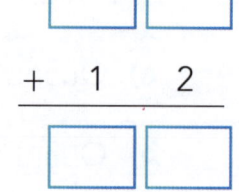

Responder

Complete a resposta: Restaram _____.

2 Em uma partida de basquete, Maurício fez 56 pontos e Bruno fez 43 pontos. Quantos pontos Bruno fez a menos do que Maurício?

Compreender

O que você já sabe: Maurício fez 56 pontos e Bruno fez 43 pontos.

O que você quer saber: quantos pontos Bruno fez a menos do que Maurício.

Planejar

Para saber quantos pontos Bruno fez a menos do que Maurício, é preciso efetuar a subtração 56 − 43, para comparar 56 e 43.

Executar

Use o material dourado para efetuar a subtração. Depois, complete aqui com o que falta.

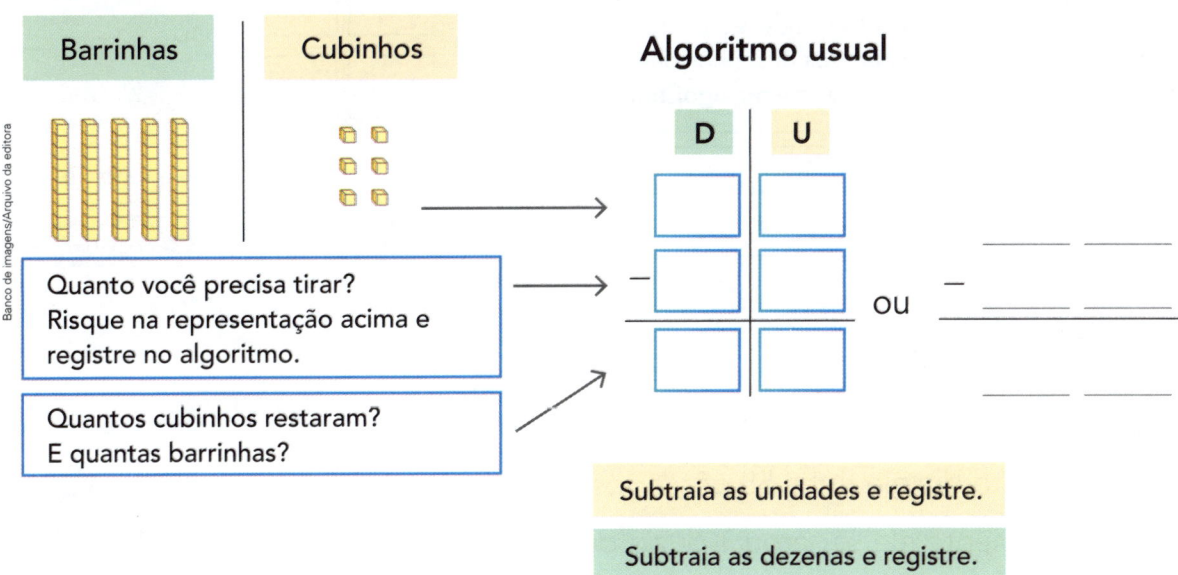

| Barrinhas | Cubinhos |

Algoritmo usual

Quanto você precisa tirar? Risque na representação acima e registre no algoritmo.

Quantos cubinhos restaram? E quantas barrinhas?

Subtraia as unidades e registre.

Subtraia as dezenas e registre.

Verificar

Você pode efetuar 56 − 43 usando a decomposição do 43 $(43 = 40 + 3)$. Tire 40 de 56 e depois tire 3 do valor obtido.

56 − _____ = _____

_____ − _____ = _____

Logo: 56 − 43 = _____

Responder

Complete: Bruno fez _____ a menos do que Maurício.

3 Pedro quer comprar um jogo que custa R$ 48,00.

Ele está economizando a mesada e já tem R$ 23,00.

Quanto falta para Pedro comprar esse jogo?

Para resolver essa situação é preciso efetuar a subtração 48 − 23, pois você vai completar o que falta a 23 para obter 48.

Efetue a subtração usando as notas e as moedas do **Ápis divertido**. Depois, complete aqui com o que falta e escreva a resposta.

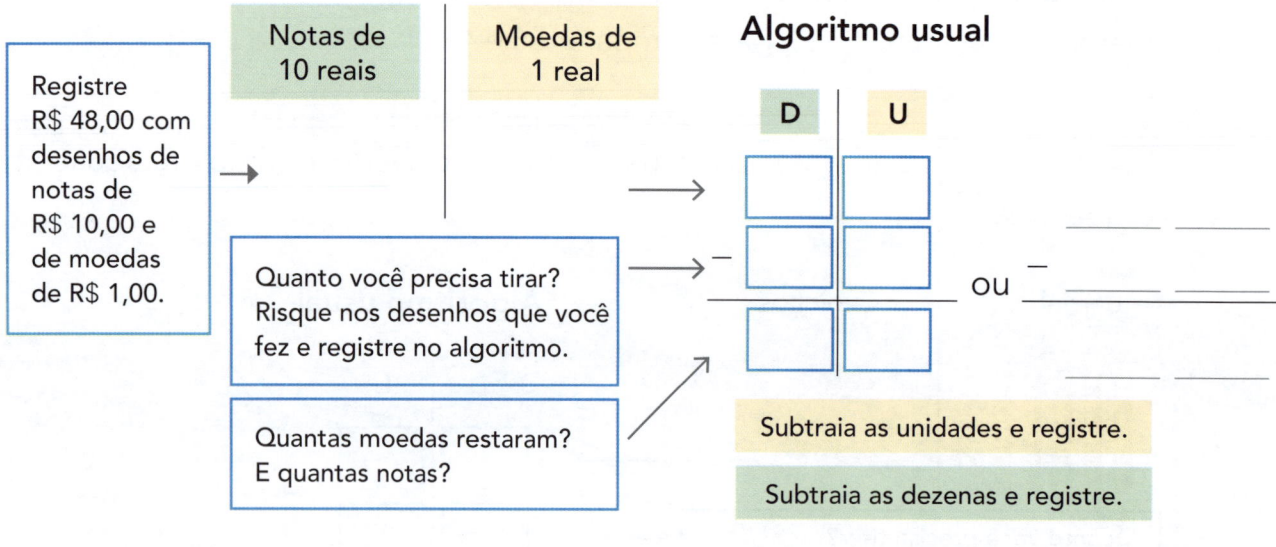

Resposta: _____

4 Lauro tem uma banca de frutas na feira.

Em certo dia ele tinha 58 pêssegos para vender.

Inicialmente ele separou 1 dúzia deles para atender a uma encomenda recebida. Dos pêssegos que restaram, ele vendeu 42 pêssegos ao longo do dia.

Caixa com pêssegos.

a) Quantos pêssegos Lauro tinha no início do dia? _____

b) Quantos pêssegos ele separou para a encomenda? _____

c) Quantos pêssegos sobraram para vender ao longo do dia? _____

d) E quantos pêssegos sobraram no final do dia?

_____

5 Efetue mais estas subtrações pelo algoritmo usual. Nos itens **b** e **d**, também efetue a subtração decompondo o segundo número.

a) 94 − 72 = _____

D	U
9	4
− 7	2

ou

9	4
− 7	2

c) 69 − 7 = _____

D	U
___	___
− ___	___

ou

___	___
− ___	___

b) 37 − 24 = _____

D	U
___	___
− ___	___

d) 76 − 16 = _____

D	U
___	___
− ___	___

6 Observe a pontuação feita por 3 crianças em um jogo de perguntas e respostas.

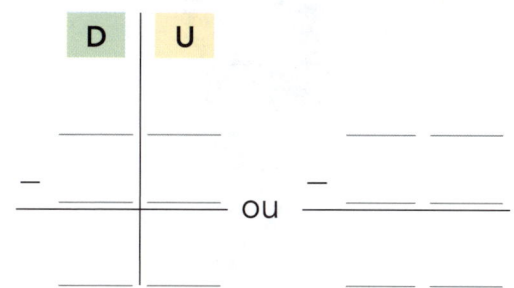

Eliana. 98 pontos.   Celso. 86 pontos.   Lívia. 75 pontos.

Lima/Arquivo da editora

a) Coloque os 3 números em ordem do menor para o maior.

_____, _____, _____.

b) Calcule a diferença entre a pontuação de Celso e a de Lívia.

_____ − _____ = _____

c) Quantos pontos Eliana fez a mais do que Celso? _____

d) Quanto faltou para Celso atingir 90 pontos? _____

e) Eliana fez mais ou menos do que 90 pontos? Quantos pontos a mais ou a menos?

_____

Unidade 6

7 CÁLCULO MENTAL: SUBTRAIR 9

> Para subtrair 9, posso tirar 10 e aumentar 1.

Lima/Arquivo da editora

$23 - 9 = ?$
$23 - 10 = 13$ e $13 + 1 = 14$
Logo, $23 - 9 = 14$.

$55 - 9 = ?$
$55 - 10 = 45$ e $45 + 1 = 46$
Então, $55 - 9 = 46$.

Agora é sua vez! Efetue mentalmente e complete.

a) $36 - 9 = $ _____

b) $61 - 9 = $ _____

c) $80 - 9 = $ _____

d) $14 - 9 = $ _____

8 PROBLEMAS

Calcule mentalmente e complete.

a) Na festa de Lúcia havia 17 crianças.

Se 9 dessas crianças eram meninas, então _____ crianças eram meninos.

b) Carlos tem 53 reais. Se ele comprar um caderno de 9 reais, então ainda vai

ficar com _____ reais.

9 DESAFIO

ATIVIDADE ORAL EM GRUPO Converse com os colegas sobre como efetuar mentalmente estas operações. Depois, registre os resultados e confira com os dos colegas.

a) $35 + 19 = $ _____

b) $35 - 19 = $ _____

c) $75 - 39 = $ _____

d) $43 + 38 = $ _____

e) $93 - 28 = $ _____

f) $45 + 48 = $ _____

Adição e subtração: operações inversas

1 **ATIVIDADE ORAL EM GRUPO (TODA A TURMA)** Você sabe o que são situações inversas? Veja algumas delas.

| Vai e volta. | Entra e sai. | Para a frente e para trás. |

| Puxa e empurra. | Sobe e desce. | Agacha e levanta. | Para cima e para baixo. |

Relate para os colegas momentos do dia a dia em que essas situações inversas acontecem.

2 **ATIVIDADE ORAL EM GRUPO (TODA A TURMA)** Que tal inventar uma pequena história para cada sequência de cenas? A turma toda participa.

Depois, escreva a operação correspondente a cada sequência de cenas. Você verá por que a adição e a subtração são operações inversas.

a)

Fotos: Eduardo Santaliestra/Arquivo da editora

_____

b)

_____

3 Observe as operações que podemos efetuar com os números 3, 4 e 7.

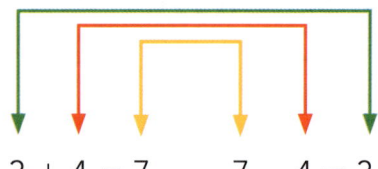 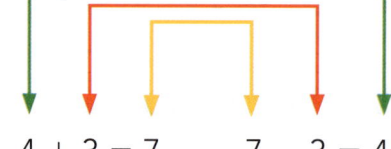

$3 + 4 = 7$ $7 - 4 = 3$ $4 + 3 = 7$ $7 - 3 = 4$

$3 + 4 = 7$
$4 + 3 = 7$
$7 - 4 = 3$
$7 - 3 = 4$

Agora, escreva todas as adições e todas as subtrações que podem ser feitas com os 3 números dados em cada item.

a) 2, 3 e 5. _____   _____   _____   _____

b) 4, 5 e 9. _____   _____   _____   _____

Nos exemplos acima, verificamos que a **adição** e a **subtração** são **operações inversas**.

O que uma faz a outra desfaz.

4 Complete com o número que falta em cada item.

a) $11 + 4 = \boxed{}$ **c)** $\boxed{} + 2 = 7$ **e)** $14 + \boxed{} = 19$

b) $12 - 5 = \boxed{}$ **d)** $\boxed{} - 1 = 8$ **f)** $7 - \boxed{} = 4$

5 Complete os itens usando a operação inversa.

a) Se $5 + 2 = $ _____, então _____ $- 2 = $ _____.

b) Se $47 - 33 = $ _____, então _____ $+ 33 = $ _____.

c) Se $4 + 10 = $ _____, então _____.

d)
$$\begin{array}{r} 3 \ 4 \\ + \ 5 \ 2 \\ \hline \end{array}$$

e)
$$\begin{array}{r} 4 \ 7 \\ - \ 1 \ 2 \\ \hline \end{array}$$

6 Complete as operações inversas efetuadas em cada reta numerada.

a) _____ + _____ = _____

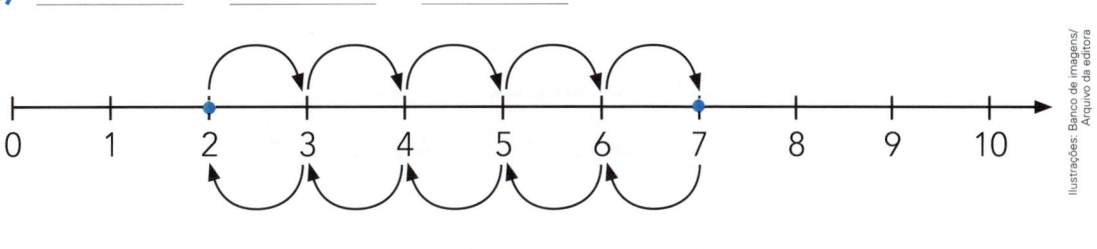

_____ − _____ = _____

b) 6 − 2 = _____

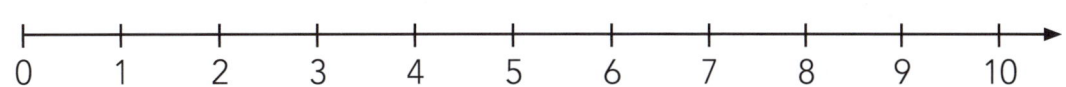

_____

7 **PROBLEMAS**

As imagens não estão representadas em proporção.

Leia, pense e resolva. Você pode usar adições ou subtrações.

a) André comprou este carrinho e ainda ficou com R$ 3,00.
Quanto ele tinha antes da compra?

_____

R$ 5,00

Carrinho.

b) Marina ganhou 4 livros no aniversário dela e ficou com 9 livros na estante do quarto.
Havia quantos livros nessa estante antes do aniversário?

_____

Livros de presente.

c) Pablo tinha 10 moedas de 1 real. Ele separou algumas dessas moedas para colocar no cofrinho e sobraram 6 moedas.
Quantas moedas ele vai guardar no cofrinho?

_____

Cofrinho.

Unidade 6

Matemática e tecnologia

Adição e subtração com a calculadora

Além das diversas estratégias que você conheceu para efetuar adições e subtrações, a calculadora pode ser muito útil para agilizar os cálculos ou conferir os resultados obtidos com os algoritmos.

Assim, vamos agora ampliar os estudos para efetuar adições e subtrações usando uma calculadora!

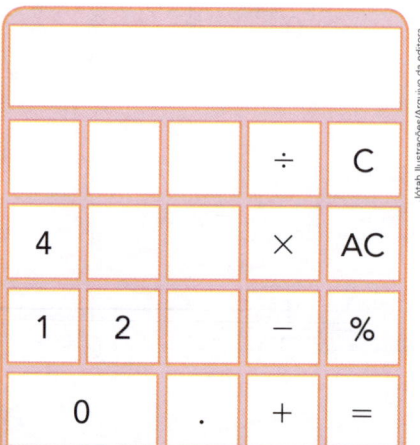

1. Você se lembra da disposição das teclas numéricas da calculadora? Para relembrar, escreva os algarismos na posição correta desta calculadora.

2. Considere a adição 72 + 26.

   a) Como 26 = 20 + 6, efetue 72 + 26 somando 20 ao 72 e, depois, somando 6 ao resultado obtido.

   72 + _____ = _____   e   _____ + _____ = _____

   Logo, 72 + 26 = _____.

   b) Agora, confira o resultado usando uma calculadora. Digite as teclas a seguir, na ordem indicada, e registre aqui o resultado que apareceu no visor.

   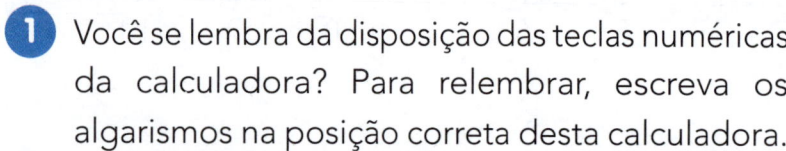

3. Para efetuar a subtração 89 − 53, você também pode utilizar a estratégia de decompor o segundo número em dezenas exatas e unidades.

   a) Faça a decomposição e efetue as subtrações.

   53 = _____ + _____

   89 − _____ = _____   e   _____ − _____ = _____

   b) Agora, digite as teclas a seguir na calculadora para conferir o resultado e registre aqui o que apareceu no visor.

4 Faça cada item usando uma calculadora. Não se esqueça de limpar o visor antes de começar as operações do próximo item.

Efetue a primeira operação na calculadora e registre aqui o resultado que apareceu no visor. Usando esse resultado, efetue a segunda operação e registre novamente o que apareceu no visor.

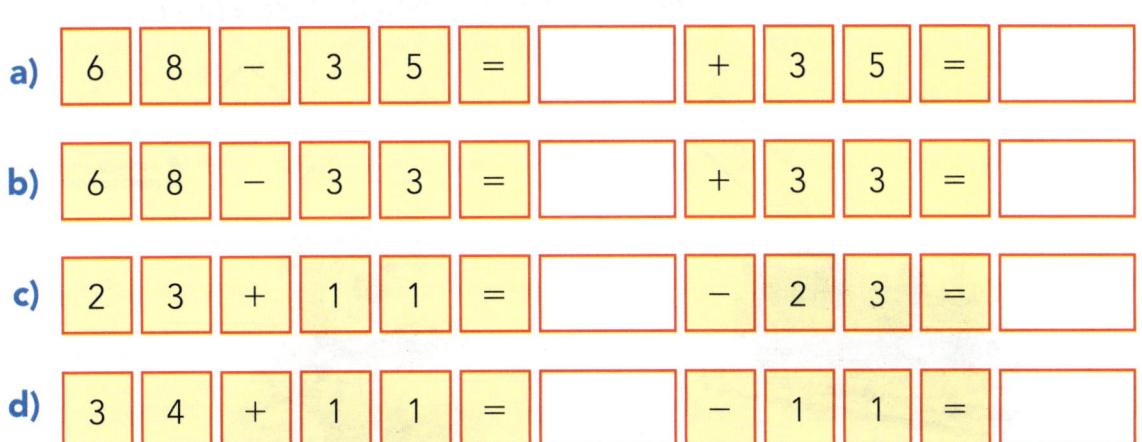

a) 6 8 $-$ 3 5 $=$ ⬜ $+$ 3 5 $=$ ⬜

b) 6 8 $-$ 3 3 $=$ ⬜ $+$ 3 3 $=$ ⬜

c) 2 3 $+$ 1 1 $=$ ⬜ $-$ 2 3 $=$ ⬜

d) 3 4 $+$ 1 1 $=$ ⬜ $-$ 1 1 $=$ ⬜

5 **ATIVIDADE ORAL EM GRUPO (TODA A TURMA)** Converse com os colegas sobre as operações que você efetuou e os resultados obtidos. O que vocês perceberam?

6 Usando uma calculadora, efetue as operações digitando as teclas indicadas em cada item e registre cada resultado que aparecer no visor.

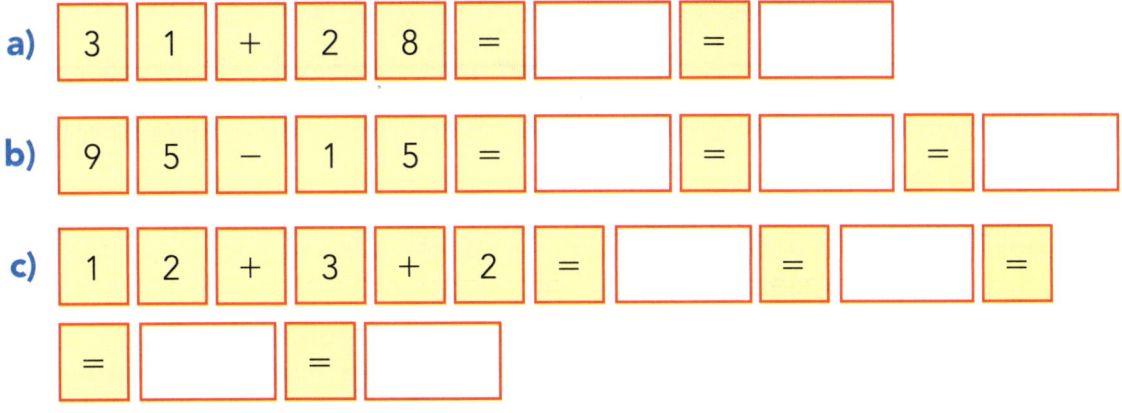

a) 3 1 $+$ 2 8 $=$ ⬜ $=$ ⬜

b) 9 5 $-$ 1 5 $=$ ⬜ $=$ ⬜ $=$ ⬜

c) 1 2 $+$ 3 $+$ 2 $=$ ⬜ $=$ ⬜ $=$ ⬜ $=$ ⬜ $=$ ⬜

7 **ATIVIDADE ORAL EM GRUPO (TODA A TURMA)** Confira os resultados da atividade anterior com os que os colegas obtiveram. O que acontece quando digitamos a tecla $=$ mais vezes após efetuar uma operação?

Arredondamento e resultado aproximado em adições e subtrações

1 Luci quer comprar o trenzinho e o ursinho de pelúcia para os filhos dela. Quanto ela vai pagar, aproximadamente, na compra dos 2 brinquedos?

R$ 19,00

R$ 32,00

As imagens não estão representadas em proporção.

Trenzinho

Ursinho de pelúcia.

Para encontrar o valor aproximado que Luci vai pagar, precisamos **arredondar** o preço de cada brinquedo.

Arredondamento de R$ 19,00

O número 19 fica entre as dezenas exatas 10 e 20, mais próximo do 20. Veja nesta reta numerada.

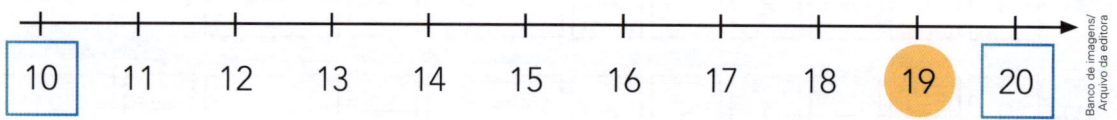

| 10 | 11 | 12 | 13 | 14 | 15 | 16 | 17 | 18 | 19 | 20 |

Dizemos então que o preço do trenzinho é **aproximadamente** R$ 20,00.

a) Complete a frase para fazer o arredondamento de R$ 32,00 e coloque os números na reta numerada abaixo para conferir.

32 fica entre as dezenas exatas _____ e _____, mais próximo de _____.

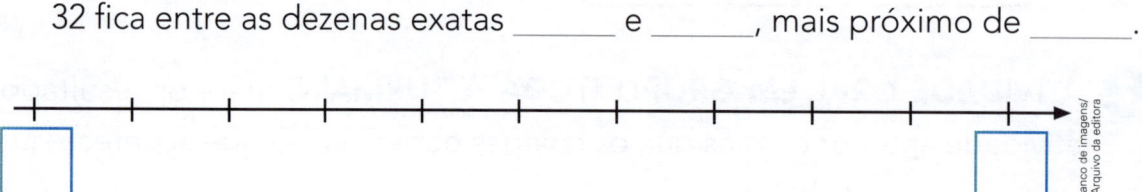

Dizemos então que o preço do ursinho é **aproximadamente** R$ _____.

b) Agora, efetue a adição e complete a resposta do problema.

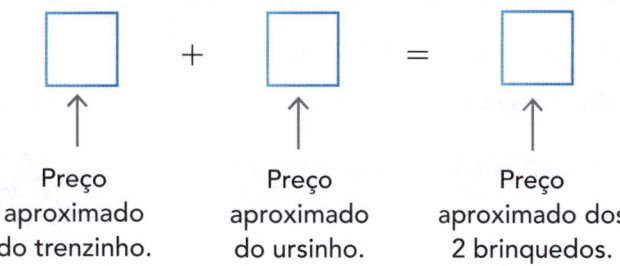

Luci vai pagar aproximadamente R$ _____ na compra dos 2 brinquedos.

2 Considere os preços da atividade anterior. Quanto Luci vai pagar a mais, aproximadamente, pelo ursinho de pelúcia?

Efetue a subtração e complete a resposta.

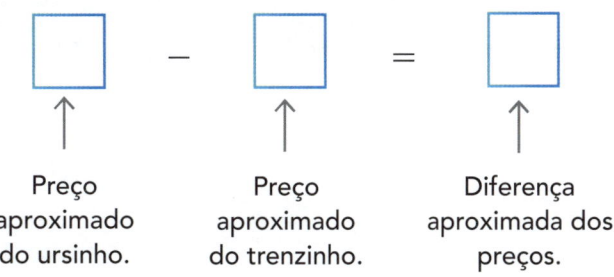

Luci vai pagar aproximadamente R$ _____ a mais pelo ursinho de pelúcia.

3 Arredonde cada número para a dezena exata mais próxima e registre. Depois, complete a frase para justificar o arredondamento do item **c**.

a) 34 → ☐   **b)** 27 → ☐   **c)** 76 → ☐   **d)** 61 → ☐

_____ está entre _____ e _____, mais próximo de _____.

4 Em cada item, contorne o número mais próximo do resultado da operação.

a) 39 + 49 ← 70 / 80 / 90

b) 61 − 29 ← 30 / 40 / 50

c) 32 + 21 + 18 ← 70 / 60 / 50

5 ESTIMATIVA COM MEDIDAS DE COMPRIMENTO

Raul gosta de caminhar na pista em volta da praça e contar quantos passos dá. Observe nesta imagem a praça e a pista em marrom.

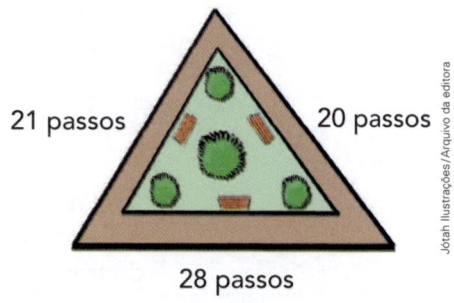

21 passos   20 passos

28 passos

a) Assinale o item que você acha que está mais próximo da medida de distância percorrida quando Raul dá 1 volta completa nessa pista.

☐ 60 passos.   ☐ 70 passos.   ☐ 80 passos.

b) Agora, calcule a medida exata da distância que Raul percorre, registre e confira sua estimativa: _____ passos.

c) Sua estimativa foi maior ou menor do que a medida exata da distância que ele percorre? Em quantos passos? _____

6 VALOR APROXIMADO E USO DA CALCULADORA

◖ As imagens não estão representadas em proporção.

Rodrigo tem estas notas.   Paula tem estas notas.

Complete fazendo arredondamentos no item **a** e usando uma calculadora no item **b**.

a) Rodrigo tem aproximadamente _____ reais a mais do que Paula.

b) Rodrigo tem exatamente _____ reais a mais do que Paula.

Mais atividades e problemas

1 PROBLEMAS

Para resolver problemas, é sempre bom utilizar as etapas da resolução.

Compreender   **Planejar**   **Executar**   **Verificar**   **Responder**

a) Em uma apresentação de ginástica participaram 25 meninas e 23 meninos. Quantas crianças participaram ao todo? _____

b) Em um pasto há 47 bois e 13 cavalos. Quantos bois há a mais do que cavalos?

_____

c) Para a festa de aniversário dela, Gabriela comprou 5 pacotes de balões com 8 balões em cada pacote. Quantos balões ela comprou?

_____

2 DESAFIO

Descubra o caminho que o tatu deve fazer para chegar à toca sempre subtraindo 3 para obter o próximo número do caminho.

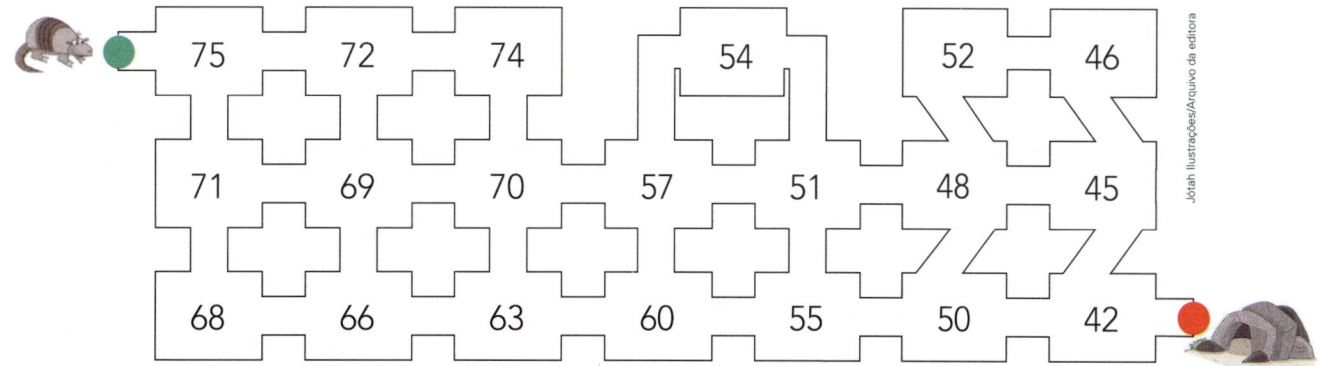

Jótah Ilustrações/Arquivo da editora

3 Você já sabe que todos nós envelhecemos e mudamos com o passar dos anos, não é mesmo?

Mônica também ficou mais velha.

No 2º ano da escola ela estava com 7 anos.

Depois de um tempo, ela completou 16 anos.

Resolva os itens a seguir como achar melhor. Depois, veja como os colegas fizeram.

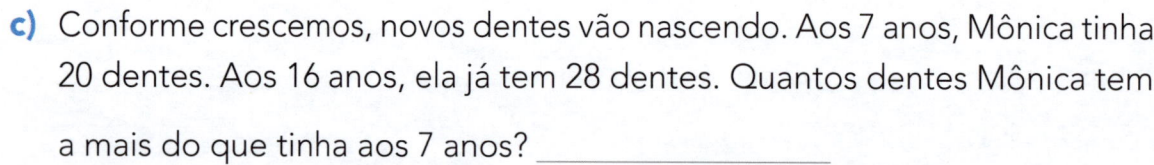

a) Identifique a imagem de Mônica criança com **C** e a de Mônica adolescente com **A**.

b) Qual é a diferença entre as idades de Mônica nessas 2 fases? _____

c) Conforme crescemos, novos dentes vão nascendo. Aos 7 anos, Mônica tinha 20 dentes. Aos 16 anos, ela já tem 28 dentes. Quantos dentes Mônica tem a mais do que tinha aos 7 anos? _____

d) Na dentição de um adulto há 32 dentes. Quantos dentes ainda faltam nascer em Mônica? _____

4 **REGULARIDADE**

a) **ATIVIDADE ORAL EM GRUPO**

Converse com os colegas e descubra uma regularidade nos esquemas ao lado.

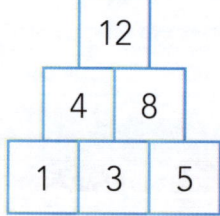

b) Agora, complete mais estes esquemas de acordo com a regularidade encontrada.

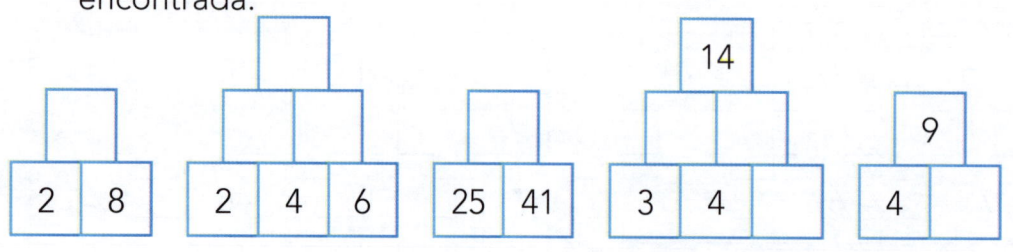

Sugestão de...
Livro

Bango, o vendedor de maçãs.
Woo-Joo Hong e Jin-Joo Chae. São Paulo: FTD, 2013.

5 Escovar os dentes é um hábito importante!

Observe a tirinha.

a) Carlinhos escova os dentes 4 vezes por dia. Quantas vezes ele escova os dentes em 1 semana? _____

b) Gustavo escova os dentes 6 vezes por dia. Complete: Ele escova os dentes _____ vezes em 1 semana.

c) Em 1 semana, quantas vezes Carlinhos escova os dentes a menos do que Gustavo? _____

6 **ATIVIDADE EM DUPLA** Crie um problema cuja resolução seja feita efetuando a subtração 79 − 27. Depois, troque com um colega. Ele resolve seu problema e você resolve o dele.

_____

_____

_____

_____

🖩 7 ESTIMATIVA E CALCULADORA

Clóvis usou uma calculadora e teclou: | 3 | 6 | – | 8 | = |

a) Escreva o número que você acha que apareceu no visor: _____

b) Use uma calculadora, verifique o resultado e registre aqui: _____

c) Sua estimativa foi boa ou não? _____

d) Agora, use uma calculadora e efetue mais estas operações.

$38 + 43 = $ _____ $48 - 35 = $ _____ $56 - 25 = $ _____ $55 + 45 = $ _____

8 No início do dia, um feirante tinha 32 maçãs, 23 peras e 2 dúzias de abacaxis para vender. No fim do dia, ainda tinha 1 dúzia de maçãs, 4 peras e meia dúzia de abacaxis.

Frutas do feirante

Número de frutas / Fruta	No início do dia	No fim do dia
Maçã		
	23	
		6

Tabela elaborada para fins didáticos.

a) Complete a tabela.

b) Quantas maçãs foram vendidas nesse dia? _____

c) No fim do dia havia mais maçãs ou peras? Quantas a mais? _____

d) Nesse dia, qual fruta foi mais vendida: pera ou abacaxi? _____

e) Quantas frutas o feirante tinha no início do dia? _____

f) Quantas dessas frutas ele tinha no fim do dia? _____

g) Quantas frutas ele vendeu no total? _____

9 Ivo tem estas notas.

Mara tem 3 notas.

Juntos, Ivo e Mara têm R$ 97,00.

Complete a frase e desenhe as notas de Mara.

Mara tem R$ _____.

10 Calcule e responda.

a) Rafael tinha 36 reais, ganhou 12 reais e depois gastou 35 reais.

Com quanto ele ficou? _____

b) Sandra tinha determinada quantia, gastou 10 reais e depois ganhou 14 reais,

ficando com 59 reais. Quanto ela tinha inicialmente? _____

c) Guto tinha 45 reais, gastou certa quantia e ficou com 25 reais.

Quanto ele gastou? _____

As imagens não estão representadas em proporção.

R$ 38,00

Mochila.

d) Álvaro tem 1 nota de R$ 20,00 e 1 nota de R$ 5,00.
Quanto falta para ele poder comprar esta mochila?

_____

Unidade 6

Vamos ver de novo?

1 Renato tem R$ 60,00 e Júlia tem R$ 40,00.

Quantos reais Renato deve dar a Júlia para que eles fiquem com quantias iguais?

_____

2 **BOLINHAS DE GUDE**

Paulo tem 1 dezena de bolinhas de gude e Lúcio tem 1 dúzia.

a) Quantas bolinhas Paulo tem? _____

b) Quantas bolinhas Lúcio tem? _____

c) Quem tem mais bolinhas? _____

d) Quantas bolinhas a mais? _____

e) Quantas bolinhas eles têm juntos? _____

3 Complete com números.

Entre os objetos abaixo há _____ objetos com a forma parecida com a do

cubo e _____ objetos que não têm a forma de esfera.

> As imagens não estão representadas em proporção.

| Dado. | Bola de basquete. | Chapéu. | Caixa. | Brinquedo. | Bloco. |

Swapan/Shutterstock · Arunas Gabalis/Shutterstock · Edyta Pawlowska/Shutterstock · William Milner/Shutterstock · Morgan Lane Photography/Shutterstock · Dainis/Shutterstock

4 Observe a tirinha.

© Mauricio de Sousa/Mauricio de Sousa Editora Ltda.

Fonte: Banco de Imagens MSP.

O objeto com que Cebolinha está brincando se parece com qual figura geométrica? Assinale o quadrinho da resposta com um **X**.

☐ Esfera.   ☐ Círculo.   ☐ Circunferência.

5 QUEM É O VENCEDOR?

Os 6 meninos acabaram de apostar uma corrida. Analise as dicas e marque com um **X** quem ganhou a corrida.

- O vencedor está com uma camiseta listrada.
- Ele não é o menino mais alto de todos.
- A camiseta dele é de manga curta.

6 JOGO DA VELHA

a) **ATIVIDADE EM DUPLA** Convide um colega para jogar. Decidam quem vai fazer **X** e quem vai fazer **O**. Um de cada vez vai desenhando sua figura.

Quem fizer 3 **X** ou 3 **O** na mesma linha, coluna ou diagonal ganha a partida.

Joguem a primeira partida em um dos livros da dupla e a segunda partida no outro livro.

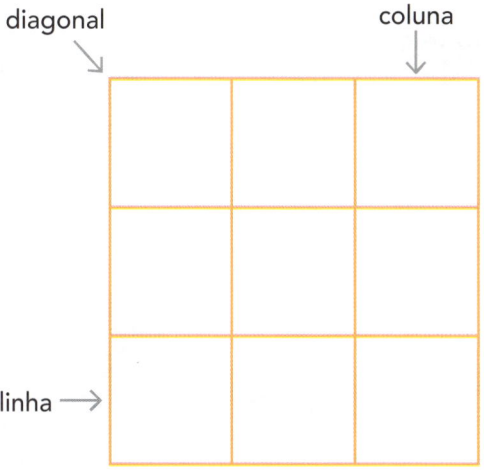

b) Agora, complete: No jogo da velha há _____ quadradinhos em cada linha, _____ em cada coluna e _____ quadradinhos ao todo.

7 Descubra uma regularidade em cada sequência e registre os 2 próximos termos de acordo com a regularidade.

a)

b)

c)

d)

8 **HÁ MAIS FLORES OU CEREJAS?**

As imagens não estão representadas em proporção.

a) Calcule o número de flores formando grupos de 10.

_____ flores.

b) Calcule o número de cerejas numerando 1 a 1.

_____ cerejas.

c) Complete: Há mais _____, porque _____ é maior do que _____.

O que estudamos

Vimos as ideias da subtração e algumas estratégias para efetuá-las.

- **Tirar uma quantidade de outra.**
  José tinha 6 laranjas e usou 4 delas para fazer um suco. Ele ficou com 2 laranjas.

  $$6 - 4 = 2$$

- **Comparar quantidades.**
  Nina tem 5 figurinhas.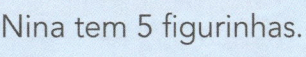

  Caio tem 2 figurinhas.

  Nina tem 3 figurinhas a mais do que Caio.

  $$5 - 2 = 3$$

- **Completar uma quantidade.**
  Carla tem 16 presilhas na coleção. Para ficar com 20 presilhas faltam 4 presilhas.

  $$20 - 10 = 10 \text{ e } 10 - 6 = 4$$

  $$20 - 16 = 4$$

- **Separar uma quantidade.**
  Manoel tinha 10 ovos e separou 4 deles para fazer um bolo. Sobraram 6 ovos.

  $$10 - 4 = 6$$

Estudamos vários algoritmos para efetuar subtrações com números até 99.

$$73 - 41 = ?$$

$$73 - 40 = 33$$
$$33 - 1 = 32$$

ou

$$\begin{array}{r} 7\ 3 \\ -\ 4\ 1 \\ \hline 3\ 2 \end{array}$$

$$73 - 41 = 32$$

Constatamos que a adição e a subtração são operações inversas.

Se $40 + 10 = 50$, então $50 - 10 = 40$ e $50 - 40 = 10$.

Resolvemos problemas envolvendo a adição e a subtração.

Laura comprou 2 livros de R$ 20,00 cada um e 1 apostila de R$ 15,00. Ela deu R$ 60,00 para pagar a compra. Quanto ela recebeu de troco? R$ 5,00.

$$\begin{array}{r} 2\ 0 \\ +\ 2\ 0 \\ \hline 4\ 0 \end{array}$$

$$\begin{array}{r} 4\ 0 \\ +\ 1\ 5 \\ \hline 5\ 5 \end{array}$$

$$60 - 55 = 5$$

- Ao fazer a lição de casa, você desliga a televisão e outros aparelhos eletrônicos que podem tirar sua concentração?

- Você costuma fazer a lição com pressa? Lembre-se: a pressa é inimiga da aprendizagem!

7

Multiplicação

Açaí é Aqui

AÇAÍ BATIDO COM 1 FRUTA

Na Tigela · Na casquinha · Suco

OPÇÕES DE FRUTAS

Banana · Morango · Uva · Abacaxi

- O que mostra esta cena?
- Quais frutas estão disponíveis para bater com o açaí?
- Você já provou açaí batido com frutas? Gostou? Conte para um colega como foi a experiência!

Para iniciar

Para determinar o número total de pessoas no quiosque **Açaí é aqui**, podemos efetuar uma adição ou uma **multiplicação**, operação que será estudada nesta Unidade.

Com a multiplicação também podemos determinar quantas são as opções na escolha de 1 tipo de açaí e 1 fruta.

● Analise a cena das páginas de abertura desta Unidade. Converse com os colegas e respondam às questões a seguir.

Quantas mesas há na cena? Quantas pessoas há em cada mesa?

Então, quantas pessoas há no total?

Morango é uma das opções de escolha de fruta. Quantas são as opções de escolha de fruta para o açaí na tigela?

Quantas são as opções de escolha do açaí, considerando todas as frutas e os tipos de açaí disponíveis?

E quantas são as opções de escolha para o açaí na casquinha? E para o suco de açaí?

As imagens não estão representadas em proporção.

● Converse com os colegas sobre mais estas questões.

a) Fabrício completou 3 páginas do álbum dele com 5 figurinhas em cada página. Quantas figurinhas ele usou para isso?

Álbum de figurinhas.

b) Quantos ovos há na caixa ao lado?

c) Se você tem 2 tipos de pão (baguete e pão de forma) e 3 opções de recheio (manteiga, queijo e presunto), então quantos lanches diferentes você pode fazer com 1 tipo de pão e 1 opção de recheio?

Caixa de ovos.

Ideias da multiplicação

Juntar quantidades iguais

🔍 Explorar e descobrir

Você vai utilizar as fichas circulares do **Ápis divertido** para fazer esta atividade.

- Arrume 2 grupos com 7 fichas em cada um. Desenhe os grupos de fichas ao lado.

- Responda à pergunta e complete as operações.

  Quantas fichas você usou ao todo?

  _____

  $7 + 7 =$ _____

  2 vezes

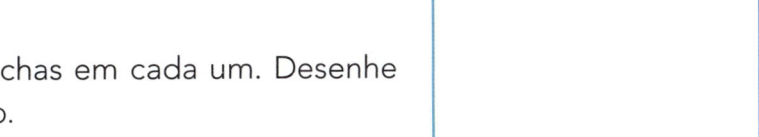

Podemos indicar a palavra "vezes" com um ✕. Então, 2 vezes 7 fica assim:
2 ✕ 7

  Multiplicação correspondente: $2 \times 7 =$ _____

- Complete: Dizemos que

  _____ vezes _____ é igual a _____.
  ↑ quantidade de grupos   ↑ quantidade de fichas em cada grupo   ↑ total de fichas

◀ **As imagens não estão representadas em proporção.**

● Observe as caixas e as garrafas desenhadas ao lado.

a) Há quantas caixas? _____

b) E há quantas garrafas em cada caixa? _____

c) Então, qual é o total de garrafas? _____

d) Complete as operações correspondentes.

_____ + _____ + _____ = _____ e

_____ ✕ _____ = _____

Disposição retangular

- Pegue algumas fichas circulares e arrume-as em 4 linhas e 6 colunas.
- Complete observando as linhas.

São _____ linhas com _____ fichas em cada linha.

No total são _____ fichas.

Dizemos que _____ vezes _____ é igual a _____ .

| quantidade de linhas | quantidade de fichas em cada linha | total de fichas |

Indicamos assim: _____ × _____ = _____

- Agora, complete observando as colunas.

> Lembre-se da linha do caderno! Ela está na horizontal.

São _____ colunas com _____ fichas em cada coluna.

No total são _____ fichas.

Dizemos que _____ vezes _____ é igual a _____ .

| quantidade de colunas | quantidade de fichas em cada coluna | total de fichas |

Indicamos assim: _____ × _____ = _____

- Complete a conclusão com as 2 multiplicações.

> Lembre-se de que as colunas estão na vertical!

Logo, _____ × _____ = _____ e

_____ × _____ = _____ .

Ilustrações: Jotah Ilustrações/Arquivo da editora

Observe os botões em disposição retangular e complete. **As imagens não estão representadas em proporção.**

Botões.

Fotos: Irina Rogova/Shutterstock

a) São _____ linhas e _____ colunas.

b) No total são _____ botões.

c) Podemos indicar 2 multiplicações correspondentes.

_____ × _____ = _____ e

_____ × _____ = _____

Combinar possibilidades

1 Veja ao lado as roupas que Paulo separou para usar.

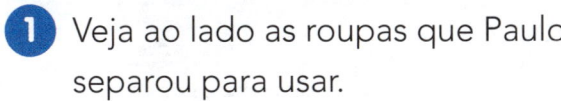

a) Continue a pintar as roupas e descubra de quantos modos diferentes ele pode combinar 1 camiseta e 1 bermuda.

b) Complete.

São _____ camisetas. Para cada camiseta são _____ bermudas.

São _____ bermudas. Para cada bermuda são _____ camisetas.

No total, são _____ modos diferentes de combinar.

Multiplicações correspondentes:

As imagens não estão representadas em proporção.

_____ × _____ = _____ e _____ × _____ = _____

2 Rafael inventou um jogo para o qual deverá fazer cartões como estes ao lado. Cada cartão deve ter uma letra **A**, **B**, **C** ou **D** e um número **1**, **2** ou **3**. Por exemplo, os cartões **B2** e **D3**.

a) Escreva a letra e o número de todos os cartões que serão feitos.

_____

b) Complete.

São _____ letras com _____ números para cada letra.

São _____ números com _____ letras para cada número.

O número total de cartões será _____.

Multiplicações correspondentes:

_____ × _____ = _____ e _____ × _____ = _____

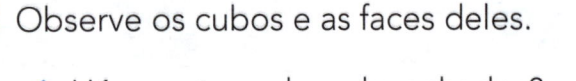

Atividades e problemas

1 Observe os cubos e as faces deles.

a) Há quantos cubos desenhados? _____

b) Quantas faces há em cada cubo? _____

c) Qual é o total de faces nos 2 cubos? _____

d) Complete: _____ + _____ = _____ e _____ × _____ = _____

2 Em cada item indique e efetue as multiplicações que dão o número total de maçãs na caixa. Depois, registre esse número.

a)

_____ × _____ = _____

_____ × _____ = _____

_____ maçãs.

b)

_____ × _____ = _____

_____ × _____ = _____

_____ maçãs.

c)

_____ × _____ = _____

_____ maçãs.

3 Estas crianças se juntaram para formar uma equipe que vai participar de uma gincana de multiplicação.

Eliana.   Cátia.   Paula.   Maurício.   Fernando.   Lúcio.

Para participar de cada etapa da gincana, será formado 1 par de crianças com 1 menina e 1 menino da equipe. Por exemplo, Eliana e Lúcio, que indicaremos por **E - L**.

a) Complete: Para saber o número total de pares que é possível formar,

efetuamos a multiplicação _____ × _____ = _____, ou seja, são _____ pares.

b) Indique todos os pares e confira a quantidade obtida no item **a**.

4 Fazer desenhos é uma boa estratégia para descobrir o resultado de uma multiplicação.

Observe o exemplo e faça os demais.

- 3 × 4 com desenho, usando a ideia de juntar quantidades iguais.

Total: 12
Logo, 3 × 4 = 12.

- 3 × 4 em papel quadriculado, usando a ideia da disposição retangular.

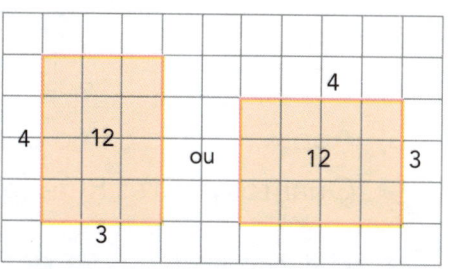

Ilustrações: Banco de imagens/Arquivo da editora

a) 5 × 2 = _____

Total: _____

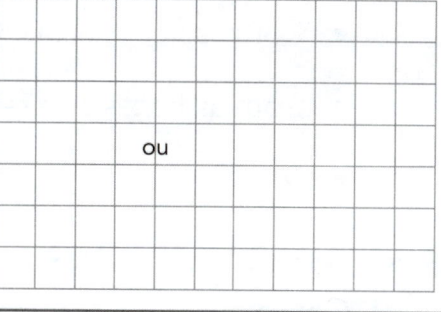

b) 2 × 9 = _____

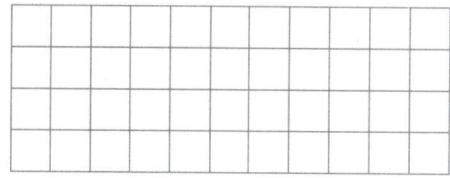

Total: _____

5 Agora vamos inverter: observe cada desenho e escreva a multiplicação correspondente.

a)

_____ × _____ = _____

b)

Ilustrações: Banco de imagens/Arquivo da editora

_____ × _____ = _____

e

_____ × _____ = _____

6 **QUANTAS FICHAS DE CADA COR? E QUANTOS PONTOS?**

Rute participou de um jogo em que cada ficha verde vale 3 pontos, cada ficha azul vale 2 pontos e cada ficha amarela vale 1 ponto.

a) Use as possíveis cores de ficha e pinte as fichas de Rute como quiser.

b) Agora, calcule como preferir, complete e responda.
Quantos pontos Rute fez com essas fichas?

- Com as fichas verdes: _____ pontos.

- Com as fichas azuis: _____ pontos.

- Com as fichas amarelas: _____ pontos.

- Total: _____ pontos.

7 **RETOMAR E APRENDER**

a) Complete.

- Soma é o nome que damos ao resultado da _____.

- _____ é o nome que damos ao resultado da subtração.

  Dizemos, por exemplo, que:

- o produto de 2 e 4 é igual a 8, porque $2 \times 4 = 8$;

- o produto de 3 e 3 é igual a 9, porque $3 \times 3 = 9$.

> **Produto** é o nome que damos ao resultado da multiplicação.

Lima/Arquivo da editora

b) Agora, calcule e complete.

- O produto de 4 e 10 é igual a _____, porque _____.

- O produto de 6 e 2 é igual a _____, porque _____.

- A soma de 6 e 2 é igual a _____, porque _____.

- A diferença entre 6 e 2 é igual a _____, porque _____.

- O produto de 4 e 4 é igual a _____, porque _____.

Tabuada do 2

As imagens não estão representadas em proporção.

2 vezes...

Jótah Ilustrações/Arquivo da editora

1 Veja como foram indicadas as operações e complete.

a)

3 + 3 = _____

ou

2 × 3 = _____

_____ ameixas.

b)

4 + 4 = _____

ou

2 × 4 = _____

_____ maçãs verdes.

c)

Fotos: Jaroslaw Grudzinski/Shutterstock

_____

ou

_____

_____

2 Agora, desenhe e complete para 2 × 6.

_____ + _____ = _____

ou

_____ × _____ = _____

Explorar e descobrir

ATIVIDADE EM DUPLA Você e um colega vão construir a **tabuada do 2**. Em uma folha à parte, façam desenhos para descobrir os resultados. Depois, cada um registra as operações no próprio livro.

2 × 0 = 0 + 0 = 0

2 × 1 = 1 + 1 = 2

2 × 2 = 2 + 2 = 4

2 × 3 = _____

2 × 4 = _____

2 × 5 = _____

2 × 6 = _____

2 × 7 = _____

2 × 8 = _____

2 × 9 = _____

2 × 10 = _____

3 **CÁLCULO MENTAL**

Pense, complete e confira com os colegas.

a) 2 × 20 = _____

b) 2 × 33 = _____

c) 2 × 50 = _____

4 Complete a tabela da tabuada do 2.

Tabuada do 2

×	0	1	2	3	4	5	6	7	8	9	10
2	0	2	4								

Tabela elaborada para fins didáticos.

5 Pedro e Luís estão agrupando e contando conchinhas de 2 em 2.

Veja como Pedro fez e ajude Luís a fazer o mesmo com as conchinhas dele.

_____, _____, _____, _____, _____ conchinhas.

6 Indique o número de aves em cada quadro. Depois, complete as multiplicações com os 4 números que você escreveu.

As imagens não estão representadas em proporção.

2 × _____ = _____   2 × _____ = _____

O dobro

Olha a página do meu álbum!

A minha página tem o **dobro** de figurinhas coladas!

Eu quero o dobro de amigos
Sempre o dobro de alegria
Duas vezes o recreio
Duas festas todo dia.

Dobro significa 2 vezes.

1 Complete e tente entender o significado de **dobro**.

As imagens não estão representadas em proporção.

Nesta caixa temos _____ sabonetes.

Agora temos 2 caixas, ou seja, temos o dobro de 6 sabonetes.

_____ + _____ = _____

ou

_____ × _____ = _____

_____ sabonetes.

O dobro de _____ é _____.

2 Desenhe no segundo vaso o dobro de flores do primeiro e complete.

_____ + _____ = _____

ou _____ × _____ = _____

O dobro de _____ é _____.

Vasos de flores.

3 Observe o exemplo e complete.

O dobro de 4. → 2 × 4 = 4 + 4 = 8

a) O dobro de 8. → _____ × _____ = _____ + _____ = _____

b) O dobro de 10. → _____ × _____ = _____ + _____ = _____

c) O dobro de 42. → _____ × _____ = _____ + _____ = _____

4 Roberto está mostrando os lápis dele. Márcia tem o dobro do número de lápis que Roberto tem. Complete.

Roberto tem _____ lápis.

Márcia tem _____ lápis.

Lápis de Roberto.

As imagens não estão representadas em proporção.

5 **DESAFIO**

Construa a sequência que tem 7 números, na qual o primeiro número é 1 e, a partir do segundo, cada número é o dobro do anterior.

6 **ATIVIDADE ORAL EM GRUPO** Leia esta tirinha.

Mauricio de Sousa. **Turma da Mônica – Mônica tem uma novidade!** Porto Alegre: L&PM, 2009. p. 11.

Agora, com os colegas, descreva o que aconteceu.

Mas atenção: use a palavra **dobro** na narrativa.

Tabuada do 3

As imagens não estão representadas em proporção.

3 vezes...

1 Veja as imagens e complete.

a)

2 + 2 + 2 = _____

ou

3 × 2 = _____

_____ pimentões vermelhos.

b)

_____

ou

_____

_____ pimentões verdes.

c)

_____

ou

_____

_____ pimentões amarelos.

2 Agora, desenhe e complete para 3 × 6.

_____ ou _____

Explorar e descobrir

ATIVIDADE EM DUPLA Você e um colega já construíram a tabuada do 2. Agora, construam a **tabuada do 3**. Façam desenhos e cálculos em uma folha à parte ou usem fichas, botões, palitos, etc. Depois, cada um registra no próprio livro.

3 × 0 = 0 + 0 + 0 = 0

3 × 1 = 1 + 1 + 1 = 3

3 × 2 = 2 + 2 + 2 = 6

3 × 3 = _____

3 × 4 = _____

3 × 5 = _____

3 × 6 = _____

3 × 7 = _____

3 × 8 = _____

3 × 9 = _____

3 × 10 = _____

Unidade 7

Jótah Ilustrações/ Arquivo da editora

Fotos: Topseller/Shutterstock

3 Complete a tabela da tabuada do 3.

Tabuada do 3

×	0	1	2	3	4	5	6	7	8	9	10
3	0	3	6								

Tabela elaborada para fins didáticos.

4 Com 1 jarra de suco é possível encher 6 copos iguais.

a) Complete: Com 3 jarras de suco podemos encher _____ copos iguais.

b) Indique a multiplicação: _____

Jarra com suco e 6 copos.

As imagens não estão representadas em proporção.

5 A multiplicação também pode ser efetuada usando uma reta numerada. Observe.

$2 \times 4 = 8$

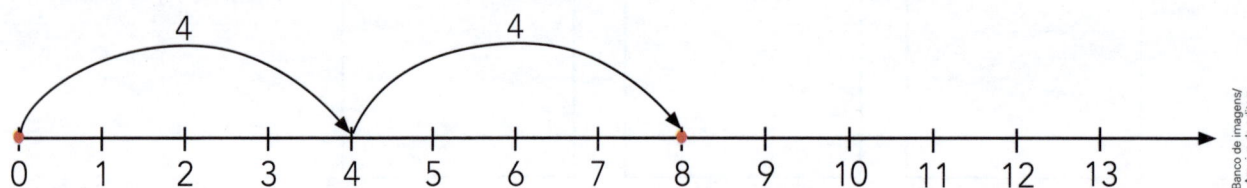

Agora é com você! Represente as multiplicações nas retas numeradas e complete.

a) Ajude o sapinho a saltar de 2 em 2, partindo do 0. Ele vai dar 3 saltos e vai parar no número _____.

$$3 \quad \times \quad 2 = \_\_\_\_\_$$

quantidade de saltos · tamanho de cada salto

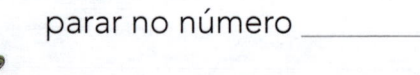

b) O sapinho vai saltar de 3 em 3, partindo do 0. Ele vai dar 4 saltos e vai parar no número _____.

$$\_\_\_ \times \_\_\_ = \_\_\_$$

quantidade de saltos · tamanho de cada salto

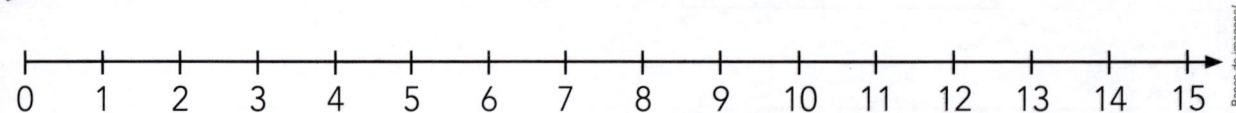

O triplo

Eu tenho o **triplo** de bolinhas que você tem!

Triplo significa 3 vezes.

Eu quero o triplo de amigos
Sempre o triplo de alegria
Três vezes o recreio
Três festas todo dia.

1 Complete e procure entender o significado de **triplo**.

As imagens não estão representadas em proporção.

Aqui temos

_____ pêssegos.

Agora temos o triplo de 4 pêssegos.

$$\underbrace{\text{_____} + \text{_____} + \text{_____}}_{\text{3 vezes}} = \text{_____}$$

ou _____ × _____ = _____

_____ pêssegos.

O triplo de _____ é _____.

2 Desenhe na segunda cesta o triplo de laranjas da primeira. Depois, complete.

O triplo de _____ é _____.

_____ + _____ + _____ = _____ ou _____ × _____ = _____

3 Faça cálculos ou desenhos em uma folha à parte, descubra e complete.

a) O triplo de 5. → _____ + _____ + _____ ou _____ ✕ _____ = _____

b) O triplo de 9. → _____ + _____ + _____ ou _____ ✕ _____ = _____

c) O triplo de 20. → _____ + _____ + _____ ou _____

4 Observe a sequência de números e continue. O próximo número, a partir do segundo, é sempre o triplo do número anterior.

| 1 | 3 | 9 | | |

5 **QUANTIDADES, DOBROS E TRIPLOS**

a) Observe a quantidade de cada objeto e preencha a tabela com os números correspondentes.

As imagens não estão representadas em proporção.

Ilustrações: Lima/Arquivo da editora

Número de objetos

Objeto	Número
Flauta	
Robô	
Tablet	

Tabela elaborada para fins didáticos.

b) Agora, complete as lacunas com as palavras **dobro** ou **triplo**.

- O número de robôs é o _____ do número de *tablets*.

- O número de flautas é o _____ do número de *tablets*.

6 **QUANTIAS, DOBROS E TRIPLOS**

a) Descubra e registre a quantia de cada um.

- Gabriela tem 2 notas de R$ 10,00. ⟶ R$ _____

- Michael tem o dobro da quantia de Gabriela. ⟶ R$ _____

- Lucas tem R$ 10,00 a menos do que Gabriela. ⟶ R$ _____

- Ana tem o triplo da quantia de Lucas. ⟶ R$ _____

b) Observe as quantias no item **a**, identifique quem tem a maior quantia e quem tem a menor quantia e complete a frase.

_____ tem a maior quantia e _____ tem a menor.

Tabuada do 4

 *4 vezes...*

1 Veja as imagens e complete.

As imagens não estão representadas em proporção.

a)

$\underbrace{3 + 3 + 3 + 3}_{\text{4 vezes}} = $ _____

ou

_____ × _____ = _____

_____ peixinhos amarelos.

b)

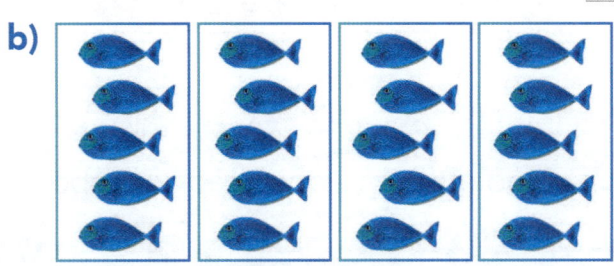

_____

ou

_____

_____ peixinhos azuis.

2 Desenhe e complete para 4 × 4.

_____ ou _____

Explorar e descobrir

ATIVIDADE EM DUPLA Junte-se novamente com um colega e construam agora a tabuada do 4. Façam os cálculos e os desenhos em uma folha à parte ou usem fichas, botões, palitos, etc. Depois, cada um registra no próprio livro.

4 × 0 = 0 + 0 + 0 + 0 = 0   4 × 6 = _____

4 × 1 = 1 + 1 + 1 + 1 = 4   4 × 7 = _____

4 × 2 = 2 + 2 + 2 + 2 = 8   4 × 8 = _____

4 × 3 = _____   4 × 9 = _____

4 × 4 = _____   4 × 10 = _____

4 × 5 = _____

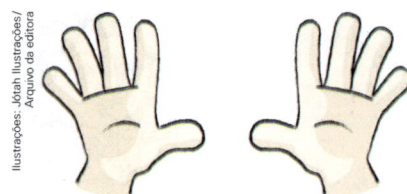

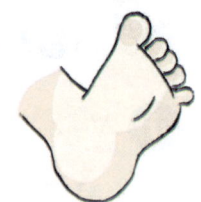

5 dedos em cada mão
5 dedos em cada pé
De cabeça, diga, então:
4 vezes 5, quanto é?

3 Complete a tabela da tabuada do 4.

As imagens não estão representadas em proporção.

Tabuada do 4

×	0	1	2	3	4	5	6	7	8	9	10
4	0	4	8								

Tabela elaborada para fins didáticos.

4 Indique a quantia de cada criança e complete com a operação correspondente.

a) Vanessa.

R$ _____, pois _____ × _____ = _____.

b) João.

R$ _____, pois _____ × _____ = _____.

c) Atenção para a quantia de Mara!

- Só com as notas de 20 reais: R$ _____, pois _____ × _____ = _____.

- Só com as notas de 5 reais: R$ _____, pois _____.

- Quantia total de Mara: R$ _____, pois _____.

 # Tabuada do 5

5 vezes...

Jotah Ilustrações/Arquivo da editora

◀ **As imagens não estão representadas em proporção.**

1 Veja as imagens e complete.

a)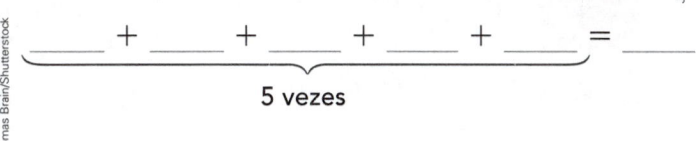

Thomas Brain/Shutterstock

_____ + _____ + _____ + _____ + _____ = _____

5 vezes

ou _____ × _____ = _____

_____ ioiôs.

b)

Kaarthikeyan.SM/Shutterstock

_____

ou

_____

_____ chocalhos.

2 Desenhe e complete para 5 × 3.

_____ ou _____

Explorar e descobrir

ATIVIDADE EM DUPLA Com um colega, construa agora a tabuada do 5. Façam os cálculos e os desenhos em uma folha à parte. Depois, cada um registra no próprio livro.

5 × 0 = 0 + 0 + 0 + 0 + 0 = 0

5 × 1 = 1 + 1 + 1 + 1 + 1 = 5

5 × 2 = 2 + 2 + 2 + 2 + 2 = 10

5 × 3 = _____

5 × 4 = _____

5 × 5 = _____

5 × 6 = _____

5 × 7 = _____

5 × 8 = _____

5 × 9 = _____

5 × 10 = _____

Unidade 7

3 Complete a tabela da tabuada do 5.

Tabuada do 5

×	0	1	2	3	4	5	6	7	8	9	10
5	0	5	10								

Tabela elaborada para fins didáticos.

4 Calcule, complete e indique a multiplicação correspondente.

a) 5 dezenas de lápis correspondem a _____ lápis.

(_____ × _____ = _____)

b) Para formar 5 times de voleibol são necessários _____ jogadores.

(_____)

1 dezena de lápis.

c) Em 5 semanas há _____ dias. (_____)

d) Com 5 notas de R$ 5,00 temos a quantia de R$ _____ .

(_____)

As imagens não estão representadas em proporção.

Reprodução/Casa da Moeda do Brasil/Ministério da Fazenda

5 Complete a tabela das tabuadas do 2 ao 5. Depois, confira com a tabela de um colega.

Tabuadas do 2 ao 5

×	0	1	2	3	4	5	6	7	8	9	10
2					8						
3							18				
4		4				20					
5	0		10	15						45	

Tabela elaborada para fins didáticos.

6 Para contar os lápis, Fernanda formou grupos de 3. Depois ela registrou a contagem em uma reta numerada e relatou tudo o que fez.

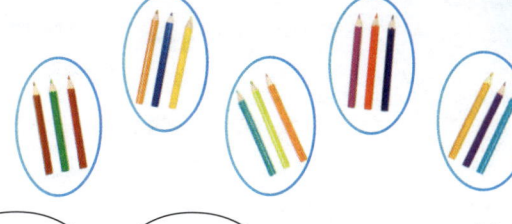

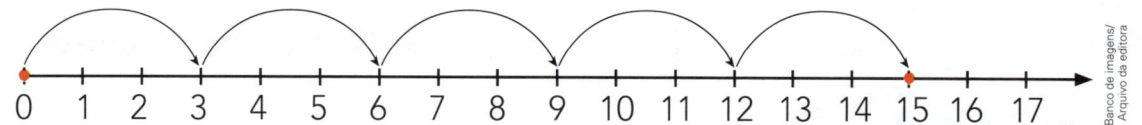

a) Faça esse mesmo tipo de contagem nos casos abaixo. Forme os grupos, registre na reta numerada e complete.

> Conto: 3, 6, 9, 12, 15.
> Ou multiplico:
> 5 vezes 3 é igual a 15.
> Logo, são 15 lápis.

As imagens não estão representadas em proporção.

Contagem das bolinhas de gude, com grupos de 2.

Conto: _____, _____, _____, _____, _____, _____.

_____ × _____ = _____   Total: _____ bolinhas.

Contagem das presilhas, com grupos de 4.

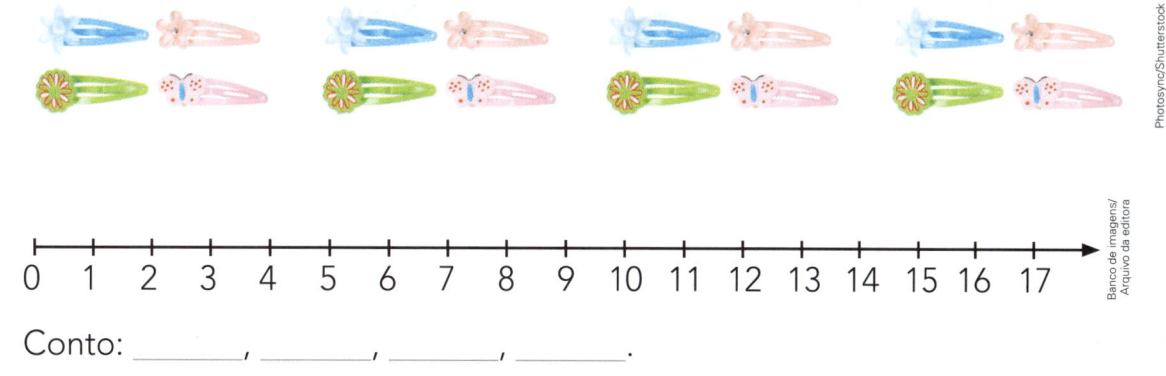

Conto: _____, _____, _____, _____.

_____ × _____ = _____   Total: _____ presilhas.

b) Agora, complete as sequências partindo do zero.

- De 5 em 5: 0, _____, _____, _____, _____, _____, _____, ...

- De 10 em 10: _____, _____, _____, _____, _____, _____, _____, ...

Tecendo saberes

Tarasov/Shutterstock

É hora do lanche! Que tal tomar um delicioso sacolé de frutas?

Você sabe o que é sacolé? Sacolé é um picolé **artesanal** servido dentro de sacos plásticos pequenos e compridos.

Essa é uma sobremesa bastante popular, conhecida por diferentes nomes: sacolé, din-din, chupa-chupa, geladinho, chup-chup, gelinho, laranjinha, suquinho e muitos outros.

Vamos fazer sacolés de frutas? É muito fácil.

Você vai precisar de 4 copos com frutas picadas, 2 copos de leite, 1 copo de água e 1 lata de leite condensado. Não se esqueça dos saquinhos próprios para sacolé.

Com a ajuda de um adulto, bata tudo no liquidificador, encha os saquinhos com um funil e coloque no congelador até ficarem bem duros. Não encha muito os saquinhos para poder fechá-los.

Com essa receita você faz 20 sacolés. Hummm, que delícia!

Foto: Copo com água: Tarasyuk Igor/Shutterstock
Fotos: Copos com leite: AfricaStudio/Shutterstock

Kelvin Wong/Shutterstock

Ingredientes para o sacolé.

Fonte de consulta: NO AMAZONAS É ASSIM. **Amazonês**. Disponível em: <noamazonaseassim.com.br/variacoes-do-nome-din-din>. Acesso em: 11 jul. 2017.

1 **ATIVIDADE ORAL EM GRUPO** Converse com os colegas e responda.

a) Você já tomou sacolé? _____

b) Como o sacolé é chamado no lugar onde você mora? _____

2 Responda.

a) O suco deve ser colocado nos saquinhos em estado líquido ou sólido?

_____

b) Por que precisamos colocar os saquinhos no congelador?

_____

_____

3 Agora, complete: Dizemos que depois de congelado o suco passou do estado _____ para o estado _____ .

4 Quero fazer 4 dezenas de sacolés usando a receita dada na página anterior. Complete.

a) Preciso preparar _____ saquinhos e devo repetir a receita _____ vezes.

b) Vou precisar de:

- _____ copos com frutas picadas;
- _____ copos de água;
- _____ copos de leite;
- _____ latas de leite condensado.

5 Procure no dicionário o significado da palavra **artesanal**, em destaque no texto.

_____

6 Copie do texto as palavras que terminam com **inho/inhos** ou **inha/inhas**. Depois, complete a frase.

_____

> Usamos **inho** ou **inha** para indicar tamanho _____ .

7 Alice faz sacolés e vende cada um por R$ 2,00. Marta, a vizinha dela, comprou para os sobrinhos 3 sacolés de manga, 2 de maracujá e 3 de coco.

a) Quanto Marta gastou? _____

b) Marta deu a quantia exata para pagar os sacolés. Isso quer dizer que Alice não precisou dar troco.

Usando as notas e as moedas do **Ápis divertido**, mostre 2 maneiras diferentes de pagar os sacolés sem receber troco.

Jogo da multiplicação, com roleta e cartões

As imagens não estão representadas em proporção.

Material

- 1 roleta
- 6 cartões numerados de 3 a 8
- 1 clipe
- 1 lápis

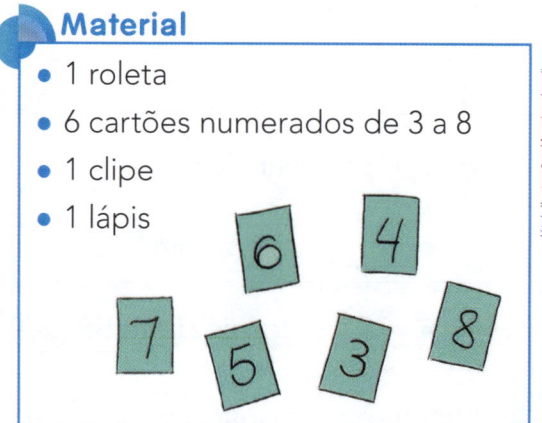

No início da partida, os cartões devem estar com o número virado para baixo. Cada jogador escreve o nome em uma das linhas abaixo.

O primeiro jogador posiciona o lápis e o clipe no centro da roleta, gira o clipe e observa o número em que o clipe parou. Em seguida, escreve esse número no quadrinho azul abaixo do próprio nome. Depois, o jogador desvira um dos 6 cartões e anota o número do cartão no quadrinho vermelho. Por fim, calcula o produto dos 2 números.

O segundo jogador faz o mesmo.

Ganha a rodada quem conseguir o maior produto.

Após 3 rodadas, vence a partida quem ganhar mais rodadas.

Jogadores ⟶ _____   _____

1ª rodada ⟶ ☐ × ☐ = ☐   ☐ × ☐ = ☐

2ª rodada ⟶ ☐ × ☐ = ☐   ☐ × ☐ = ☐

3ª rodada ⟶ ☐ × ☐ = ☐   ☐ × ☐ = ☐

Vencedor do jogo: _____

Mais atividades e problemas

1 **SESSÃO PIPOCA!**

Um cinema está fazendo uma promoção para um filme nacional.

Os pais de Luana deram a ela certa quantia.

Leia o bilhete que ela deixou para o amigo Luís. Depois, calcule e escreva quantos reais Luana recebeu.

Luís,

Meus pais me deram dinheiro para comprar 4 ingressos na promoção do cinema. Vá com a gente e vamos aproveitar juntos as férias!

Luana

_____

2 Ligue as multiplicações de mesmo produto.

| 2 × 8 = ? | 3 × 5 = ? | 4 × 5 = ? | 4 × 3 = ? |

| 5 × 3 = ? | 4 × 4 = ? | 2 × 6 = ? | 2 × 10 = ? |

As imagens não estão representadas em proporção.

3 **GRÁFICO DE COLUNAS**

Amélia foi ao sítio do avô dela. Lá ela viu galinhas, porcos e cabras. Descubra quantos animais de cada tipo ela encontrou pelas informações e pelo gráfico, coloque os números e complete o gráfico.

Animais do sítio

Gráfico elaborado para fins didáticos.

Galinhas: _____

Porcos (5 a menos do que

as galinhas): _____

Cabras (o dobro do número de porcos): _____

4 PESQUISA, TABELA E GRÁFICO DE SETORES

A escola de Marcos programou um passeio com todos os alunos do 2º ano. Foi feita uma votação com os alunos para escolher uma destas atividades.

Zoológico.

Circo.

Teatro.

Cinema.

O resultado dessa votação está registrado na tabela abaixo, com cores diferentes para cada atividade.

a) **ATIVIDADE ORAL EM GRUPO** Analise a tabela, converse com os colegas e pinte cada parte já delimitada no **gráfico de setores** com as cores das atividades.

Passeio dos alunos do 2º ano

Atividade	Quantidade de votos
Cinema	10
Circo	20
Zoológico	40
Teatro	30
Total	100

Tabela e gráfico elaborados para fins didáticos.

Passeio dos alunos do 2º ano

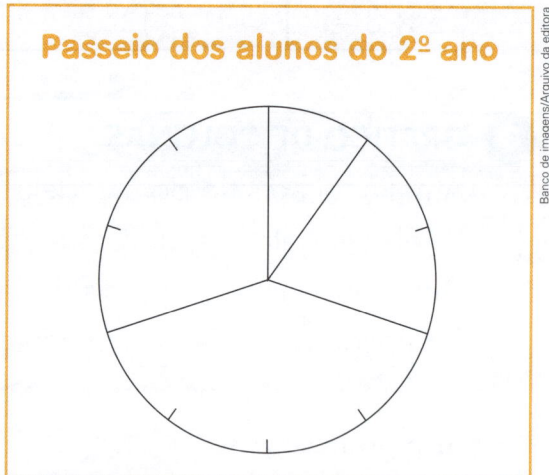

b) Agora, responda: Qual foi a atividade mais votada? _____

c) E a atividade menos votada? _____

d) Qual foi a atividade que teve o dobro de votos do circo? _____

e) Em qual atividade você votaria? _____

5 Serginho e Felipe foram jogar bolinhas no parque de diversões. Observe as jogadas deles e responda.

Serginho. Felipe.

a) Quantas bolinhas cada um jogou?

_____

b) Quantos pontos Serginho fez? _____

c) Quantos pontos Felipe fez? _____

d) Quem fez mais pontos nessas jogadas? _____

e) Qual é o número mínimo de pontos que cada um poderia fazer com a mesma quantidade de bolinhas? _____

f) E o número máximo? _____

6 Observe os desenhos.

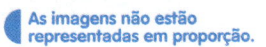 As imagens não estão representadas em proporção.

a) Há mais carros ou motos? Quantos a mais? _____

b) Qual é o número total de rodas de motos? _____

7 DESAFIO

Veja quanto custam com 3 bombons. Quanto Marisa vai gastar na compra

de 12 bombons? _____

R$ 5,00

Escolha um número para completar o primeiro quadrinho. Em seguida, indique a adição de quantidades iguais e a multiplicação correspondentes, faça os cálculos e complete o segundo quadrinho com o resultado.

a) Se 1 semana tem 7 dias, então ☐ semanas têm ☐ dias.

Operações:

b) Se 1 dúzia de laranjas corresponde a 12 laranjas, então ☐ dúzias correspondem a ☐ laranjas.

Operações:

c) Se para encher 1 jarra são necessários 5 copos de água, então para encher ☐ jarras são necessários ☐ copos de água.

Operações:

9 **OPERAÇÕES E MEDIDAS**

- Um jardineiro está cercando um canteiro retangular com tijolos. Ele também está cobrindo esse canteiro com placas de grama. Observe o que ele já fez.

Jotah Ilustrações/Arquivo da editora

a) Quantos tijolos o jardineiro vai usarnototal?_____

b) E quantas placas de grama? _____

c) Desenhe os tijolos e as placas que faltam e confira suas respostas.

- Ivo foi ao clube onde havia uma piscina com medida de comprimento de 20 metros. Ele nadou ida e volta 2 vezes. Quantos metros ele nadou?

_____

10 É POSSÍVEL DESCOBRIR?

Leia os itens e coloque um **X** naqueles em que não é possível descobrir o que se pede, por falta de informações.

Nos demais itens, calcule, responda e indique a operação efetuada.

☐ **a)** Miguel tem 2 estojos com canetas. Quantas canetas ele tem?

_____   _____

☐ **b)** Lia tem estas 5 notas. Quanto ela tem no total?

_____   _____

☐ **c)** Jairo somou 6 dezenas e 3 unidades com 2 dezenas e 2 unidades. Qual foi o número que ele obteve?

_____   _____

☐ **d)** Carol deu 10 balas para o irmão e 5 balas para a prima. Com quantas balas Carol ainda ficou?

_____   _____

☐ **e)** Cristina gastou R$ 20,00 na compra de cadernos. Quantos cadernos ela comprou?

_____   _____

11 Marcela tinha 4 notas de 5 reais e 5 notas de 2 reais. Ela separou 2 notas de 5 reais e 1 nota de 2 reais para comprar um caderno.

Com quanto ela ainda ficou? _____

> **Sugestões de...**
> **Livros**
> **E por falar em tabuada...** João Bianco e Mônica Marsola. São Paulo: Irmãos Vitale, 2010.
>
> **Onde estão as multiplicações?** Luzia Faraco Ramos e Faifi. São Paulo: Ática, 2012.

Vamos ver de novo?

1 Em cada item, calcule o valor total e registre.

a)   _____ centavos.

b)   _____ centavos.

c)   _____ centavos. ◖ **As imagens não estão representadas em proporção.**

2 Efetue as operações e, depois, coloque os resultados na cruzadinha de acordo com as indicações.

a) Triplo de 11: _____

b) $3 \times 7 =$ _____

c) $29 + 5 =$ _____

d) $50 - 8 =$ _____

e) $25 + 25 + 3 =$ _____

f) $2 \times 50 =$ _____

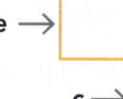

3 Veja os sólidos geométricos e assinale o quadrinho do sólido geométrico que tem o número de vértices igual ao número de faces. Depois, escreva o nome de cada sólido geométrico.

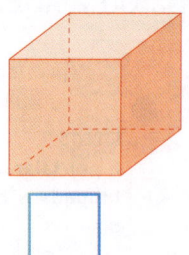 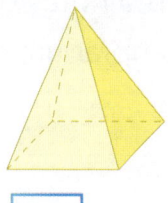 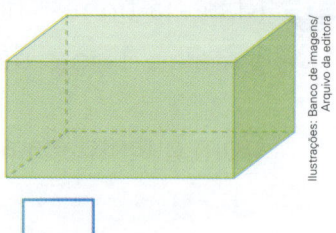

☐   ☐   ☐

_____   _____   _____

4 Nina tem 8 pulseiras. Quantas pulseiras a mais ela precisa para ter um total de 13 pulseiras? _____

O que estudamos

Vimos as ideias associadas à multiplicação e resolvemos problemas relacionados a essa operação.

- Juntar quantidades iguais.

  $\underbrace{5 + 5 + 5}_{3 \text{ vezes}} = 15$ ou $3 \times 5 = 15$

- Disposição retangular.

  Na caixa há
  8 sabonetes.
  2 linhas de 4:
  $2 \times 4 = 8$
  4 colunas de 2:
  $4 \times 2 = 8$

Jótah Ilustrações/Arquivo da editora

- Combinar possibilidades.

  Quantas duplas diferentes com 1 menino e 1 menina podemos formar com Júlio, Aldo, Maria, Laura e Neide?

J - M	J - L	J - N
A - M	A - L	J - N

  2 meninos e 3 meninas: 6 duplas.
  $2 \times 3 = 6$

Estudamos a noção de dobro (2 vezes) e de triplo (3 vezes).

- O dobro de 5 é 10, porque $\textcircled{2} \times 5 = 10$.
- O triplo de 5 é 15, porque $\textcircled{3} \times 5 = 15$.

Construímos as tabuadas do 2, do 3, do 4 e do 5, nas quais aparecem, por exemplo, estas multiplicações:

$2 \times 6 = 12$ $3 \times 7 = 21$ $4 \times 10 = 40$ $5 \times 5 = 25$

Resolvemos problemas envolvendo multiplicação, adição e subtração.

Gustavo comprou 1 caderno de 7 reais e 1 caneta de 6 reais. Ele pagou com 3 notas de 5 reais. De quanto foi o troco? 2 reais.

$7 + 6 = 13$ $3 \times 5 = 15$ $15 - 13 = 2$

- Você procura compreender as correções do professor?
- Você procura melhorar o que ele aponta? Lembre-se: o professor corrige para ajudar!

8 Divisão

Michel Ramalho/Arquivo da editora

- O que mostra esta cena?
- No bairro onde você mora há um espaço como este?
- Qual é o nome dos brinquedos que aparecem nesta cena?

Para iniciar

As crianças estão chegando ao parque e vão se distribuir nos brinquedos de modo que cada brinquedo tenha o mesmo número de crianças.

Para saber quantas crianças vão a cada brinquedo, podemos efetuar uma **divisão**. Nesta Unidade vamos iniciar os estudos sobre esta operação.

● Analise a cena das páginas de abertura desta Unidade. Converse com os colegas e respondam às questões a seguir.

Quantas crianças aparecem na cena? E quantos brinquedos?

É possível distribuir as crianças igualmente nos brinquedos? Se sim, então quantas crianças vão a cada brinquedo?

Se fossem 9 crianças e 3 brinquedos, então quantas crianças iriam a cada brinquedo?

E se fossem 7 crianças e 2 brinquedos?

● Converse com os colegas sobre mais estas questões. **As imagens não estão representadas em proporção.**

a) Nara vai distribuir igualmente estes lápis em 2 caixas. Quantos lápis ela deve colocar em cada caixa?

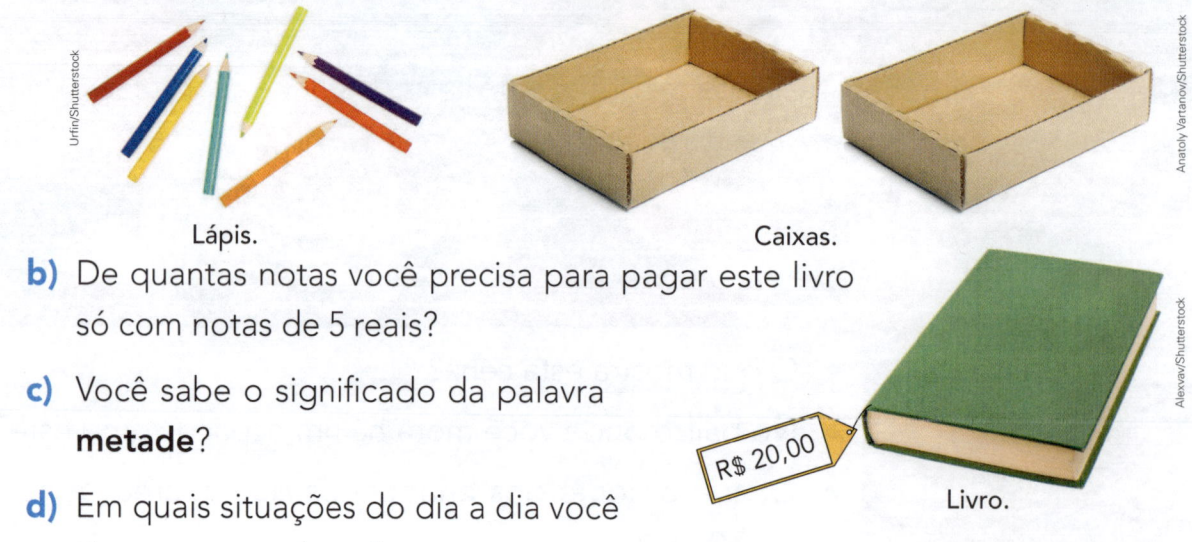

Lápis.

Caixas.

b) De quantas notas você precisa para pagar este livro só com notas de 5 reais?

c) Você sabe o significado da palavra **metade**?

R$ 20,00

Livro.

d) Em quais situações do dia a dia você já usou essa palavra?

Ideias da divisão

Repartir igualmente

1 **PROBLEMA**

Helena fez 18 bombons e vai reparti-los igualmente em 3 caixas.

Quantos bombons ela vai colocar em cada caixa?

Bombons.

Compreender

O que você sabe: Helena fez 18 bombons e vai reparti-los igualmente em 3 caixas.

O que você quer saber: quantos bombons devem ficar em cada caixa.

Planejar

Como Helena quer distribuir igualmente 18 bombons em 3 caixas, ela deve efetuar a **operação de divisão**, dividindo 18 por 3.

Indicamos: $18 \div 3$. Lemos: dezoito dividido por três.

Executar

Helena foi colocando 1 a 1 os bombons em cada caixa até acabarem. Observe e complete.

Caixas de bombons.

Número total de bombons: _____

Número de caixas: _____

Número de bombons em cada caixa: _____

_____ $\div$ _____ $=$ _____

Verificar

Como são 3 caixas e 6 bombons em cada uma, temos $3 \times 6 = 18$, que era a quantidade inicial de bombons. Assim, $18 \div 3 = 6$ e o cálculo está correto.

Responder

Complete: Helena colocará _____ bombons em cada caixa.

Você vai utilizar as fichas circulares do **Ápis divertido** para fazer esta atividade.

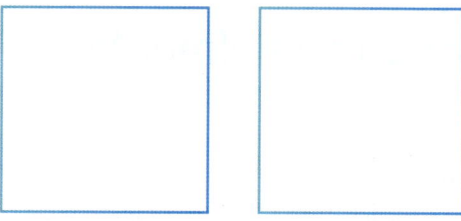

- Pegue 10 fichas. Distribua igualmente as 10 fichas em 2 grupos e desenhe-as nos espaços ao lado.

- Quantas fichas você colocou em cada grupo? _____

- Complete.

Neste caso, dizemos que _____ dividido por _____ é igual a _____.

↑	↑	↑
quantidade total de fichas	quantidade de grupos	quantidade de fichas em cada grupo

Indicamos assim: _____ ÷ _____ = _____

- **ATIVIDADE EM GRUPO** Agora, forme um grupo com mais 3 colegas. Peguem 16 fichas circulares e as repartam igualmente entre vocês 4.
Por fim, cada um indica no próprio livro a divisão correspondente.

_____ ÷ _____ = _____

Lima/Arquivo da editora

2 Camila quer repartir igualmente estas flores nos 2 vasos.

As imagens não estão representadas em proporção.

a) Ajude-a desenhando as flores em cada vaso.

Flores.

Vasos.

Sugestão de...
Livro
Tocaram a campainha. Pat Hutchins. São Paulo: Moderna, 2007.

b) **ATIVIDADE ORAL EM GRUPO** Converse com os colegas sobre o que ocorreu de diferente na divisão das flores em relação às divisões anteriores.

Medida (Quantos cabem?)

1 Para o torneio esportivo do 2º ano de uma escola, 20 alunos se inscreveram para formar os times de basquete masculino.

Quantos times serão formados?

Compreender

O que você sabe: são 20 alunos e cada time é formado por 5 jogadores. O que você quer saber: quantos times dá para formar com os 20 alunos, ou seja, **quantos grupos de 5 cabem em 20**.

Planejar

Para resolver essa situação, precisamos efetuar a divisão $20 \div 5$.

Executar

Formamos um time de 5 jogadores, depois outro time de 5, e assim por diante, até colocar os 20 alunos nos times.

 5

 5

 5

 5

Complete: 20 alunos em grupos de 5 formam 4 grupos. Então, $20 \div 5 = $ _____ .

Verificar

Para verificar se acertamos a divisão, efetuamos uma multiplicação.

Complete: Como $4 \times 5 = $ _____ , o cálculo está correto.

Responder

Complete: Serão formados _____ times de basquete.

Unidade 8

2 Forme conjuntos de 8 pedrinhas com as 16 pedrinhas abaixo.
Contorne-as com uma linha e depois indique a divisão.

_____ ÷ _____ = _____

3 Complete cada item para responder à pergunta.

As imagens não estão representadas em proporção.

a) Quantos grupos de 2 cabem em 6?

- Contorne as aves e complete a

divisão. _____ ÷ _____ = _____

- Agora, confira:

_____ × _____ = _____

b) Quantos grupos de 3 cabem em 9?

- Contorne os peixes e complete a divisão.

_____ ÷ _____ = _____

- Agora, confira:

_____ × _____ = _____

4 **ATIVIDADE EM DUPLA** Usem a criatividade: vocês podem utilizar palitos, botões, lápis, caixas, etc. ou fazer desenhos para descobrir o resultado de cada divisão. Depois, confiram se acertaram fazendo uma multiplicação e registrem.

a) 28 ÷ 4 = _____

_____

b) 16 ÷ 2 = _____

_____

c) 5 ÷ 5 = _____

_____

d) 15 ÷ 5 = _____

_____

Maneiras de efetuar a divisão

1 Fazer desenhos é uma boa estratégia para descobrir o resultado de uma divisão. Veja como Lia e Beto efetuaram a divisão $12 \div 3$.

Eu usei a ideia de repartir igualmente. Fui distribuindo bolinhas em 3 regiões até completar 12.

Eu usei a ideia de "quantos cabem". Verifiquei quantos grupos de 3 "cabem" em 12 tracinhos.

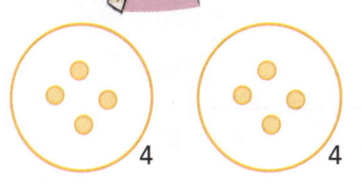 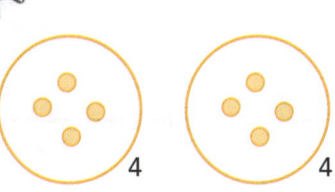

4   4   4

4 grupos de 3.

Ilustrações: Jotah Ilustrações/Arquivo da editora

Logo, $12 \div 3 = 4$.

a) Faça como Lia, descubra o resultado e complete.

$14 \div 2 = $ _____

b) Faça como Beto, descubra o resultado e complete.

$15 \div 5 = $ _____

c) Agora, faça desenhos da maneira que julgar mais conveniente, efetue as divisões e complete com os resultados.

$8 \div 4 = $ _____ $15 \div 3 = $ _____ $12 \div 2 = $ _____

2 Veja os desenhos que Ana fez e descubra a divisão correspondente a cada um deles.

a) 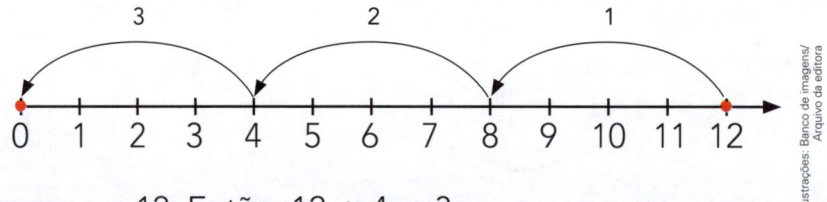 Repartindo igualmente:

_____ ÷ _____ = _____

b) Formando grupos:

_____ ÷ _____ = _____

3 A divisão também pode ser efetuada usando uma reta numerada.

Na divisão $12 \div 4$ devemos verificar quantas vezes o 4 cabe em 12. Observe.

Ilustrações: Banco de imagens/ Arquivo da editora

O 4 cabe 3 vezes em 12. Então, $12 \div 4 = 3$.

Agora é com você! Represente na reta numerada e complete o resultado de cada divisão.

a) $10 \div 2 =$ _____

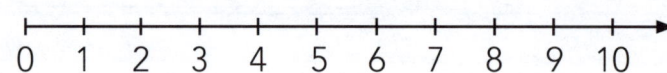

b) $6 \div 3 =$ _____

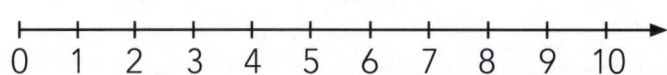

4 Maurício usou uma reta numerada para efetuar uma divisão. Observe e indique qual foi a divisão que ele efetuou.

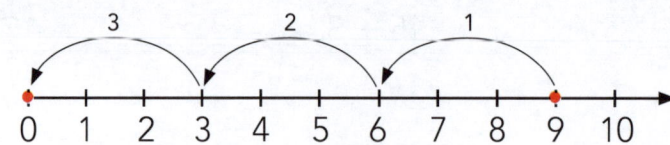

O nome do resultado da divisão é **quociente**.
Dizemos que o quociente de 10 por 5 é 2, pois $10 \div 5 = 2$.

5 Complete e indique a divisão correspondente.

a) O quociente de 8 por 2 é _____ , pois _____ .

b) O quociente de 12 por 4 é _____ , pois _____ .

c) O quociente de _____ por _____ é 10, pois _____ .

6 OS SALTOS DO SAPINHO NAS DIFERENTES OPERAÇÕES

Observe os saltos em cada reta numerada, indique a operação correspondente
e escreva o nome do resultado.

a)
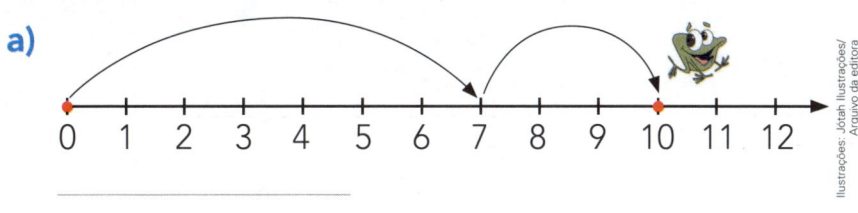

Ilustrações: Jótah Ilustrações/
Arquivo da editora

_____

_____ : _____

b)
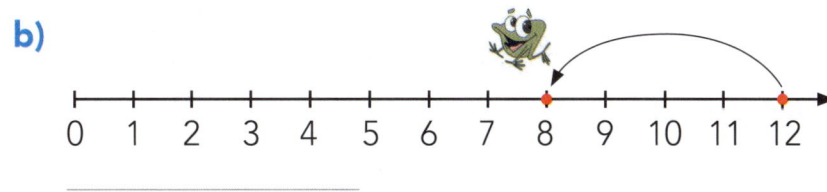

_____

_____ : _____

c)
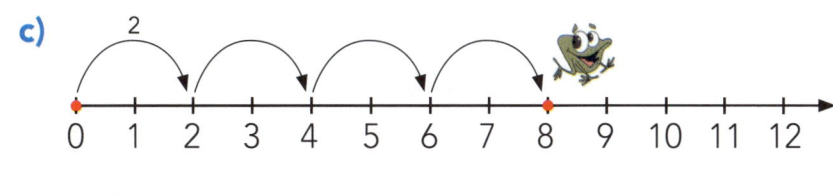

_____

_____ : _____

d)
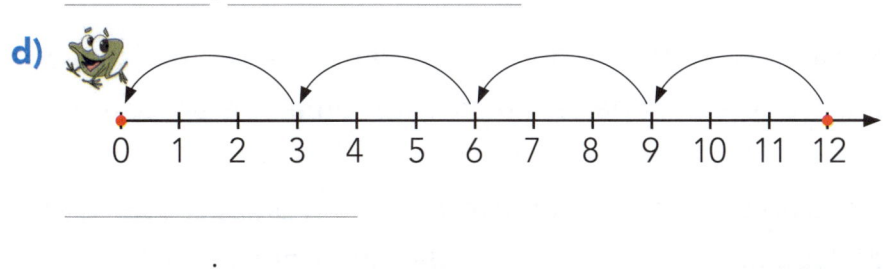

_____

_____ : _____

Unidade 8

Multiplicação e divisão: operações inversas

1 Coloque os números na operação indicada em cada cena.

___ × ___ = ___
↑   ↑   ↑
quantidade   quantidade   quantidade
de balanços   de crianças   total de
     em cada balanço   crianças

___ ÷ ___ = ___
↑   ↑   ↑
quantidade   quantidade   quantidade de
total de   de lados da   crianças em cada
crianças   gangorra   lado da gangorra

Agora, veja o que ocorre com os números 2, 4 e 8.

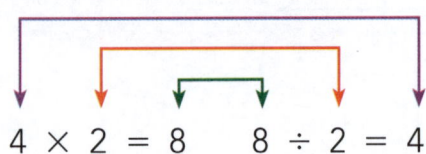 $4 \times 2 = 8$ $8 \div 2 = 4$

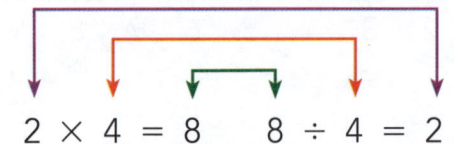 $2 \times 4 = 8$ $8 \div 4 = 2$

$4 \times 2 = 8$
$2 \times 4 = 8$
$8 \div 2 = 4$
$8 \div 4 = 2$

2 Escreva todas as multiplicações e as divisões que podem ser efetuadas com os 3 números dados em cada item.

a) 2, 3 e 6.

_____ _____

_____ _____

b) 4, 5 e 20.

_____ _____

_____ _____

c) 2, 7 e 14.

_____ _____

_____ _____

d) 3, 11 e 33.

_____ _____

_____ _____

3 **ATIVIDADE EM DUPLA** Viram só que interessante? A multiplicação reúne quantidades iguais; a divisão reparte igualmente. Uma operação faz o inverso da outra.

Usem objetos escolares e efetuem concretamente multiplicações e divisões com as quantidades trabalhadas nas atividades anteriores.

4 Veja mais um processo para efetuar uma divisão: usar uma multiplicação, a operação inversa.

Observe como Rodrigo pensou para efetuar 12 ÷ 4.

4 vezes um número é igual a 12. Qual é esse número? Ou qual número vezes 4 é igual a 12?

12 ÷ 4 = ?

12 ÷ 4 = 3, pois

3 × 4 = 12.

Faça como Rodrigo, descubra o quociente e justifique com a multiplicação correspondente.

a) 20 ÷ 2 = _____, pois _____.

b) 28 ÷ 7 = _____, pois _____.

c) 45 ÷ 5 = _____, pois _____.

5 Luana vai distribuir igualmente 24 lápis entre as primas dela e cada uma receberá 8 lápis.

Quantas são as primas de Luana? _____

6 **MAIS OPERAÇÕES**

Complete com o número correto em cada situação.

a) _____ + 80 = 96

b) _____ × 3 = 12

c) _____ ÷ 2 = 10

d) _____ − 36 = 41

e) 35 − _____ = 12

f) 6 × _____ = 18

g) 28 ÷ _____ = 7

h) 16 + _____ = 38

Metade e terça parte

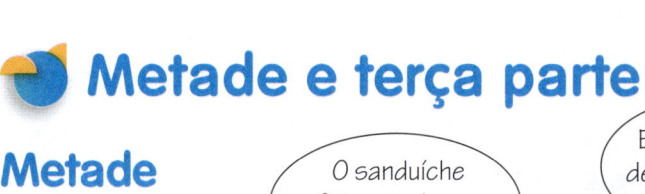

Metade

O sanduíche foi cortado em 2 partes iguais.

Então, cada um de nós ficará com a **metade**.

Na metade da corrida
Na metade da história
Se dois chegam primeiro
Dividem a vitória

Para achar a **metade**, separamos em 2 partes iguais.

1 Assinale só as frutas que estão cortadas em 2 metades.

As imagens não estão representadas em proporção.

☐ ☐ ☐ ☐

2 José desenhou e pintou 8 regiões quadradas.

Metade das regiões quadradas (4) ele fez em verde e metade (4) ele fez em amarelo.

Dizemos que 4 é a metade de 8, pois:

$$4 + 4 = 8 \quad \text{ou} \quad 2 \times 4 = 8$$

a) Agora é com você!

Desenhe e pinte 6 regiões triangulares, metade de uma cor e metade de outra.

b) Complete.

A metade de 6 é _____, pois _____ + _____ = _____ ou

_____ × _____ = _____.

3 Complete mais estes itens e confira as respostas com os colegas.

a) A metade de 10 é _____.

b) A metade de 14 é _____.

Terça parte

> A pizza está dividida em três partes iguais.

> Cada um ficará com a **terça parte** da pizza.

Para achar a **terça parte**, dividimos em 3 partes iguais.

1 Assinale as figuras em que a parte pintada indica a terça parte da figura.

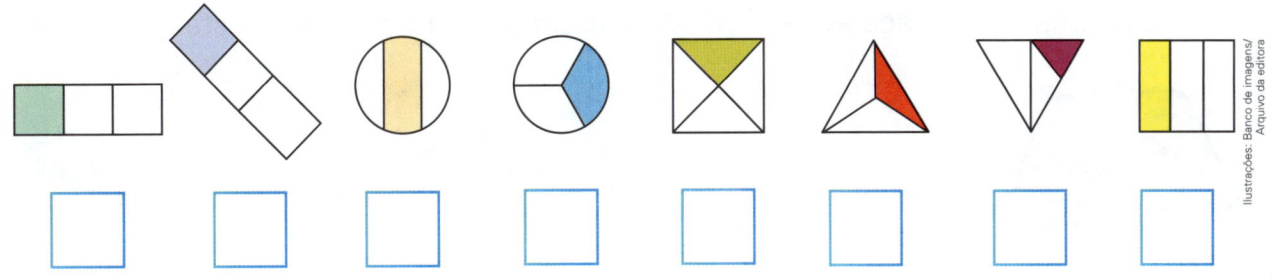

2 Marta separou 6 laranjas em 3 grupos de 2.

Dizemos que 2 é a terça parte de 6, pois 2 + 2 + 2 = 6 ou 3 × 2 = 6.

As imagens não estão representadas em proporção.

a) Agora, observe as 12 figuras abaixo.

Separe-as em 3 grupos com a mesma quantidade e pinte cada grupo de uma cor.

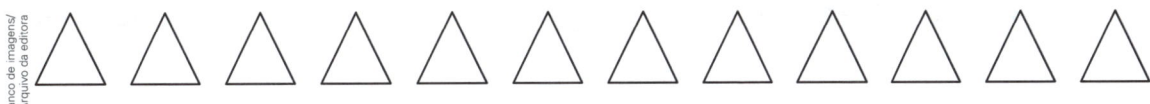

b) Por fim, complete.

A terça parte de 12 é _____, pois _____ + _____ + _____ = _____

ou _____ × _____ = _____.

Unidade 8

Mais atividades

1 CÁLCULO MENTAL

Pense, calcule e complete.

a) A metade de R$ 30,00 é R$ _____ .

b) A terça parte de R$ 30,00 é R$ _____ .

c) A terça parte de R$ 18,00 é R$ _____ .

d) A terça parte da metade de R$ 30,00 é R$ _____ .

2 Uma formiga está indo do formigueiro até a folha e já percorreu metade desse caminho.

Use uma régua, faça as medições necessárias e indique onde está a formiga.

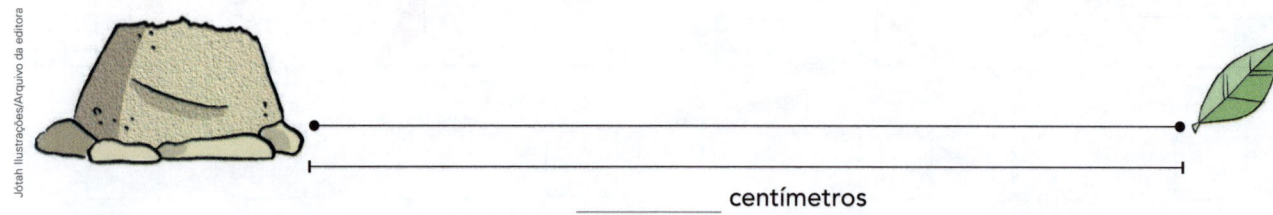

_____ centímetros

3 Veja nesta tabela alguns registros da pontuação de 3 crianças em um jogo.

Pontuação das crianças no jogo

Nome	Marcas	Pontuação
Renato	⧄⧄L	
Manu		6
Júlia	☐	

Tabela elaborada para fins didáticos.

a) Complete com as marcas e as pontuações que faltam na tabela.

b) Veja a pontuação dos jogadores e complete as frases com o nome deles.

- A pontuação de _____ é o dobro da pontuação de

  _____ .

- A pontuação de _____ é a terça parte da pontuação de

  _____ .

- _____ fez 2 pontos a mais do que _____ .

4 Escreva a quantia que cada criança tem e, depois, complete as frases.

> As imagens não estão representadas em proporção.

Juca.

_____ reais.

Sílvia.

_____ reais.

Paula.

_____ reais.

- A quantia de _____ é a metade da quantia de _____.

- A quantia de _____ é a terça parte da quantia de _____.

5 Leia com atenção e complete.

a) 2 a mais do que 20. ⟶ _____

b) 2 a menos do que 20. ⟶ _____

c) O dobro de 20. ⟶ _____

d) A metade de 20. ⟶ _____

e) 3 a mais do que 6. ⟶ _____

f) 3 a menos do que 6. ⟶ _____

g) O triplo de 6. ⟶ _____

h) A terça parte de 6. ⟶ _____

6 **PROBLEMAS**

- Lívia tem um caderno de 96 folhas. Ela já usou metade das folhas.

  a) Quantas folhas ela usou? _____

  b) Quantas folhas ainda restam para ela usar? _____

- Paulo, Rui e Betina repartiram 30 figurinhas. Paulo ficou com a metade do total, Rui ficou com a terça parte do total e Betina ficou com as figurinhas restantes.

  Com quantas figurinhas Betina ficou? _____

7 **ATIVIDADE ORAL EM DUPLA** Faça uma pergunta para um colega, usando a palavra **metade**. Ele responde e você confere.

Depois, o colega faz uma pergunta usando **terça parte**. Você responde e ele confere.

8 Vamos completar frases?

As imagens não estão representadas em proporção.

a) Primeiro, conte as frutas em cada cesta e registre o número correspondente.

_____ laranjas.   _____ maçãs.   _____ mamões.   _____ abacaxis.

b) Agora, complete cada frase com o nome de uma fruta e com uma das expressões dos quadrinhos.

| o dobro | a metade | o triplo | a terça parte |

- O número de _____ é _____ do número de abacaxis.

- O número de mamões é _____ do número de _____.

- O número de _____ é _____ do número de maçãs.

- O número de laranjas é _____ do número de _____.

c) Agora um desafio! Usando todas as frutas, complete mais esta frase.

- A soma do número de _____ com o número de _____

  é o dobro da soma do número de _____ com o número de

  _____, pois _____ é o dobro de _____.

🐦 Mais atividades e problemas com as 4 operações

Na resolução de um problema, é sempre bom lembrar estas etapas.

Compreender **Planejar** **Executar**
Verificar **Responder**

1 Flávia está arrumando livros em uma estante. Ela quer distribuir igualmente 12 livros em 3 prateleiras. Quantos livros ela colocará em cada prateleira? Responda, desenhe os livros em cada prateleira e indique a divisão correspondente.

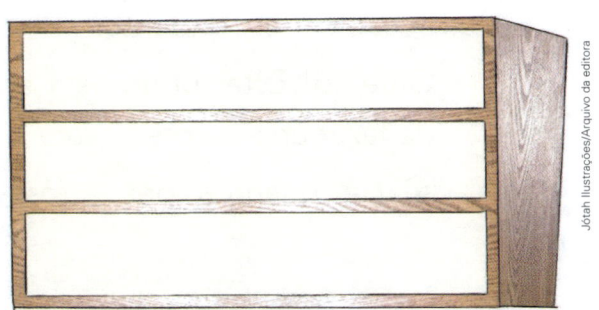

_____   _____

2 Vamos contar as cabeças e as patas da bicharada? Em um quintal há 3 coelhos e 4 galinhas.

a) Quantas são as cabeças de animais? _____

b) Quantas são as patas de animais? _____

Coelho.   Galinha.

c) **ATIVIDADE ORAL EM GRUPO** Como você fez para descobrir as respostas? Explique aos colegas.

3 Leia, pense e resolva.

As imagens não estão representadas em proporção.

a) Se Rafaela dobrar a quantia que tem, então ela ficará com R$ 18,00.

Qual é a quantia que Rafaela tem? _____

b) Para fazer um suco, Celso vai usar 4 laranjas, que correspondem à metade das laranjas que ele tem na fruteira. Quantas laranjas Celso tem na fruteira?

Fruteira com laranjas.

_____

c) Se Marcelo gastar R$ 42,00, então ele ficará com R$ 16,00. Quantos reais Marcelo tem? _____

As imagens não estão representadas em proporção.

4 Continue a história, invente um problema e depois resolva-o. Leda tem 3 sobrinhas. Ela comprou 6 bonecas.

Bonecas.

_____

5 Observe as imagens e responda aos itens. No item **b** de cada situação, indique a divisão correspondente.

- Olhe só! Esta turma está escondida atrás do portão esperando a hora de fazer uma surpresa para o amigo que está chegando.

  a) Há quantos pés atrás do portão?

  _____

  b) Há quantas pessoas? _____

  _____ ÷ _____ = _____

- Cuidado! Não abra a porteira, pois os cavalos podem escapar!

  a) Há quantas patas? _____

  b) Há quantos cavalos? _____

  _____ ÷ _____ = _____

6 **É HORA DE CONSTRUIR SEQUÊNCIAS!**

a) Forme uma sequência de 6 números, na qual o 1º número é 32 e, a partir do 2º, cada número é 11 a mais do anterior.

_____, _____, _____, _____, _____, _____.

b) Forme uma sequência de 5 números, na qual o 1º número é 80 e, a partir do 2º, cada número é a metade do anterior.

_____, _____, _____, _____, _____.

c) Forme uma sequência de 4 números, na qual o 1º número é 27 e, a partir do 2º, cada número é a terça parte do anterior. _____

d) Forme uma sequência de 6 números, na qual o 1º número é 75 e, a partir do 2º, cada número é 15 a menos do que o anterior. _____

7 Complete com **sempre**, **nunca** ou **às vezes**.

a) Número ímpar + número ímpar. ⟶ _____ dá um número ímpar.

b) Número ímpar × número ímpar. ⟶ _____ dá um número ímpar.

c) Número ímpar + número par. ⟶ _____ dá um número ímpar.

d) Número par ÷ por 2. ⟶ _____ dá um número ímpar.

e) Resultados da tabuada do 3. ⟶ _____ são números ímpares.

f) Resultados da tabuada do 4. ⟶ _____ são números ímpares.

> As imagens não estão representadas em proporção.

8 Complete a tabela.

Metade e dobro

Número	2	4	6	8	10	12	14	16
Metade	1	2	3					
Dobro	4	8	12					

Tabela elaborada para fins didáticos.

9 Aldo comprou 2 quilogramas de carne e 4 litros de suco e pagou com 3 notas de 10 reais.

Quanto ele recebeu de troco?

_____

R$ 3,00   R$ 8,00

Jótah Ilustrações/Arquivo da editora

10 **DESAFIO**

Quem sou? Descubra e complete.

Sou a metade de um destes 4 números.

Sou o dobro de outro deles.

Sou o número _____.

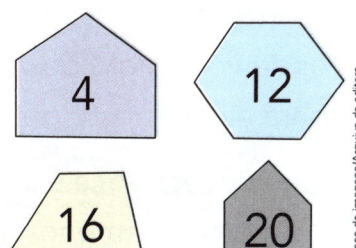

4   12
16   20

Banco de imagens/Arquivo da editora

Unidade 8

Tecendo saberes

Material reciclável

Produzimos muito lixo ao longo de nossa vida! A casca de uma banana vai para a lixeira. A embalagem de um sanduíche é jogada na lixeira. Um aparelho eletrônico quebrado perde a utilidade e é descartado.

Você já parou para pensar na quantidade de lixo que você gera em 1 dia? Ou pensou no destino que é dado ao lixo? Observe esta foto.

Separação de materiais recicláveis na associação dos catadores de materiais recicláveis de Jequitinhonha, Minas Gerais. Foto de 2019.

1 ATIVIDADE ORAL EM GRUPO (TODA A TURMA)

a) Você sabe qual é o caminho que o lixo percorre?

b) O que a foto acima representa?

c) O que é material reciclável?

d) Existe material que não pode ser reciclado?

e) Você já viu lixeiras como estas ao lado? Para que elas servem?

f) Há lixeiras como essas na escola?

Lixeiras de coleta seletiva.

g) Você e seus familiares fazem a separação de materiais recicláveis na sua casa? Há coleta de materiais recicláveis no bairro onde você mora ou vocês levam o lixo para algum posto de coleta?

h) Quais ações você e seus familiares tomam ou poderiam tomar no dia a dia para produzir menos lixo?

2 Pensando na produção de lixo no planeta, a escola em que Gino estuda promoveu uma semana de coleta de materiais recicláveis. Os alunos da turma de Gino recolheram jornais.

Analise as informações sobre os jornais que eles recolheram e complete o gráfico.

- Terça-feira: o triplo de material recolhido na segunda-feira.

- Quarta-feira: a metade do material recolhido na terça-feira.

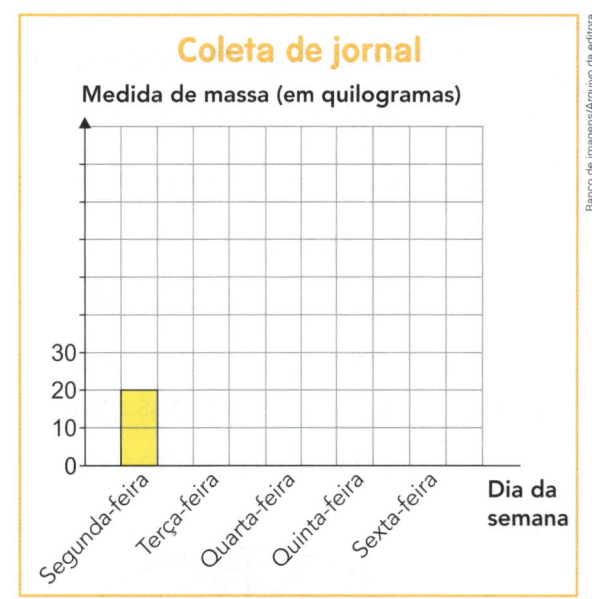

Gráfico elaborado para fins didáticos.

- Quinta-feira: 10 quilogramas a menos do que na terça-feira.

Os **eixos** deste gráfico são as linhas vertical e horizontal onde representamos os dados da pesquisa. Converse com os colegas sobre o que está representado em cada eixo do gráfico.

- Sexta-feira: 10 quilogramas a mais do que na quarta-feira.

3 **ATIVIDADE EM DUPLA** Analisem os dados do gráfico da atividade anterior.

a) Em qual dia a turma recolheu mais jornal? _____

b) Quantos quilogramas foram recolhidos na terça e na quarta-feira juntas?

_____

c) Formulem mais uma questão e passem para outra dupla responder. Vocês respondem à pergunta criada por ela.

Jogo das 4 operações

Em cada rodada, os participantes devem:

- girar um clipe na roleta;

- localizar a operação que aparece na coluna e na linha obtidas;

- efetuar a operação mentalmente.

Exemplo: coluna **B** e linha **F** ⟶ Operação: 2×9 ⟶ Resultado: 18

Quem conseguir o resultado maior na rodada, marca um **X** na tabela de pontuação. Com resultados iguais na rodada, os 2 jogadores marcam **X**.

Vence a partida quem marcar mais pontos após 5 rodadas.

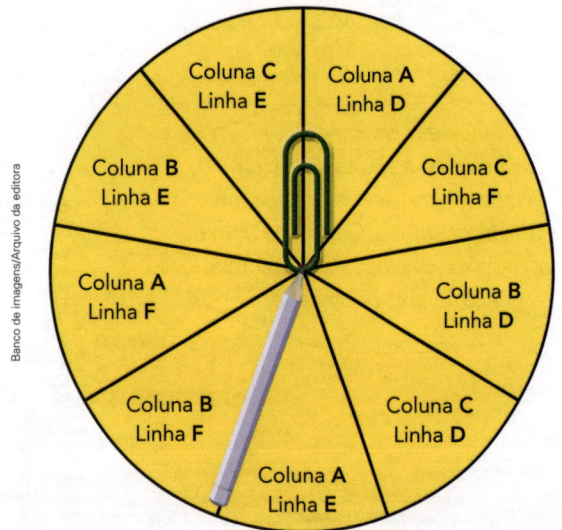

	A	B	C
F	$40 \div 2$	2×9	$22 - 3$
E	3×5	$18 \div 3$	4×4
D	$7 + 7$	$27 - 10$	$19 + 2$

Tabela de pontuação

Nome \ Rodada	1ª	2ª	3ª	4ª	5ª

Tabela elaborada para fins didáticos.

Vencedor: _____

Vamos ver de novo?

1 Bianca fez o levantamento dos preços de alguns produtos em uma loja. Analise as situações e complete as tabelas com os preços que faltam.

◀ As imagens não estão representadas em proporção.

Livros

Quantidade	Preço
1	R$ 7,00
2	R$ _____

Bonecas

Quantidade	Preço
1	R$ _____
4	R$ 80,00

Ursos de pelúcia

Quantidade	Preço
2	R$ 18,00
3	R$ _____

Tabelas elaboradas para fins didáticos.

2 Marque um **X** no sólido geométrico que tem mais vértices e uma ● no que tem menos vértices.

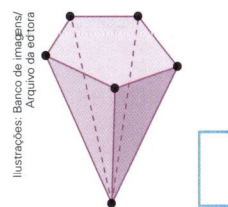 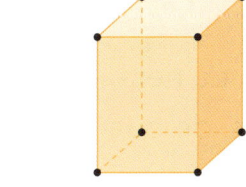 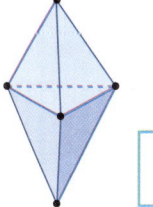

3 ATIVIDADE EM DUPLA

Leia a tirinha ao lado. Invente um problema cuja resposta seja 10. Registre-o e, depois, passe para um colega resolver. Você resolve o problema que ele elaborou.

Charles M. Schulz. **Você tem muito o que aprender, Charlie Brown!** São Paulo: Conrad, 2004. p. 124.

4 MEDALHAS DE OURO NOS JOGOS OLÍMPICOS RIO 2016

Estados Unidos, Reino Unido e China foram os 3 maiores ganhadores de medalhas de ouro nos Jogos Olímpicos Rio 2016. Veja algumas informações.

- A China ganhou 26 medalhas de ouro.

- O Reino Unido ganhou 19 medalhas de ouro a menos do que os Estados Unidos.

- Os Estados Unidos ganharam 20 medalhas de ouro a mais do que a China.

Faça os cálculos e registre quantas medalhas de ouro cada país ganhou.

Fonte de consulta: RIO 2016. **Jogos Olímpicos**. Disponível em: <www.rio2016.com/quadro-de-medalhas-paises>. Acesso em: 5 ago. 2019.

Estados Unidos.

Reino Unido.

China.

_____ medalhas de ouro.   _____ medalhas de ouro.   _____ medalhas de ouro.

◖ **As imagens não estão representadas em proporção.**

5

Para fazer os refrescos da festinha da neta, Elvira vai precisar de 2 dúzias de limões. Como ela já tem 15 limões, de quantos mais ela vai precisar?

_____

O que estudamos

Exploramos as ideias da divisão.

- **Repartir igualmente.**
  Repartir igualmente 6 reais entre 2 crianças.

$6 \div 2 = 3$

Cada criança ficou com 3 reais.

- **Quantos cabem?**
  Quantas equipes de 3 crianças podemos formar com 12 crianças?

$12 \div 3 = 4$

Podemos formar 4 equipes.

Vimos maneiras de efetuar uma divisão, como o uso de uma reta numerada.

$12 \div 4$

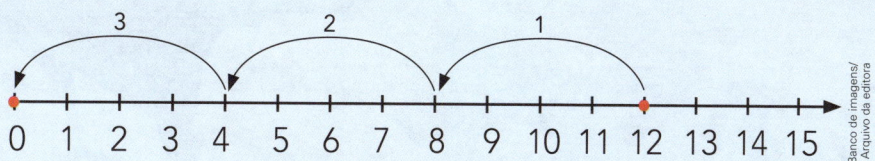

Quantas vezes o 4 cabe em 12? O 4 cabe 3 vezes em 12.

$$12 \div 4 = 3$$

Estudamos a noção de metade e de terça parte.

- A metade de 10 é 5, porque $10 \div 2 = 5$.
- A terça parte de 12 é 4, pois $12 \div 3 = 4$.

Resolvemos problemas envolvendo as operações de adição, subtração, multiplicação e divisão.

- Você e os colegas dividem as tarefas nas atividades em grupo? É muito importante a participação de todos.
- Você compartilha seu material escolar com os colegas quando é necessário? Ajude quem precisa!

duzentos e quarenta e sete 247

Para iniciar ◯ ◯

Em muitas situações do dia a dia usamos medidas. Uma receita culinária é um exemplo disso.

Nesta Unidade vamos estudar um pouco mais as medidas das grandezas intervalo de tempo, comprimento, capacidade e massa.

- Analise a cena das páginas de abertura desta Unidade. Converse com os colegas e respondam às questões a seguir.

100 gramas de farinha é uma medida de qual grandeza?

E meio litro de leite é uma medida de qual grandeza?

Se for feita meia receita, então quantos pães de mel serão feitos?

Além da hora, quais outras unidades de medida de intervalo de tempo você conhece?

Ilustrações: Jotah Ilustrações/Arquivo da editora

- Converse com os colegas sobre mais estas questões.

As imagens não estão representadas em proporção.

a) Em qual dia, mês e ano você nasceu? Qual grandeza está envolvida nesta questão?

b) Com qual "peso" você nasceu? Aqui temos a medida de qual grandeza?

c) Com quantos centímetros você nasceu? Essa é a medida de qual grandeza?

d) Você demora mais minutos para escovar os dentes ou para tomar banho?

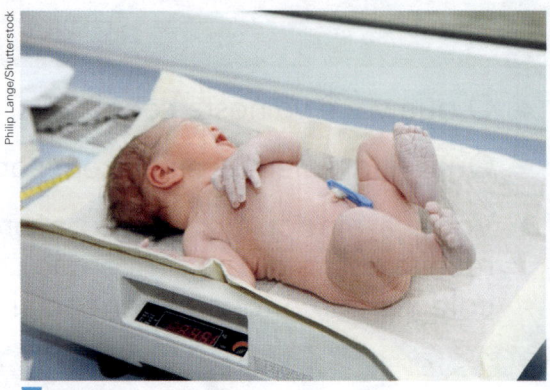

Criança recém-nascida.

Philip Lange/Shutterstock

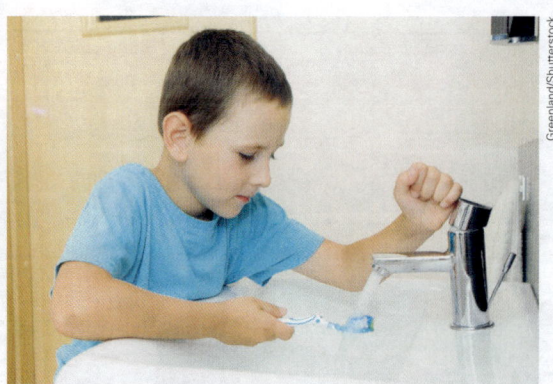

Criança escovando os dentes.

Greenland/Shutterstock

Tipos de grandeza

1 Escreva o nome da grandeza que cada instrumento mede.

As imagens não estão representadas em proporção.

Relógio.

Fita métrica.

Copo.

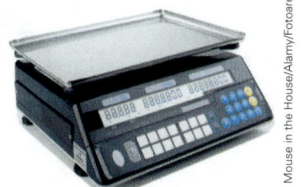
Balança.

_____   _____   _____   _____

2 Observe as imagens.

Fabrício.   Maurício.

a) Quem é mais alto: Fabrício ou Maurício?

_____

b) O que pesa mais: o abacaxi ou o melão?

_____

c) Onde cabe mais líquido: na garrafa ou no copo?

_____

d) Agora, escreva o nome da grandeza envolvida em cada item.

_____

_____

Unidade 9

Grandeza intervalo de tempo e algumas unidades de medida

Horas inteiras ou horas exatas

Ninguém é mais genial
Do que aquele amigo
Que é sempre pontual
E se importa comigo.

Em 1 dia temos 24 horas.

E você já deve saber que, em um relógio de ponteiros, quando o ponteiro grande está no 12, o ponteiro pequeno marca horas exatas.

Para indicar o horário que um relógio de ponteiros está marcando, precisamos saber se estamos antes ou depois do meio-dia.

1 Observe o relógio ao lado.

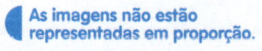

a) Complete o horário que ele pode estar marcando em cada situação.

- O começo de um dia: _____ hora.

- O fim de um dia: _____ horas.

- A metade de um dia (meio-dia): _____ horas.

◀ As imagens não estão representadas em proporção.

b) **ATIVIDADE ORAL EM GRUPO** Você sabe explicar por que, quando o relógio marca 12 horas, podemos dizer que ele está marcando meio-dia?

Para responder, pense: Quantas horas há em 1 dia? E quantas horas há em meio dia? Converse com os colegas.

Jean Galvão. Revista **Recreio**. São Paulo, mar. 2006, Edição Especial. Tirinhas.

2 **ATÉ O MEIO-DIA**

Pense nos horários de um dia, até o meio-dia.

a) Complete: Esses horários vão de _____ hora até _____ horas.

b) Agora, observe os exemplos e complete os demais horários.

4 horas da manhã. 10 horas da manhã. _____ horas da manhã. _____ horas da manhã.

4:00 10:00 _____ : _____ _____ : _____

3 **DEPOIS DO MEIO-DIA**

Observe os exemplos e complete os demais horários.

1 hora da tarde ou 13 horas $(12 + 1 = 13)$.	8 horas da noite ou 20 horas $(12 + 8 = 20)$.	_____ horas da tarde ou _____ horas.	_____ horas da noite ou _____ horas.
13:00	20:00	_____ : _____	_____ : _____

15:00

_____ horas ou

_____ horas da _____ .

19:00

_____ horas ou

_____ horas da _____ .

4 Complete e depois confira a resposta dos colegas.

a) 1 dia tem _____ horas.

b) O período da manhã vai da _____ hora às _____ horas.

c) O período da tarde vai das _____ horas às _____ horas.

d) O período da noite vai das _____ horas às _____ horas.

5 **ATIVIDADE EM DUPLA** Usem os relógios de ponteiros do **Ápis divertido** e inventem brincadeiras, sempre com horas exatas.

Vejam 2 sugestões.

1ª) Um aluno diz o horário e o outro acerta os ponteiros, ou vice-versa.

2ª) Um aluno acerta o relógio no horário que quiser e diz o que o outro deve fazer. (Por exemplo: adiantar 3 horas, atrasar 2 horas, etc.) O outro aluno acerta o relógio de acordo com as instruções.

6 Desenhe os ponteiros nos relógios dos itens **a** e **b** e registre os horários nos relógios digitais dos demais itens.

As imagens não estão representadas em proporção.

a) 5 horas da manhã.

b) 16 horas.

c) 9 horas da manhã.

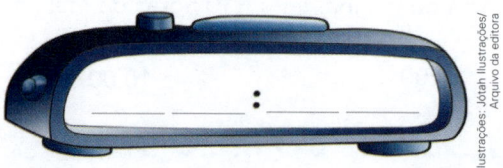

d) 9 horas da noite.

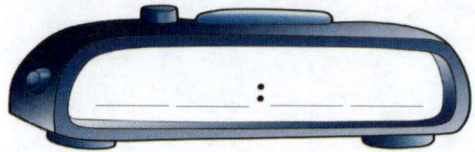

e) Meio-dia.

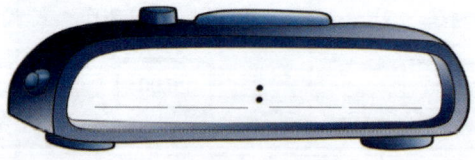

Ilustrações: Jotah Ilustrações/ Arquivo da editora

7 **ATIVIDADE ORAL** Marina tem um jeito especial de anotar os horários na agenda dela. Ela desenha reloginhos e escreve os horários. Veja.

Início do trabalho.

7 horas.

Ir ao dentista.

15 horas.

Festa de aniversário da minha amiga Vera. Parabéns!

20 horas.

Ilustrações: Jotah Ilustrações/ Arquivo da editora

a) Por que Marina anotou 15 horas e não 3 horas?

b) E por que ela anotou 20 horas e não 8 horas?

8 Observe nos quadros cenas de um dia comum de algumas crianças. Pinte o relógio digital que está marcando o horário mais conveniente a cada cena.

Michel almoçando.

7:00   12:00   20:00

Cátia indo dormir, à noite.

3:00   21:00   17:00

Lívia escovando os dentes após o jantar.

19:00   14:00   3:00

Felipe jogando futebol no final da tarde.

23:00   11:00   17:00

Celso na escola, no período da manhã.

3:00   9:00   15:00

Eliana vendo TV, à noite.

16:00   4:00   20:00

9 Veja na agenda de Alice as anotações que ela fez no dia 2 de outubro.

outubro

2

escola – 7:00
saída da escola – 12:00
almoço na casa da
vovó – 13:00
aula de inglês – 16:00
lanche com a
família – 19:00

3   outubro

a) Qual compromisso Alice tem na parte da manhã? _____

b) Complete: Esse compromisso começa às _____ horas e termina às

_____ horas ou ao _____. Ele dura _____ horas.

c) Qual é o compromisso de Alice às 4 horas da tarde? _____

d) Em qual horário ela lancha com a família? _____

e) O lanche está marcado para o período da manhã, da tarde ou da noite?

_____

As imagens não estão representadas em proporção.

10 **ATIVIDADE ORAL EM GRUPO** Entre os relógios mais antigos estão o relógio de sol e o relógio de areia (ampulheta).

Observe as fotos e converse com os colegas sobre como vocês acham que esses relógios funcionam.

Relógio de sol.

Relógio de areia ou ampulheta.

11 Uma empresa de transportes estabeleceu que os motoristas, a cada 3 horas dirigindo, devem descansar por 1 hora.
Suponha que um motorista faça uma viagem das 7 horas às 18 horas.

a) Faça as marcações no relógio abaixo e complete os horários. A 1ª etapa já está feita.

- Marque de verde os períodos que indicam a passagem de tempo de cada etapa da viagem em que o motorista está dirigindo.
- Marque de azul os períodos de descanso de acordo com a norma da empresa.

As imagens não estão representadas em proporção.

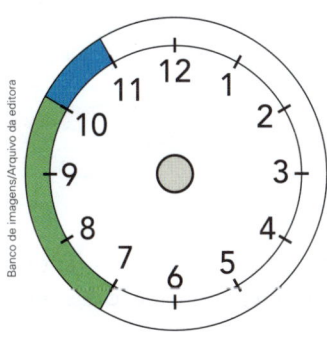

Saída: às 7 horas.

1ª etapa: das 7 horas às 10 horas.

Descanso: das 10 horas às 11 horas.

2ª etapa: das _____ horas às _____ horas.

Descanso: das _____ horas às _____ horas.

3ª etapa: das _____ horas às _____ horas.

Chegada: às _____ horas.

b) Indique qual foi a medida de intervalo de tempo decorrido, em horas, do momento da saída até o momento da chegada nessa viagem.

_____

 **12** **ATIVIDADE ORAL EM GRUPO** Converse com os colegas.

a) Por que é importante o descanso durante a jornada de trabalho?

b) Na escola, em quais momentos os alunos e professores descansam?

c) Quais são os riscos de uma jornada excessiva de trabalho sem descanso? Dê exemplos.

Dia e semana

1 **dia** tem 24 horas!
1 **semana** tem
7 dias!

Anote seus compromissos

Em uma agenda bacana

Em cada hora do dia

Nos 7 dias da semana.

Saiba mais

24 horas ou 1 dia é a medida de intervalo de tempo que o planeta Terra gasta para fazer um movimento completo em torno do próprio eixo.

Esse é o movimento de **rotação** da Terra.

Representação artística em cores fantasia do movimento de rotação da Terra.

1 Pense e responda.

a) Qual dia da semana é hoje? _____

b) E ontem, qual dia da semana foi? _____

c) E amanhã, qual dia da semana será? _____

2 Responda.

a) Se o dia 6 é sexta-feira, então qual dia da semana será o dia 10 do mesmo mês? _____

b) Se o dia 23 é domingo, então qual dia da semana foi o dia 20 do mesmo mês?

_____

Saiba mais

1 semana tem 7 dias por causa das fases da Lua. Há muitos e muitos anos, o ser humano descobriu que, a cada 7 dias, aproximadamente, a Lua era vista de forma diferente.

Esse intervalo de tempo recebeu o nome de *septimana*, que significa "período de 7 dias", e deu origem ao nome **semana**, que usamos hoje.

Lua crescente, cheia e minguante: Korionov/Shutterstock
Lua nova: erz_72/Shutterstock

Representação artística das fases da Lua.

---

3 Observe as atividades que Vanessa realiza todas as semanas, após a escola.

Lima/Arquivo da editora

Dom.	Seg.	Ter.	Qua.	Qui.	Sex.	Sáb.
			01	02	03	04
05	Aula de natação 06	Aula de dança 07	08	Aula de natação 09	10	11

a) Em qual dia da semana Vanessa tem aulas de dança?

_____

b) Em 4 semanas, quantas aulas de natação ela tem? _____

c) Há dias da semana em que ela não faz atividades? Se sim, em quais dias?

_____

d) A cada quantos dias Vanessa tem aulas de dança? _____

e) Após a aula de natação de quinta-feira, quantos dias faltam para a próxima aula de natação? _____

Mês e ano

1 Consulte um calendário e preencha os quadros.

> Gosto de fazer planos
> Olhando um calendário
> Em 12 meses do ano
> Vejo o meu aniversário!

1 **ano** tem 12 meses! E quantos dias 1 **mês** tem?

Número do mês	Mês	Número de dias
1	Janeiro	31
2	Fevereiro	28 ou 29

Número do mês	Mês	Número de dias
7		

Saiba mais

1 ano é a medida de intervalo de tempo aproximado que a Terra demora para dar 1 volta ao redor do Sol.

Esse é o movimento de **translação** da Terra.

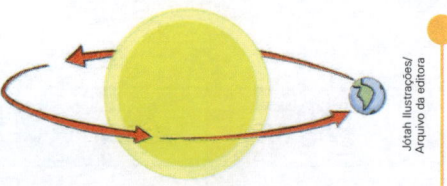

Representação artística sem escala e em cores fantasia do movimento de translação da Terra ao redor do Sol.

2 Os anos em que o mês de fevereiro tem 29 dias são chamados **anos bissextos**. Consulte um calendário e veja se este ano é bissexto e qual será o próximo ano bissexto. _____

3 ## O que é, o que é:

Uma árvore com doze galhos,
cada galho com quatro ninhos,
cada ninho com sete passarinhos?

Liliana Iacocca. **Palavra livre 1: atividade de linguagem**. São Paulo: Ática, 1996.

Responda à charada. Dica: a árvore é o ano.

4 **Calendário do mês**

a) Preencha o calendário de acordo com o mês e o ano em que estamos.

b) Quantos dias este mês tem? _____

c) Quantos dias de aula? _____

d) Quantos sábados? _____

e) Em qual dia da semana o último dia do mês cai? _____

f) Quantos dias há de um domingo até o domingo seguinte? _____

Mês: _____

Ano: _____

D	S	T	Q	Q	S	S

Banco de imagens/Arquivo da editora

5 Rafael fez aniversário no dia 9 de maio de 2020. Veja como ele anotou essa data na agenda.

9/5/20

Veja mais estes exemplos e faça o mesmo com as demais datas.

16 de junho de 2005 | 16/6/05   21/4/98 | 21 de abril de 1998

a) 17 de fevereiro de 1999: _____

b) 15/3/19: _____

c) O dia de hoje: _____ / _____ / _____ ou _____

d) Seu nascimento: _____ ou _____ / _____ / _____

6 Em determinado ano, o dia 10/3 cai em um sábado.

a) Há quantos sábados nesse mês? _____

b) Em quais dias eles caem? _____

c) Qual dia do mês e da semana será 16 dias depois do dia 10/3?

_____

7 Marisa é enfermeira e fez um plantão de 10 horas no hospital em que trabalha. Ela começou o plantão às 22 horas do dia 30 de junho de 2019 (30/6/19). Complete.

Marisa terminou o plantão às _____ horas do dia _____

de _____ de _____ (_____ / _____ / _____).

8 **PESQUISE**

Em sua casa, consulte um calendário deste ano, procure e registre os dias citados abaixo.

a) Um dia 16 que caia em uma quarta-feira: 16 de _____

de _____ , quarta-feira.

b) Um sábado que seja o último dia do mês: _____ de

_____ de _____ , sábado.

9 Paula, Laura e Giovana fazem aniversário no mesmo mês: Paula faz aniversário em 12/9; Laura, 1 semana antes de Paula; e Giovana, 10 dias depois de Laura. Indique a data de aniversário de cada uma delas.

Paula ⟶ _____ ou _____ de _____ .

Laura ⟶ _____ ou _____ de _____ .

Giovana ⟶ _____ ou _____ de _____ .

10 Na data de seu aniversário, o número do dia é maior, menor ou igual ao número do mês? Escreva esses 2 números e confira sua resposta.

_____ / _____
   dia   mês

_____ é _____ .

11 PESQUISA E GRÁFICO COM A TURMA
ATIVIDADE EM GRUPO

a) Consulte novamente um calendário deste ano e responda: Seu aniversário cai em qual dia da semana? _____

b) Escolha outros 9 colegas da turma para fazerem juntos uma pesquisa. Descubram em qual dia da semana cai o aniversário de cada um neste ano. Marquem as respostas na tabela e, depois, construam o gráfico, cada um no próprio livro.

Aniversário do grupo

Dia da semana	Marcas	Número de alunos
Domingo		
Segunda-feira		
Terça-feira		
Quarta-feira		
Quinta-feira		
Sexta-feira		
Sábado		

Tabela e gráfico elaborados para fins didáticos.

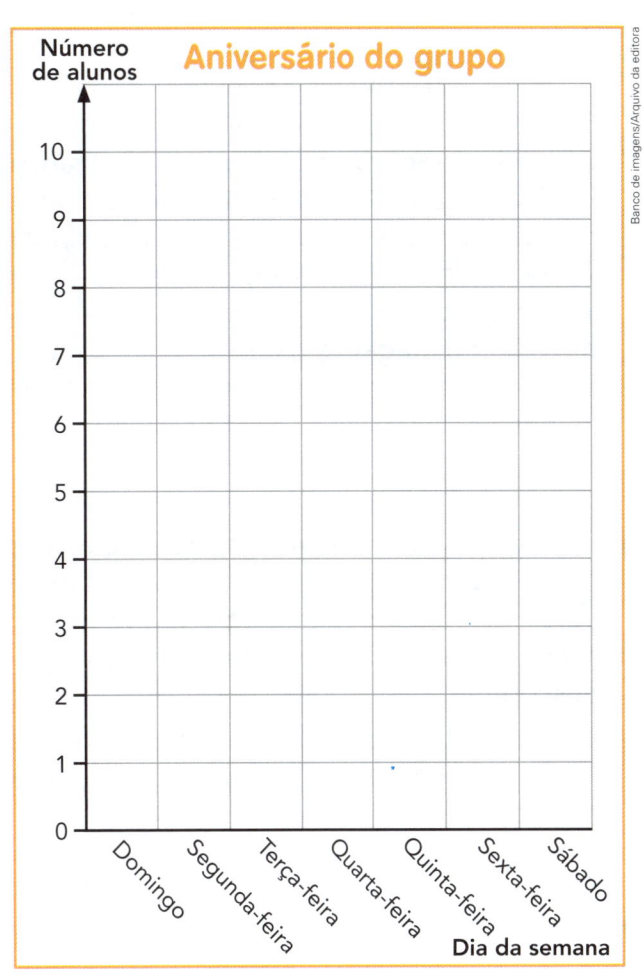

c) Agora, todos respondem.

- Qual foi o dia da semana mais citado? _____
- Qual foi o dia da semana menos citado? _____
- Qual é a diferença entre o número de respostas do dia mais citado e o número de respostas do dia menos citado? _____
- Quantos aniversários caem no sábado ou no domingo? _____

d) **ATIVIDADE ORAL** Para responder às perguntas do item **c**, vocês preferiram observar os registros feitos na tabela ou no gráfico? Por quê?

Com a palavra...

ROMÉRIO COSTA.

Como é seu dia a dia como taxista? Como é calculado o valor que você recebe?

Trabalho em tempo integral, de segunda-feira a sábado, em um ponto fixo em frente a um grande *shopping* da cidade. O preço que os passageiros pagam por uma **corrida** é determinado pelo taxímetro, um aparelho que determina o valor de acordo com a quantidade de quilômetros percorridos, com a medida de intervalo de tempo gasto e com o horário em que a corrida é feita. O passageiro também paga um valor inicial pela corrida, que chamamos de bandeirada.

Além do ponto fixo no qual atendo, também aceito passageiros por aplicativos de transporte.

Romério Costa trabalha como motorista de táxi há 21 anos.

corrida:
trajeto feito pelo passageiro em veículo.

Como funcionam os aplicativos de transporte?

É muito fácil! Basta o cliente baixar o aplicativo, permitir a identificação da localização dele ou digitar o endereço de partida, colocar o endereço do destino desejado e esperar algum motorista aceitar a viagem. Antes de tudo, o valor é calculado já considerando a quilometragem e o trânsito do percurso; assim, o usuário já sabe quanto vai pagar!

É interessante que muitas vezes o conceito de intervalo de tempo e distância se confundem com o valor pago. Por exemplo, pelo valor apresentado no aplicativo, o passageiro já sabe se o local de destino é próximo ou distante, se o trânsito está congestionado ou não e se a viagem será rápida ou demorada.

Qual é seu diferencial durante as corridas?

Eu prezo muito pelo conforto do cliente. Sempre cuido para que a medida de temperatura do carro esteja agradável e disponibilizo mais de 300 álbuns de música, com diversos gêneros. Além disso, ofereço diferentes tipos de doce para que a viagem fique descontraída.

Você disse que trabalha de segunda-feira a sábado. Sua rotina é igual todos os dias?

Eu inicio meu trabalho às 10 horas, pois é o horário em que o *shopping* onde costumo esperar os clientes abre, e retorno para casa por volta das 20 horas. Nas sextas-feiras e nos sábados à noite a rotina é diferente, pois são os períodos mais movimentados da semana. Se houver uma festa ou um evento muito grande na cidade, é provável que eu faça mais de 30 viagens em um mesmo dia. Mas não há uma quantidade exata de viagens por dia, pois algumas vezes o passageiro que faz a solicitação está a poucos metros de onde estou e vai para um local próximo e outras vezes o cliente quer que eu o leve para cidades que ficam a vários quilômetros de onde eu moro.

E você usa muito a Matemática no dia a dia?

Demais! Apesar de os aplicativos e o taxímetro calcularem o valor da corrida, preciso saber rapidamente quanto dar de troco ao cliente que paga em dinheiro e também preciso localizar os passageiros utilizando pontos de referência e o mapa do aplicativo. Além disso, saber a medida de intervalo de tempo que cada viagem leva me permite estimar quantas viagens poderei fazer no dia, o que ajuda a programar minha rotina.

Por fim, mensalmente tenho que subtrair os gastos com gasolina e com manutenção do carro do que eu recebo das corridas para saber meu lucro.

Grandeza comprimento e algumas unidades de medida

Palmo, pé e passo

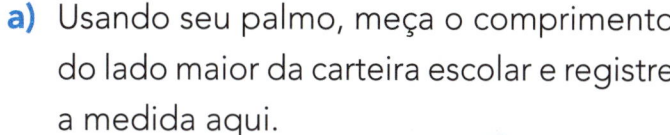

1 Vamos utilizar partes do corpo para fazer medições?

> Lé com lé
> Cré com cré
> Um sapato em cada pé.
>
> Cantiga popular.

a) Usando seu palmo, meça o comprimento do lado maior da carteira escolar e registre a medida aqui.

Medida: _____ palmos.

b) Usando seu pé, meça a largura da porta da sala de aula.

Medida: _____ pés.

c) Usando seu passo, meça o comprimento dos lados da sala de aula.

Medidas: _____ passos e _____ passos.

2 **ATIVIDADE ORAL** Os resultados da atividade anterior podem ser diferentes de uma pessoa para outra? Por quê?

3 Coloque 2 objetos no chão, que distem 3 de seus passos um do outro.

Em seguida, meça essa distância usando seu pé e registre: _____ pés.

4 Use uma caneta para medir os seguintes comprimentos e registre aqui.

a) O comprimento do lado maior da carteira escolar. _____

b) O comprimento do lado menor da carteira escolar. _____

5 **DESAFIO**

ATIVIDADE ORAL EM DUPLA Use o seu pé como unidade de medida e meça o comprimento da altura de um colega, sem que ele tenha que se deitar no chão. Depois, registre a medida.

Medida de comprimento da altura do colega: _____ pés.

Jótah Ilustrações/Arquivo da editora

Unidade 9

Centímetro (cm)

1 Para medir pequenos comprimentos, podemos usar a unidade padronizada de medida chamada **centímetro (cm)**. Observe algumas linhas com medida de comprimento de 1 cm.

1 cm   1 cm   1 cm

A régua é um instrumento usado para medir comprimentos. Por exemplo, a régua desta foto está graduada até 15 centímetros.

A medida de comprimento do lápis é de 10 centímetros (10 cm).

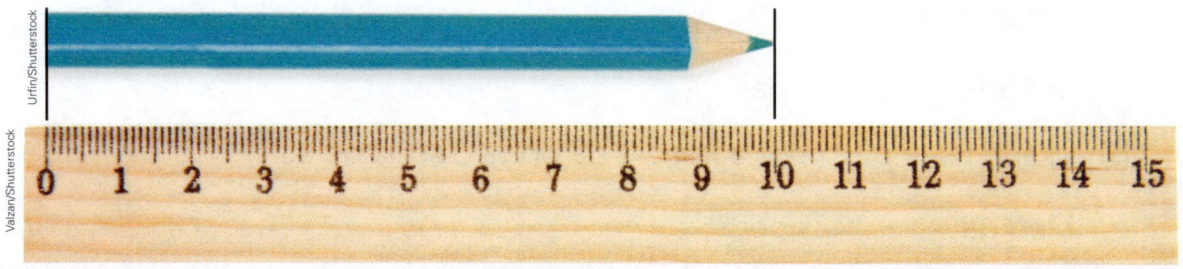

Agora, com uma régua, meça e escreva as medidas de comprimento, em centímetros, indicadas nas fotos da árvore e dos objetos.

As imagens não estão representadas em proporção.

_____ centímetros

ou _____ cm

_____ centímetros

ou _____ cm

Flauta.

Clipe.

_____ centímetros

ou _____ cm

Árvore.

_____ centímetros

ou _____ cm

Caneta.

2 **ATIVIDADE ORAL**

a) As medidas de comprimento encontradas na atividade anterior devem ser as mesmas para todos os alunos? Por quê?

b) Qual destas unidades é mais conveniente para medir um comprimento: o palmo ou o centímetro? Por quê?

3 A casa de Fausto fica entre a padaria e a farmácia, no mesmo lado da rua. Neste mapa, a distância entre a casa e a padaria mede 6 centímetros.

a) Localize e desenhe a casa de Fausto.

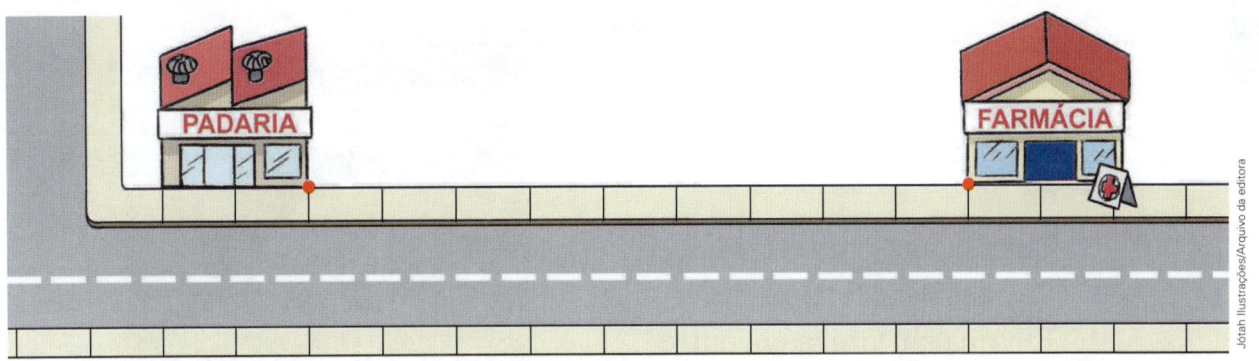

b) Agora, complete: No desenho, a distância entre a padaria e a farmácia mede

_____ cm e a distância entre a casa de Fausto e a farmácia mede _____ cm.

c) A casa dele fica mais perto da padaria ou da farmácia? _____

4 **ESTIMATIVA**

Observe as linhas retas coloridas.

a) Faça estimativas da medida de comprimento de cada linha, em centímetros, e registre na tabela.

Em seguida, meça os comprimentos com uma régua e escreva na tabela as medidas exatas.

Medida de comprimento das linhas retas coloridas

Cor	Medida estimada (em cm)	Medida exata (em cm)

Tabela elaborada para fins didáticos.

b) Quantas das 3 estimativas você acertou? _____

c) Agora, desenhe aqui uma linha laranja com medida de comprimento de 5 cm.

Em busca do bem-te-vi

Bem te ouço, bem-te-vi!
Onde está cantando assim?
Em qual árvore te encontro
Bem-te-vi, eu bem te vi?

Bem-te-vi.

Um bosque tem lindas árvores. Em uma das árvores há um lindo passarinho, que adora cantar. É um bem-te-vi. Em qual árvore ele está?

Entre no bosque pelo Portão do Sol. Siga as instruções, trace o percurso no mapa do bosque, localize a árvore e contorne-a.

Use o centímetro como unidade de medida de comprimento: •—————•
1 cm

Instruções:

1ª) Ande 3 cm para cima.
2ª) Vire à esquerda e ande 4 cm.
3ª) Vire e ande 1 cm para cima.
4ª) Vire à direita e ande 8 cm.
5ª) Vire e ande 2 cm para cima.

As imagens não estão representadas em proporção.

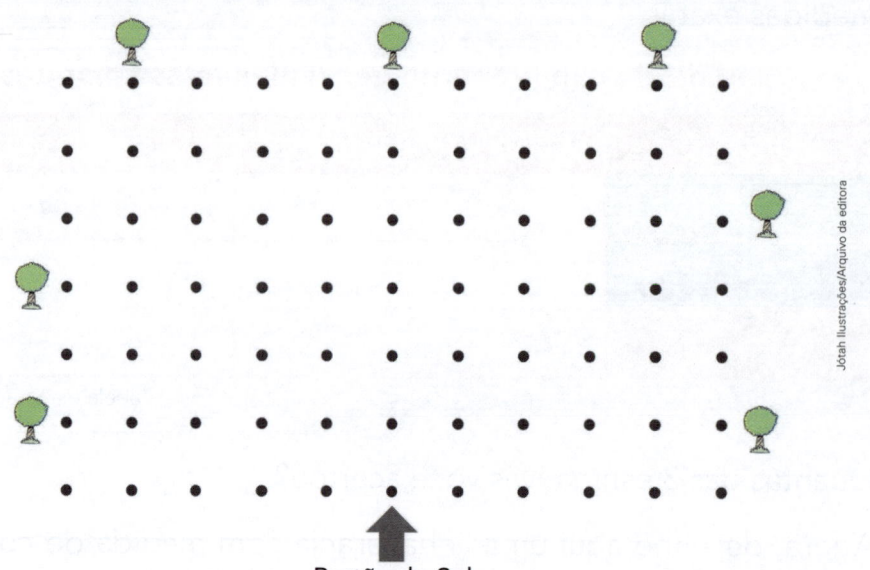

Portão do Sol

Milímetro (mm)

Além de estar graduada em centímetros, a régua pode estar graduada em outra unidade. Pegue uma régua e observe os tracinhos entre cada centímetro.

O centímetro está dividido em quantas partes

iguais? _____

> Cada uma dessas partes corresponde a outra unidade padronizada de medida de comprimento: o **milímetro (mm)**.

1 Vamos registrar algumas medidas de comprimento usando o milímetro (mm). Observe os exemplos e complete as medidas de comprimento dos itens.

1 cm ou 10 mm

1 cm e 4 mm ou 14 mm

a)

_____ mm

c)
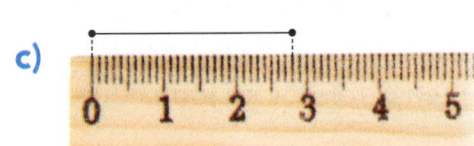

_____ mm

b)
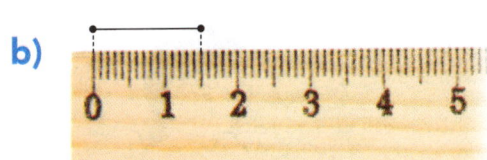

_____ cm e _____ mm

d)
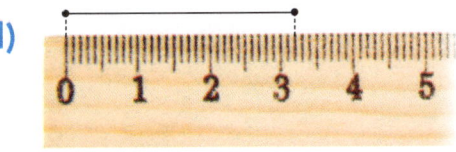

_____ cm e _____ mm

2 Vamos localizar e desenhar uma árvore?
Ela fica na linha traçada e a medida de distância entre o cachorro e ela é de 75 mm ou 7 cm e 5 mm.

◀ As imagens não estão representadas em proporção.

Metro (m)

Uma unidade padronizada de medida de comprimento muito usada é o **metro (m)**. Vamos saber mais sobre ele?

Explorar e descobrir

ATIVIDADE EM DUPLA O professor vai desenhar na lousa uma linha reta cuja medida de comprimento é de 1 metro (1 m). Você e um colega vão desenvolver as atividades.

- Usem barbante e uma tesoura com pontas arredondadas e, com base no desenho da lousa, obtenham um pedaço de barbante com medida de comprimento de 1 metro.

- Usando o pedaço de barbante de 1 metro, coloquem 2 borrachas no chão de modo que a distância entre elas meça 2 metros (2 m).
  Peçam a outra dupla que confira a medida de distância. Depois, vocês conferem o que eles fizeram.

- Ainda usando o pedaço de barbante de 1 metro, verifiquem qual é a medida de comprimento de um dos lados da sala de aula. Depois, cada um indica a seguir a medida obtida da forma que achar mais conveniente.

  Tem exatamente _____ metros. Tem entre _____ e _____ metros.

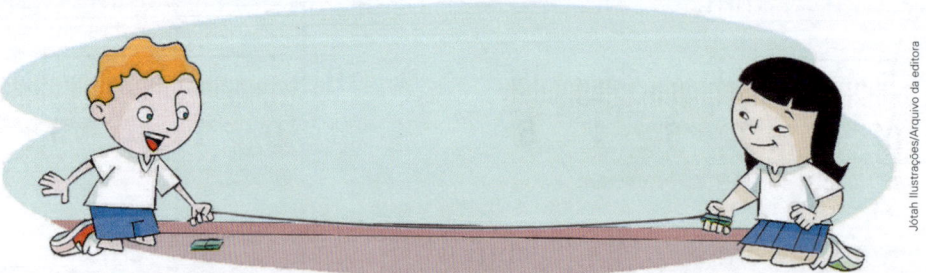

1 Assinale o comprimento cuja medida está mais próxima de 1 metro.

☐ Altura de uma porta.

☐ Comprimento de um caderno.

☐ Largura de uma porta.

☐ Comprimento de um alfinete.

2 RETOMAR E AMPLIAR
ATIVIDADE EM DUPLA

a) Esta relação vocês já sabem! Completem.

1 centímetro tem _____ milímetros.

1 cm = _____ mm

b) Peguem novamente o barbante de 1 metro. Usem uma régua e verifiquem quantos centímetros há em 1 metro. Depois, confirmem usando uma fita métrica e completem.

1 metro tem _____ centímetros.

1 m = _____ cm

3 ATIVIDADE EM DUPLA Usem os valores da atividade anterior e completem as igualdades, cada um no próprio livro.

a) 8 cm = _____ mm

d) 9 cm = 90 _____

b) 40 mm = _____ cm

e) 3 cm e 8 mm = _____ mm

c) 42 mm = _____ cm e _____ mm

f) 1 cm e meio = _____ mm

meio metro = _____ cm

4 ATIVIDADE ORAL EM GRUPO (TODA A TURMA) Além do centímetro, do milímetro e do metro, há outra unidade de medida de comprimento muito usada no dia a dia: o **quilômetro (km)**.

Na cidade onde mora, você conhece 2 lugares entre os quais a distância mede aproximadamente 1 quilômetro? Conte para os colegas e, depois, ouçam o que o professor vai dizer.

5 Entre o milímetro, o metro e o quilômetro, indique a unidade mais adequada para medir cada comprimento.

a) A largura de um palito de sorvete. _____

b) A distância entre 2 cidades. _____

c) A altura da sala de aula. _____

d) A espessura deste livro. _____

Tecendo saberes

Por que nós crescemos?

Já pensou se ficássemos para sempre com o tamanho de quando crianças, ou se já nascêssemos com as pernas e os braços do tamanho de um adulto?

Não se sabe ao certo, mas, de acordo com uma das teorias mais aceitas, o ritmo de crescimento do nosso corpo nos permite aprender a lidar com ele, pois não saberíamos usar pernas e braços grandes, por exemplo. O crescimento seria um tempo de preparação do corpo para utilizar todas as capacidades.

De acordo com os cientistas, crescemos devido à ação de substâncias produzidas pelo organismo. Dormir bem todas as noites é muito importante, pois durante o sono fabricamos o hormônio do crescimento. Para crescermos, precisamos também ter boa alimentação e praticar esportes.

Fonte de consulta: Ludmilla Balduino. Revista **Recreio** *On-line*.

1. O que você acha que aconteceria se ficássemos com o mesmo tamanho de quando crianças? _____

_____

2. Desde que nasceu, você já cresceu muito. Vamos ver? Quando uma criança nasce em um hospital, é feita a impressão dos pezinhos para que ela seja identificada. Veja, ao lado, a impressão do pé de um bebê recém-nascido. Pequenininho, não é mesmo?

Em sua casa, com a ajuda de um adulto, faça o desenho da planta de seu pé contornando-a em uma folha de papel à parte. Depois, compare com a imagem ao lado e responda: A medida de comprimento de seu pé é maior, menor ou igual à do pé do bebê?

_____

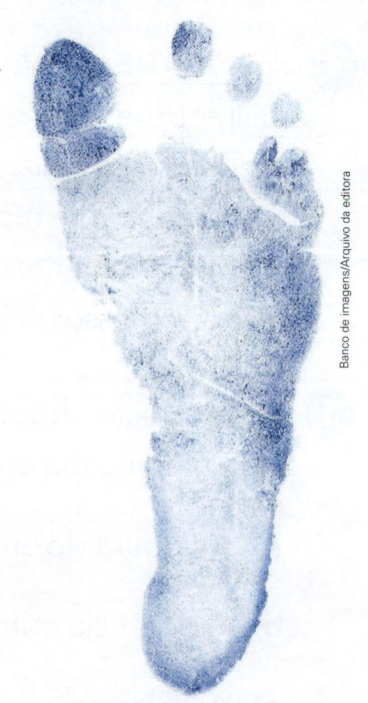

Impressão do pé de um bebê recém-nascido em tamanho real.

3 "Dormir bem todas as noites é muito importante, pois durante o sono fabricamos o hormônio do crescimento."

Geralmente, um adulto precisa dormir em torno de 8 horas por noite. Para crianças e jovens, é indicado entre 9 e 11 horas de sono.

a) Luana foi dormir às 9 horas da noite. Veja o relógio na imagem ao lado e responda.

- Em qual horário Luana acordou? _____

- Quantas horas Luana dormiu? _____

b) **ATIVIDADE ORAL** Agora é com você! Em qual horário você costuma ir dormir em dias de aula? E em qual horário você acorda? Você dorme a quantidade de horas recomendada?

4 Podemos registrar na **linha do tempo** o que já aconteceu (**passado**), o que está acontecendo (**presente**) e o que ainda acontecerá (**futuro**). Por exemplo, podemos construir sua linha do tempo e indicar nela as fases de seu desenvolvimento.

Com a ajuda de um adulto, em uma folha à parte, faça uma linha do tempo igual à mostrada abaixo e dê um título para ela. Depois, faça o que se pede e complete as frases usando as palavras **passado**, **presente** ou **futuro**.

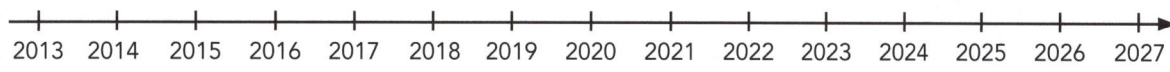

2013 2014 2015 2016 2017 2018 2019 2020 2021 2022 2023 2024 2025 2026 2027

a) Pinte de 🔴 o ano em que estamos. Ele representa o _____.
Cole uma foto ou faça um desenho bem bonito que mostre como você é.

b) Pinte de 🟢 o ano em que você nasceu. Ele representa o _____.
Ilustre para mostrar como você era.

c) Pinte de 🔵 o ano em que você entrou na escola. Ele representa

o _____.

d) Pinte de 🟡 o ano em que você terá 2 anos a mais do que tem hoje.

Ele representa o _____.

Grandeza capacidade e algumas unidades de medida

Para fazer esta atividade, você vai precisar de 1 copo, 1 colher de sopa e 1 vasilhame com água.

- Na sua opinião, quantas colheres de sopa são necessárias para encher 1 copo com água?

  _____

- Agora, encha o copo usando a colher de sopa e confira sua estimativa. Quantas

  colheres foram necessárias? _____

1 Observe a imagem ao lado. Ricardo vai usar copos com água para encher a jarra. Ele já colocou 2 copos com água. Veja até onde ele conseguiu encher.

As imagens não estão representadas em proporção.

a) Quantos copos com água ele ainda deve colocar

  para encher a jarra? _____

b) Quantos cabem nessa jarra? _____

2 As vasilhas **A**, **B** e **C** são iguais.

Se o líquido que está em **A** e em **B** for despejado em **C**, então como a vasilha **C** ficará? Pinte como ela ficará com lápis azul.

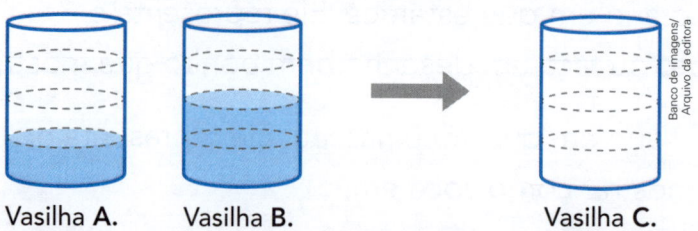

Vasilha **A**.   Vasilha **B**.   Vasilha **C**.

3 **ATIVIDADE ORAL** Observe as 3 vasilhas da atividade anterior e responda.

a) Em qual vasilha a água está ocupando a metade da medida de capacidade?

b) E nas outras 2 vasilhas, há mais ou há menos do que a metade da medida de capacidade?

Litro (L)

Para medir a capacidade de um recipiente, ou seja, a quantidade de líquido que cabe nesse recipiente, também podemos usar a unidade padronizada de medida **litro (L)**.

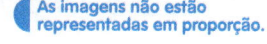
As imagens não estão representadas em proporção.

1 litro de leite.

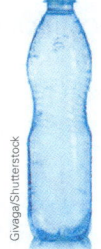
1 litro de água.

1 litro de desinfetante.

1 **ATIVIDADE ORAL EM GRUPO (TODA A TURMA)** Cite para a turma mais 2 produtos que são vendidos em embalagens de 1 litro.

2 Jorge fez suco para 10 crianças. Cada uma tomou 1 copo.

Ele fez mais de 1 litro ou menos de 1 litro de suco? _____

3 Veja a medida de capacidade das 2 garrafas, que estão cheias de água, e a do balde, que está vazio.
Despejando no balde toda a água das 2 garrafas, quanto faltará de água para ele ficar cheio? _____

2 litros.

3 litros.

9 litros.

Saiba mais

Para registrar a medida de capacidade de pequenos recipientes, é usado o **mililitro (mL)** como unidade padronizada de medida.
1 mL corresponde à medida de capacidade de um recipiente cúbico com arestas de medida de comprimento de 1 cm. Também podemos dizer que essa medida de capacidade corresponde a 1 centímetro cúbico (1 cm³).

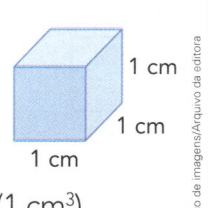
1 cm
1 cm
1 cm

4 **PESQUISE**

Pesquise as medidas de capacidade citadas e registre-as aqui.

a) Medida de capacidade de uma latinha de suco. _____ mL

b) Medida de capacidade de uma embalagem de colírio. _____ mL

Grandeza massa e algumas unidades de medida

1 A 1ª balança está equilibrada. Desenhe apenas bolas vermelhas no prato vazio da 2ª balança para que ela também fique equilibrada. Depois, complete as frases.

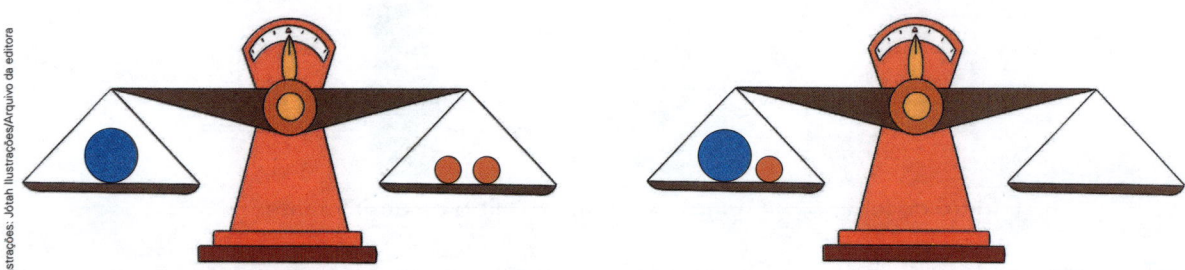

Ilustrações: Jótah Ilustrações/Arquivo da editora

- 1 bola azul pesa o mesmo que _____ bolas vermelhas.

- _____ bolas azuis pesam o mesmo que _____ bolas vermelhas.

2 Assinale os produtos que costumam ser vendidos de acordo com a medida de massa ("peso").

As imagens não estão representadas em proporção.

Batata.
Nattika/Shutterstock
☐

Ovos.
Dannylim/Shutterstock
☐

Leite.
3DSguru/Shutterstock
☐

Melancia.
Aleksey Troshin/Shutterstock
☐

Jótah Ilustrações/Arquivo da editora

⚠ Atenção

Por falar em "peso", preste muita atenção: CUIDADO com o "peso" de seu material escolar! Em excesso, ele pode causar danos a sua saúde.

Quilograma (kg)

O **quilograma (kg)** é uma unidade padronizada de medida que usamos para indicar medidas de massa ("peso").

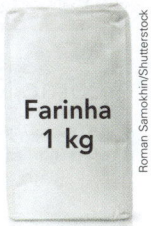

1 quilograma de farinha.

1 quilograma de carne.

1 quilograma de arroz.

1 ESTIMATIVA

a) Pegue o livro que você está usando e tente adivinhar quanto ele pesa.

Entre as opções abaixo, assinale aquela que você julga correta.

☐ 1 quilograma. ☐ Mais do que 1 quilograma. ☐ Menos do que 1 quilograma.

b) Na sala de aula ou em casa, com a ajuda de um adulto, faça a pesagem e confirme se sua estimativa foi boa.

☐ Acertei. ☐ Errei.

2 Qual é seu "peso"? Escreva o valor mais próximo, em quilogramas.

_____

3 DESAFIO

As imagens não estão representadas em proporção.

Observe as balanças e responda: Qual é a medida de massa ("peso")

das laranjas que estão na cesta? _____

4 A mãe de Pedrinho comprou 3 pacotes de arroz com 5 quilogramas cada um deles.

a) Quantos quilogramas de arroz ela comprou?

_____

b) **ATIVIDADE ORAL EM GRUPO (TODA A TURMA)** Relate como você fez para resolver o item **a** e ouça as soluções dos colegas.

As imagens não estão representadas em proporção.

Saiba mais

Para medir a massa de coisas "bem leves", como um pão francês, usamos a unidade padronizada de medida **grama (g)**.

Para medir a massa de coisas "bem pesadas", como um elefante, usamos a unidade padronizada de medida **tonelada (t)**. Por exemplo, um elefante africano chega a pesar 6 toneladas.

Você viu o elefante subindo na balança? Pra ficar mais elegante, vai fazer aula de dança!

5 Complete com a unidade de medida adequada.

a) Para fazer um churrasco, Elias comprou 5 _____ de carne.

b) Lucas comprou 100 _____ de queijo para o lanche.

c) Álvaro é motorista e, para o trabalho, comprou um caminhão que pesa cerca de 3 _____.

6 Bete comprou 2 kg de tomate e 1 kg de batata.

Tomate.

Batata.

a) Quanto ela gastou? _____

b) Se ela deu 1 nota de 20 reais para pagar, então quanto recebeu de troco?

_____

Atividades e problemas com grandezas e medidas

1 PESQUISE

Vemos no mapa ao lado o estado do Ceará e 5 cidades dele. Considerando essas cidades, leia, faça medições de comprimentos, pesquise e depois complete os itens.

a) A cidade em que Roberto mora está, no mapa, a 3 cm de Quixadá. Roberto mora em _____ .

b) No mapa, a distância entre Sobral e Fortaleza mede _____ .

c) No mapa, a distância entre Tauá e Crato mede _____ cm ou _____ mm.

d) Descubra e complete: A capital do estado do Ceará é _____ .

Cinco cidades do estado do Ceará

Fonte de consulta: IBGE. **Atlas geográfico escolar**. 7. ed. Rio de Janeiro, 2016.

2 Complete de maneira adequada as informações da receita de bolo.

Bolo de laranja.

100 _____ de farinha de trigo.

Meia _____ de ovos.

1 _____ de creme de leite.

Meio _____ de leite.

Asse durante meia _____ .

3 Leia a tirinha.

Fonte: Banco de Imagens MSP.

a) Em qual horário Cebolinha chegou? Indique e, depois, marque no relógio de ponteiros e no relógio digital.

Cebolinha chegou às _____ horas da _____ ou às _____ horas.

 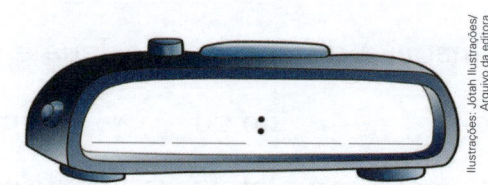

b) **ATIVIDADE ORAL EM GRUPO** Na sua opinião, por que Mônica queria que Cebolinha se atrasasse? Converse com os colegas sobre isso.

c) Imagine que Cebolinha ainda tenha esperado mais 2 horas para sair com Mônica. Em qual horário eles conseguiram sair?

Complete: Eles conseguiram sair às _____ horas ou às _____ horas da _____.

4 Marcos está enchendo a caixa com caixinhas iguais.

a) Quantas caixinhas ele já colocou?

_____

b) Quantas caixinhas falta colocar?

_____

c) Quantas caixinhas serão no total?

_____

5 ESTIMATIVAS

a) Joana está cobrindo com placas uma parede da escola. Olhe bem!

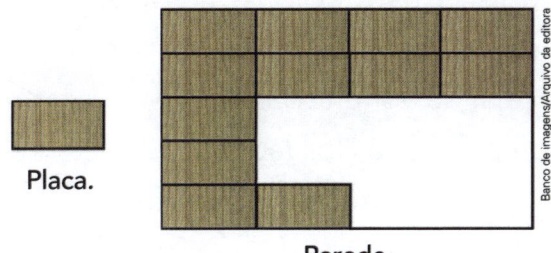

Placa.

Parede.

Estime quantas placas como esta acima ela usará para cobrir a parede toda.
Depois, calcule, registre e assinale se sua estimativa foi boa.

Estimativa: _____   ☐ Acertei.

Contagem: _____   ☐ Errei.

b) Observe a imagem abaixo.

◀ As imagens não estão representadas em proporção.

- Conte e responda: Quantos intervalos separam os 2 gatinhos?

_____

- O gatinho bege vai andar 3 intervalos e o gatinho cinza vai andar 5 intervalos, um em direção ao outro.
Estime quantos intervalos passarão a separar os 2 gatinhos. Depois, marque bolinhas na nova posição deles, conte e registre quantos são os intervalos e assinale se sua estimativa foi boa.

Estimativa: _____

Contagem: _____

☐ Acertei.

☐ Errei.

Sugestões de...
Livros

As cores e os dias da semana.
Ziraldo. São Paulo: Melhoramentos, 2009.

Para onde vai a quinta-feira?
Janeen Brian. São Paulo: Brinque-Book, 2003.

6 MEDIDA DE COMPRIMENTO DE CONTORNOS

a) Meça o comprimento dos 3 lados deste triângulo e registre as medidas. Depois, calcule a medida de comprimento do contorno, ou seja, da volta toda.

Medida de comprimento dos lados:

_____ cm, _____ cm e _____ cm.

Medida de comprimento do contorno: _____ + _____ + _____ =

= _____ , ou seja, _____ cm.

b) Agora, desenhe um quadrado com lados de medida de comprimento de 2 cm. Em seguida, indique abaixo a medida de comprimento de cada lado e a medida de comprimento do contorno todo, em centímetros.

Medida de comprimento dos lados: _____ , _____ , _____

e _____ .

Medida de comprimento do contorno: _____ .

7 INTERVALOS DE TEMPO

Complete o que falta em cada informação.

a) Na escola em que Patrícia estuda, as aulas do período da manhã terminam às 11:00 e as aulas do período da tarde começam à 1:00.

Ao término das aulas da manhã, faltam _____ horas para o início das aulas da tarde.

b) Rafael fez aniversário no dia 7 de junho, sexta-feira. Paulo, amigo dele, fez aniversário 4 dias depois.

Feliz Aniversário

O aniversário de Paulo foi no dia _____ de _____ , _____ .

c) Márcia viu 3 informações na embalagem de um produto. Analise 2 das informações e complete o que falta.

Data de fabricação	Validade	Data de vencimento
_____ / _____ / _____	3 meses	16/7/2020

Vamos ver de novo?

1 Em uma fila há 10 pessoas. Há 2 pessoas na frente de Luís e 2 pessoas atrás de Ana.

a) Complete com números ordinais: Luís é o _____ da fila e Ana é a _____.

b) Quantas pessoas há entre Luís e Ana? _____

c) Faça um desenho para representar essa situação.

2 Risque 5 letras deixando somente as que indicam a leitura do número correspondente à quantidade de flores no vaso ao lado. Depois, registre a leitura desse número.

 S N T O M L V  S E _____

Ilustrações: Jotah Ilustrações/Arquivo da editora

3 **É HORA DE FORMAR SEQUÊNCIAS!**

Leia com atenção e forme as sequências indicadas.

a) Sequência de 7 números em que o primeiro número é 5 e cada número, a partir do segundo, é 7 unidades a mais do que o anterior.

_____, _____, _____, _____, _____, _____, _____.

b) Sequência de 8 números em que o terceiro número é 40 e cada número, a partir do segundo, é 4 unidades a menos do que o anterior.

_____, _____, _____, _____, _____, _____, _____, _____.

c) Sequência em que o primeiro número é 1, o segundo número é 2, o último número é 55 e cada número, a partir do terceiro, é a soma dos 2 números anteriores.

_____

4 Observe as figuras geométricas planas que Júlia desenhou.

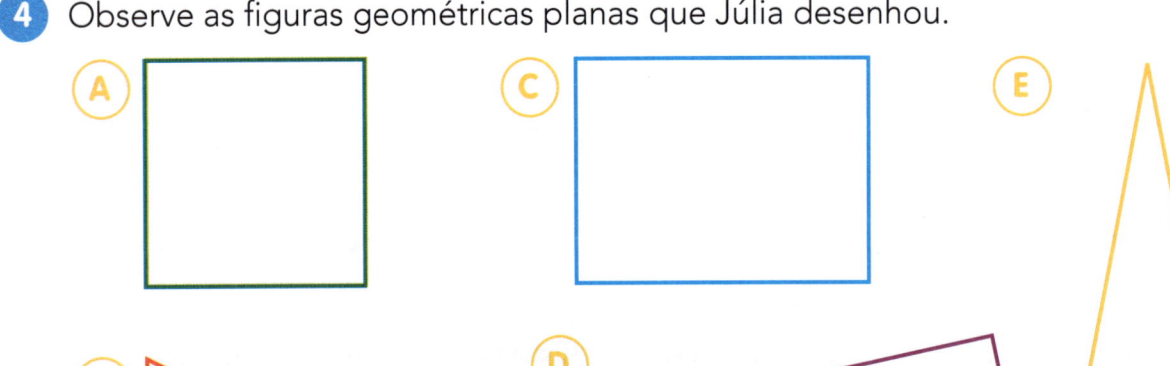

Ilustrações: Banco de imagens/Arquivo da editora

a) Para cada figura, use uma régua para medir o comprimento de cada lado, em centímetros, faça os cálculos e registre na tabela a medida de comprimento do contorno.

Medida de comprimento dos contornos das figuras

Figura	A	B	C	D	E
Medida de comprimento do contorno (em cm)	12				

Tabela elaborada para fins didáticos.

b) Observe as medidas que você calculou e indique qual é a figura geométrica citada.

- A figura com a menor medida de comprimento do contorno é a _____.

- A figura D tem a mesma medida de comprimento do contorno da figura _____.

- O triângulo com a maior medida de comprimento do contorno é o da figura _____.

c) Agora, desenhe na malha quadriculada ao lado um retângulo diferente dos retângulos das figuras **C** e **D**, mas com a mesma medida de comprimento do contorno.

Banco de imagens/Arquivo da editora

O que estudamos

Estudamos a grandeza intervalo de tempo e algumas das unidades de medida: hora, dia, semana, mês e ano.

- 1 dia tem 24 horas.
- 1 mês tem 30, 31, 28 ou 29 dias.
- 1 semana tem 7 dias.
- 1 ano tem 12 meses.

As imagens não estão representadas em proporção.

Aprendemos que, para medir a grandeza comprimento, podemos usar unidades não padronizadas de medida, como o pé, o palmo e o passo, e unidades padronizadas de medida, como o centímetro (cm), o milímetro (mm), o metro (m) e o quilômetro (km).

Régua.

Fita métrica.

Descobrimos que podemos medir uma capacidade com unidades não padronizadas de medida, como um copo, e também com unidades padronizadas de medida, como o litro (L) e o mililitro (mL).

Copo. 1 litro de leite.

Vimos que as unidades padronizadas mais usadas para a medida de massa ou "peso" são o quilograma (kg), o grama (g) e a tonelada (t).

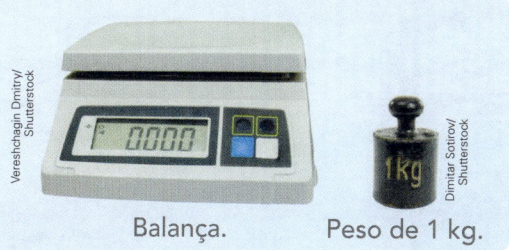

Balança. Peso de 1 kg.

Resolvemos problemas envolvendo grandezas e medidas.

- Você costuma deixar seu material escolar limpo e organizado?
- Você costuma ter um horário certo para estudar em casa? Um estudo organizado faz a diferença!

VELOCIDADE MÁXIMA CARROS
110 km/h

JMA-1001

83 km/h
10:30

Matheus Ramalho/Arquivo da editora

90 km/h
VELOCIDADE MÁXIMA
ÔNIBUS E CAMINHÕES

Terra do Mel 200 km
Vila Azul 230 km
Uvalândia 435 km

- O que você vê nesta cena?
- Você já viu placas de trânsito como as que aparecem na cena?
- Você já viajou de carro por alguma estrada? Se sim, então conte para os colegas como foi a experiência.

Para iniciar

Você já viu que os números nos ajudam a obter muitas informações. As placas com números que vemos nas estradas são um exemplo disso.

Nesta Unidade vamos ter o primeiro contato com os números maiores do que 99 e formados por 3 algarismos.

- Analise a cena das páginas de abertura desta Unidade. Converse com os colegas e respondam às questões a seguir.

Da placa até Terra do Mel são 200 km. Você sabe ler esse número?

O que indica o número 110 em uma das placas?

O que fica mais longe da placa: Vila Azul ou Uvalândia?

Nesse trecho da estrada um caminhão pode estar a 100 km/h?

As imagens não estão representadas em proporção.

- Converse com os colegas sobre mais estas questões.

a) Você sabe como se leem estes números?

| 100 | 120 | 500 |

Ventilador.

3 prestações de R$ 50,00.

b) Quantos meses há em 1 ano? E quantos dias há em um ano que não é bissexto?

c) Qual é o preço total do ventilador anunciado ao lado?

d) Qual é o maior número de 1 algarismo? E o maior número de 2 algarismos? E o maior número de 3 algarismos?

Números até 199

1 O NÚMERO CEM (100)

Depois do 99 vem o 100 (cem).

Veja a coleção de moedas de Carlos.

Eu tenho 99 moedas.

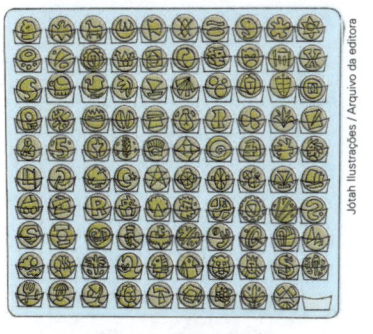

$$99 = 90 + 9$$

Agora Carlos acrescentou mais 1 moeda à coleção dele.

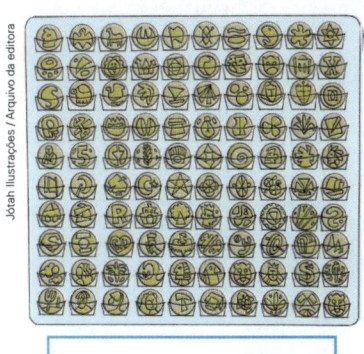

$$99 + 1 = 100$$

Agora ele tem **100 (cem)** moedas.

Podemos também dizer que ele tem **1 centena** de moedas.

2 Observe esta placa e complete.

a) Qual é a medida de velocidade máxima permitida nessa rodovia para veículos leves?

_____ km/h

b) E para veículos pesados?

_____ km/h

Placa em uma rodovia.

🔍 3 PESQUISE

Descubra o significado das expressões e complete com números.

a) Biênio: _____ anos.

b) Triênio: _____ anos.

c) Década: _____ anos.

d) Século: _____ anos.

4 Escreva todas as adições de 2 dezenas exatas que resultam em 100.

a) 10 + 90 = 100

b) 20 + ____ = 100

c) 30 + ____ = 100

d) 40 + ____ = 100

e) ____ + ____ = 100

f) ____ + ____ = 100

g) ____ + ____ = ____

h) ____ + ____ = ____

i) ____ + ____ = ____

Explorar e descobrir

ATIVIDADE EM DUPLA

- Repitam o procedimento da página 268 e obtenham, usando o desenho na lousa, um pedaço de barbante que tenha medida de comprimento de 1 metro.

- Dobrem o pedaço obtido e cortem na dobra, de modo que as 2 partes tenham a mesma medida de comprimento.

- Com uma régua, meçam o comprimento de cada parte e completem.

1 metro = _____ centímetros + _____ centímetros

ou

1 metro = _____ centímetros, pois _____ + _____ = _____ .

5 Veja as moedas do sistema monetário brasileiro e escreva o valor de cada uma delas.

As imagens não estão representadas em proporção.

_____ centavo.

_____ centavos.

_____ centavos.

_____ centavos.

_____ centavos.

_____ real.

1 real (R$ 1,00) corresponde a 100 centavos.

6 **POSSIBILIDADES**

Leia com atenção a informação dada por Pedro.
Em seguida, complete algumas maneiras de obter R$ 1,00 usando moedas. Use as moedas do **Ápis divertido** e, depois, desenhe suas descobertas.

a) Usando 2 moedas.

b) Usando 3 moedas.

c) Usando 4 moedas.

d) Usando 10 moedas iguais.

e) Usando 6 moedas.

Sugestão de...
Livro
O dinheiro: de Cabral ao Real.
Itamar Rabelo.
Brasília: Senac-DF, 2008.

Representação do 100 com o material dourado e com desenho de fichas coloridas

ATIVIDADE EM DUPLA

- Manipulem o material dourado conforme indicado e registrem os valores.

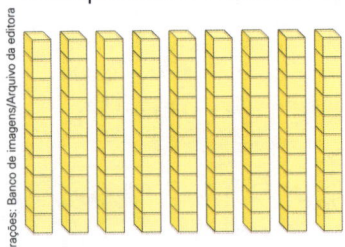

Aqui temos _____ dezenas,

ou seja, _____ unidades.

- Agora foi acrescentada mais 1 barrinha, ou seja, mais 1 dezena. Completem.

é o mesmo que →

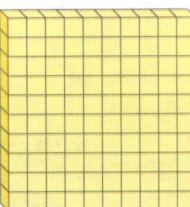

_____ dezenas + _____ dezena

_____ unidades + _____ unidades

Total: _____ dezenas ou _____ unidades.

Representação de 100 unidades (1 centena) com 1 placa.

- Vejam o correspondente com fichas coloridas e completem.

_____ dezenas ou _____ unidades.

_____ dezenas ou

_____ unidades.

Representação de 100 unidades (1 centena).

1 centena mais dezenas e unidades

1 E depois do 100, que número vem? Veja e complete com o que falta.

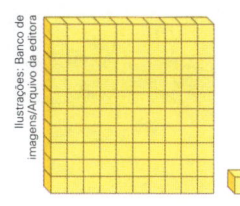

100 + 1 = 101

Cento e um.

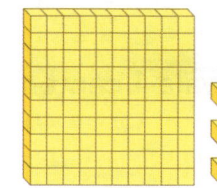

_____ + _____ = _____

_____

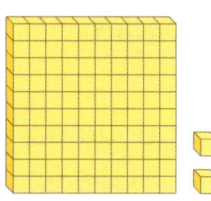

100 + 2 = 102

Cento e dois.

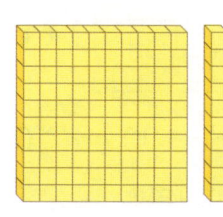

100 + 10 = 110

_____

2 Complete e escreva de diferentes maneiras o número representado com o material dourado.

_____ centena, _____ dezenas e _____ unidades.

_____ + _____ + _____

132: _____

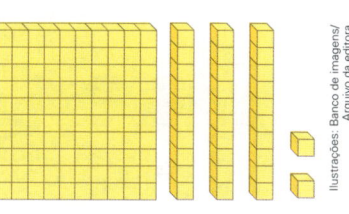

Ilustrações: Banco de imagens/ Arquivo da editora

3 Veja as notas que Rafael tem e complete.

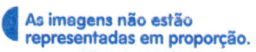 As imagens não estão representadas em proporção.

Reprodução/Casa da Moeda do Brasil/ Ministério da Fazenda

No total, ele tem _____ reais, que indicamos assim: R$ _____

4 Complete as partes da sequência numérica dos números de 1 em 1.

95	96	97	98			

		188	189	

			143	144	145	146

		132	133	

Mais números

Centenas inteiras ou centenas exatas

- Descobrimos que vale 1 centena ou 100 unidades.

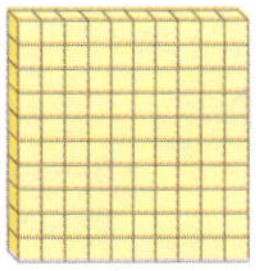

E quanto valem ? 2 centenas ou 200 unidades.

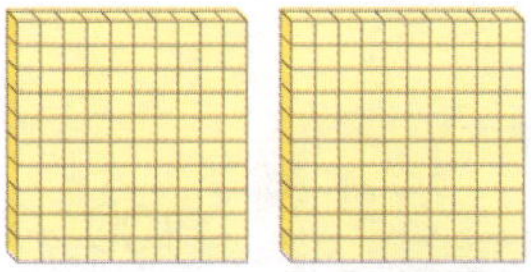

Agora é sua vez! Conte de 100 em 100 usando o material dourado ou os desenhos de fichas e complete.

Ilustrações: Banco de imagens/Arquivo da editora

_____ centenas ou _____ unidades.
↓
Trezentos.

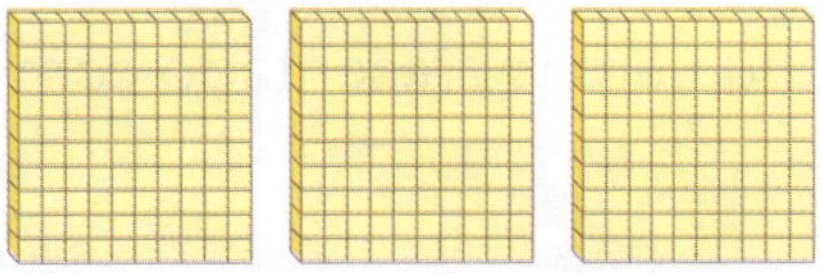

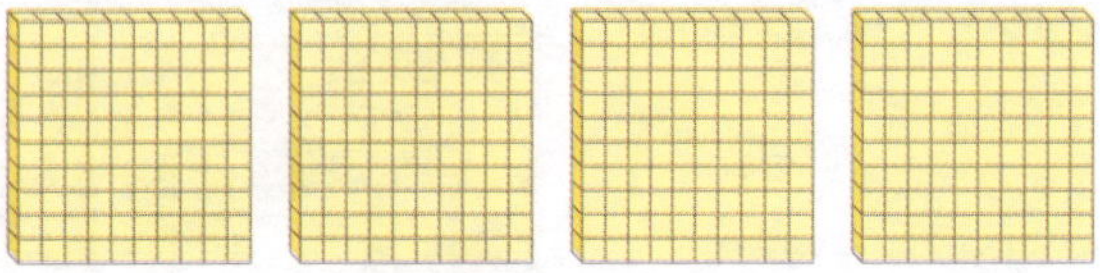

_____ centenas ou
_____ unidades.
↓
Quatrocentos.

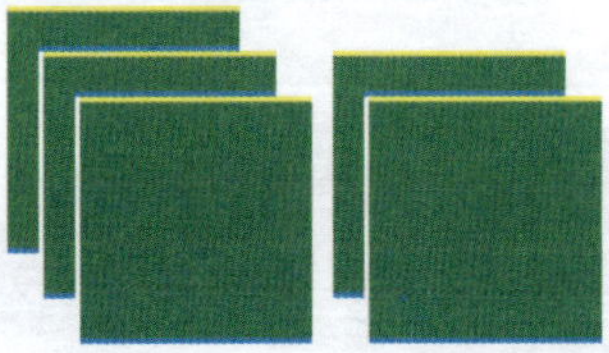

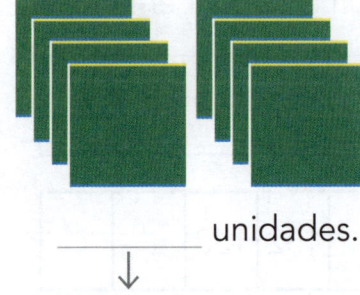

_____ unidades.
↓
Quinhentos.

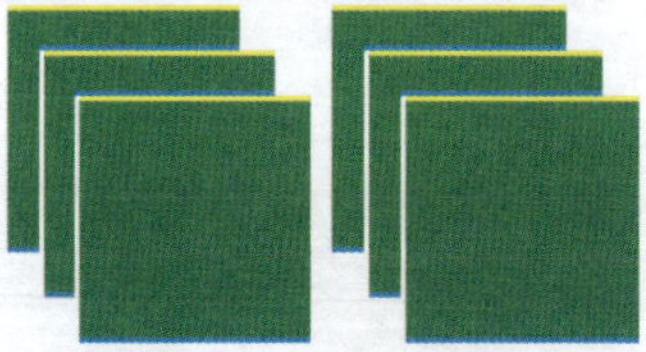

_____ unidades.
↓
Seiscentos.

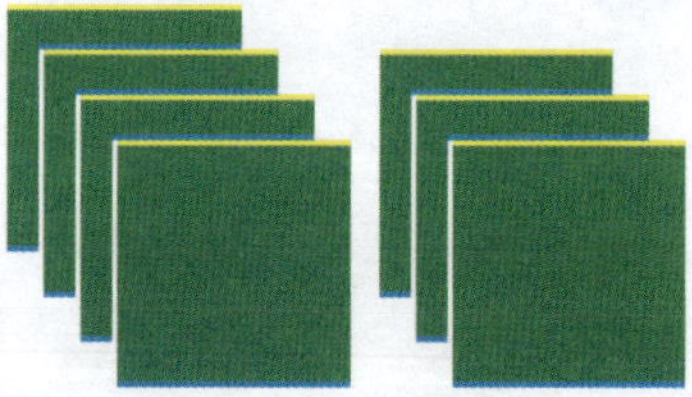

_____ unidades.
↓
Setecentos.

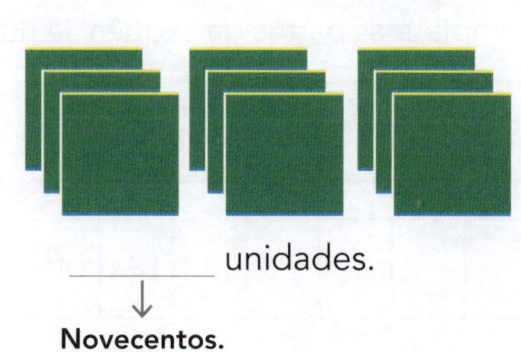

_____ unidades.
↓
Oitocentos.

_____ unidades.
↓
Novecentos.

Centenas, dezenas e unidades

1 Veja o exemplo e complete os itens.

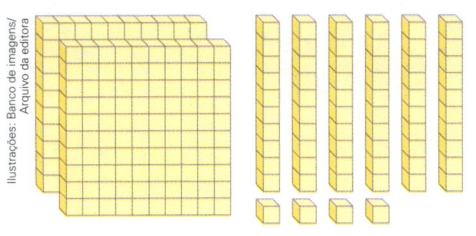

2 centenas, 6 dezenas e 4 unidades.

200 + 60 + 4

264: Duzentos e sessenta e quatro.

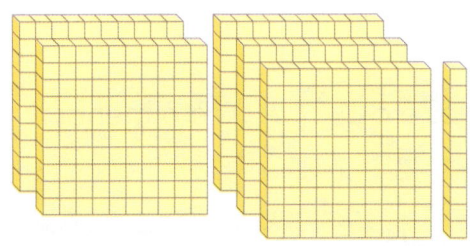

_____ centenas e _____ dezena.

_____ + _____

_____ : _____

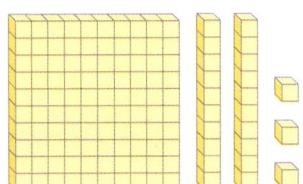

_____ centena, _____ dezenas

e _____ unidades.

_____ + _____ + _____

_____ : _____

_____ centenas, _____ dezenas

e _____ unidades.

_____ + _____ + _____

_____ : _____

▶ **As imagens não estão representadas em proporção.**

2 Determine a quantia em cada quadro e assinale com um **X** a maior delas.

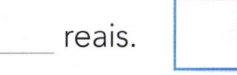

_____ reais. ☐

_____ reais. ☐

3 Escreva os números.

a) Quatrocentos e vinte e três: _____

b) Novecentos + oitenta + cinco: _____

c) 2 centenas, 4 dezenas e 8 unidades: _____

d) Seiscentos e trinta e nove: _____

e) 700 + 40: _____

4 Complete.

Dos 5 números da atividade anterior, o maior é o _____ e o menor é o _____.

5 Em cada item, escreva o número e a leitura dele.

a) $300 + 28 =$ _____ _____

b) $500 + 1 =$ _____ _____

c) $900 + 80 =$ _____ _____

d) $400 + 59 =$ _____ _____

e) $800 + 30 + 6 =$ _____ _____

6 Agora, escreva os 5 números da atividade anterior na ordem crescente, ou seja, do menor para o maior.

_____, _____, _____, _____, _____.

7 **MEIO OU METADE, TERÇA PARTE E MEDIDAS**
Complete.

a) 1 dia tem _____ horas. Logo, meio dia tem _____ horas.

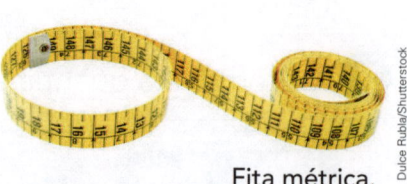

Fita métrica.

b) Meio ano tem _____ meses. Logo, a terça parte de meio ano tem _____ meses.

c) 1 metro tem _____ centímetros. Meio metro tem _____ centímetros. Logo, 2 metros e meio têm _____ centímetros.

8 Complete mais algumas partes da sequência dos números de 1 em 1.

a)

266	267	268			

b)

			582	583	584

c)

		711	712		

d)

		447	448		

9 Qual número vem imediatamente depois do 999? _____

10 CÁLCULO MENTAL

Pense na sequência dos números, calcule mentalmente e registre.

a) 809 + 3 = _____

b) 500 − 2 = _____

c) 609 + 1 = _____

d) 308 − 7 = _____

e) 96 + 6 = _____

f) 920 − 1 = _____

11 Observe a numeração das casas e descubra o código. Depois, coloque os números nas outras 2 casas e pinte-as como quiser.

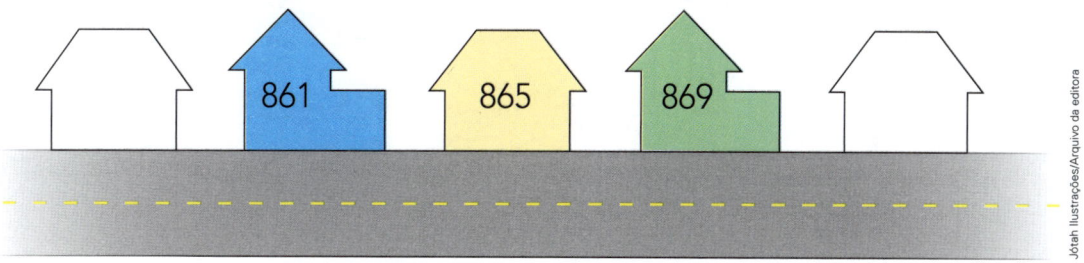

Jótah Ilustrações/Arquivo da editora

12 PESQUISE

Descubra, relembre e complete com os números.

a) Um ano que não é bissexto tem _____ dias, e um ano bissexto tem _____ dias.

b) Em um ano que não é bissexto, o mês de fevereiro tem _____ dias, e, em um ano bissexto, fevereiro tem _____ dias.

c) Abril, junho, setembro e novembro são meses de _____ dias.

Analise com atenção e complete.

a)

100 + 600 = 700 unidades ←
↓ ↓
1 centena + 6 centenas = 7 centenas

b)

800 − 300 = _____ unidades ←
↓ ↓
_____ centenas − _____ centenas = _____ centenas

c)

3 × 300 = _____ unidades ←
↓ ↓
3 × _____ centenas = _____ centenas

d)

2 × 400 = _____ unidades ←
↓ ↓
2 × _____ centenas = _____ centenas

14 **CÁLCULO MENTAL**

Em cada item, um aluno calcula, os colegas conferem e cada um registra no próprio livro.

a) 236 + 2 = _____

b) 701 − 3 = _____

c) 2 × 400 = _____

d) 200 × 4 = _____

e) 433 + 100 = _____

f) 924 − 300 = _____

g) 898 + 2 = _____

h) 345 + 30 = _____

i) 825 − 225 = _____

j) 300 + 20 + 6 = _____

15 Marina representou 3 números com desenhos de fichas.

a) Observe as representações e escreva os números.

Ilustrações: Banco de imagens/Arquivo da editora

_____ _____ _____

b) Agora escreva os 3 números na ordem, do menor para o maior.

_____, _____, _____.

Comparação de números

1 Você se lembra destes símbolos?

> \> significa "é maior do que".

> \< significa "é menor do que".

Pense na sequência dos números de 0 até 999 e complete com > ou <.

a) 97 _____ 100

b) 420 _____ 408

c) 760 _____ 706

d) 868 _____ 900

e) 36 _____ 306

f) 423 _____ 324

2 Em vez de pensar na sequência dos números, Beto usou outro processo para comparar alguns números. Observe.

- 835 e 579.

  Como 835 tem 8 centenas e 579 tem apenas 5 centenas, posso afirmar que

  > 835 > 579 .

- 326 e 341.

  Os 2 números têm 3 centenas, mas o número 326 tem menos dezenas do que o número 341 (2 dezenas < 4 dezenas). Então, temos: 326 < 341 .

- 745 e 742.

  Os 2 números têm 7 centenas e 4 dezenas, mas o número 745 tem mais unidades (5 unidades > 2 unidades). Então: 745 > 742 .

a) Use esse mesmo processo, faça as comparações dos números e complete os quadrinhos com os sinais >, < ou =. Depois, confira cada item com os colegas.

- 265 ☐ 248

- 916 ☐ 919

- 402 ☐ 402

- 517 ☐ 608

- 328 ☐ 78

- 835 ☐ 843

b) Escreva os números 627, 618, 95, 513 e 624 em ordem crescente.

_____

3 O DINHEIRO DE MARA E CLÓVIS

Veja as notas que Mara e Clóvis têm:

Notas de Mara

Notas de Clóvis.

a) Ligue as quantias correspondentes e responda.

- Quem tem a maior quantia? Quantos reais a mais? _____

b) Agora, complete as frases e confira as respostas do item **a**.

- Mara tem _____ reais e Clóvis tem _____ reais.

- _____ tem a maior quantia, pois _____ > _____ .

- São _____ reais a mais, pois _____ − _____ = _____ .

4 JOGO DA COMPARAÇÃO DE NÚMEROS

Em uma rodada desse jogo, cada participante deve sortear um papel com um número. Ganha quem tirar o maior número. Veja algumas opções de números.

A: 300 + 20 + 7	C: Quatrocentos e sete.	E: 300 + 70 + 2
B: 70 + 300	D: Trezentos mais vinte.	F: 400 + 70

a) Complete a tabela com o resultado das 5 rodadas de Paula e Mário.

Resultado das rodadas

Rodada	Papel de Paula	Papel de Mário	Comparação dos números	Vencedor da rodada
1ª	A	C	_____	_____
2ª	B	D	_____	_____
3ª	F	E	_____	_____
4ª	C	F	_____	_____
5ª	A	E	_____	_____

Tabela elaborada para fins didáticos.

b) Quem ganhou a partida após essas 5 rodadas? _____

O número 1000 (mil)

1 **ATIVIDADE ORAL EM GRUPO** Na atividade 9 da página 295 você viu que, após o 999, vem o número **1 000 (mil)**, ou seja, 999 + 1 = 1 000.

Descreva o padrão (ou a regularidade) destas sequências para os colegas e complete-as para chegar ao 1000.

a) 993, 994, 995, 996, _____, _____, _____, _____.

b) 930, 940, 950, 960, _____, _____, _____, _____.

c) 300, 400, 500, 600, _____, _____, _____, _____.

2 Use as sequências da atividade anterior e complete as operações.

a) 1 000 − 4 = _____

b) 998 + _____ = 1 000

c) 990 + _____ = 1 000

d) 1 000 − 400 = _____

e) _____ + 5 = 1 000

f) 970 + _____ = 1 000

g) 700 + _____ = 1 000

h) 1 000 − 40 = _____

i) 500 + _____ = 1 000

j) 2 × _____ = 1 000

k) 1 000 − 200 = _____

l) 1 000 − 500 = _____

3 Roberto tem 7 notas de R$ 100,00 e 3 notas de R$ 50,00. Quanto falta para ele comprar este aparelho de TV?

_____

R$ 1 000,00

Aparelho de TV.

4 **PESQUISE**

O número 1 000 serve para indicar o valor de várias unidades de medida. Pesquise, descubra, registre e confira com os colegas.

a) 1 quilômetro tem 1 000 _____ (1 km = 1 000 _____).

b) 1 tonelada tem 1 000 _____ (1 t = 1 000 _____).

c) 1 milênio tem 1 000 _____.

d) 1 litro tem 1 000 _____ (1 L = 1 000 _____).

Vamos ver de novo?

1 Use uma régua e ligue 4 dos pontos ao lado, 2 a 2, de modo que a figura formada seja um retângulo.

2 Flávia recortou 9 fichas e numerou-as na frente e no verso: ela numerou a primeira ficha com os números 1 e 2. A segunda ficha, com 3 e 4; e assim por diante.

A numeração foi de 1 até qual número? _____

3 Em uma caixa havia 8 lápis de cor. Maurício separou 5 lápis para pintar um desenho.
Agora há menos lápis na caixa ou com Maurício?

_____

4 A medida de capacidade de um copo comum é: 1 litro, mais do que 1 litro ou menos do que 1 litro? _____

5 Observe a sequência de regiões planas.

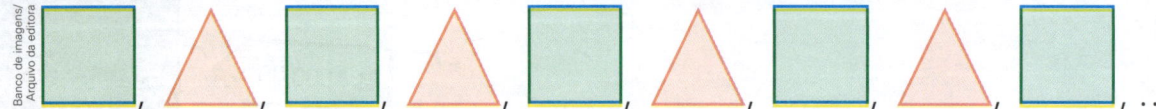

💬 **a)** **ATIVIDADE ORAL EM DUPLA** Descubra um padrão (ou uma regularidade) para essa sequência e descreva-o para um colega.

_____

_____

b) Qual é a forma da região plana que estará na décima primeira (11ª) posição dessa sequência? Escreva o nome e faça o desenho dessa região plana.

Região _____.

6 A região plana ao lado está dividida em regiões quadradas com lados com medida de comprimento de 1 cm. Complete.

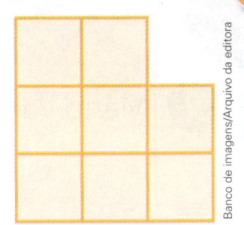

Esta região plana está dividida em _____ regiões quadradas.

A medida de comprimento do contorno desta região plana é de _____ cm.

7 Cada relógio digital está marcando o mesmo horário de um relógio de ponteiros. Ligue os relógios correspondentes.

As imagens não estão representadas em proporção.

8 Observe a imagem e as medidas de comprimento indicadas na caixa. Cada fita dá 1 volta completa na caixa. Calcule e indique quantos centímetros de fita foram usados no total.

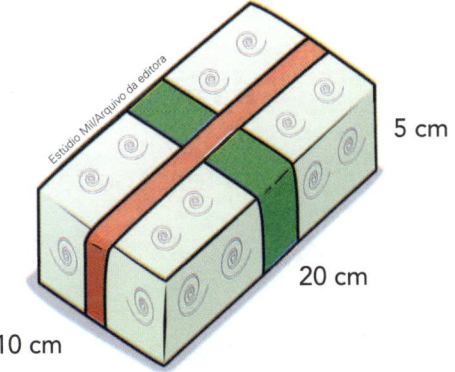

5 cm

20 cm

10 cm

9 Mário vai tirar de um saquinho, sem olhar, uma das fichas desenhadas abaixo.

| 34 | 42 | 8 | 28 | 10 |

Escreva uma destas expressões em cada caso citado.

| É certeza.   É impossível.   É pouco provável.   É bastante provável. |

a) Tirar um número maior do que 50. _____

b) Tirar um número par. _____

c) Tirar um número menor do que 35. _____

d) Tirar um número entre 5 e 45. _____

e) Tirar um número entre 20 e 30. _____

f) Tirar um número ímpar. _____

10 Teste seu vocabulário matemático e complete com números.

a) O produto de 10 e 5 é igual a _____.

b) O número par que fica entre 76 e 80 é o número _____.

c) Uma região triangular tem _____ vértices.

d) A soma de 425 com 3 é igual a _____.

e) Em 1 metro há _____ centímetros.

f) O dobro de 18 é _____ e a metade de 14 é _____.

g) O triplo de 30 é _____ e a terça parte de 60 é _____.

h) Em 3 semanas há _____ dias.

i) A diferença entre 594 e 10 é igual a _____.

j) 1 dezena tem _____ unidades e 1 dúzia tem _____ unidades.

Banco de imagens/Arquivo da editora

🔍 11 PESQUISA, TABELA E GRÁFICO

Na turma de Romeu, 11 alunos vão a pé para a escola.

Uma pesquisa foi feita com os demais alunos da turma, com esta pergunta.

> **Com qual meio de transporte você vai para a escola?**

Complete a tabela, o gráfico e as afirmações.

Transporte para a escola

Meio de transporte	Marcas	Quantidade de alunos
Ônibus	▧ ▢	
Carro	▧	
Van	▧ |	

Transporte para a escola

Meio de transporte

Ônibus

Carro

Van

0   1   2   __   __   5   __   __   __

Quantidade de alunos

Tabela e gráfico elaborados para fins didáticos.

Foram pesquisados _____ alunos.

- O meio de transporte mais utilizado por eles é _____.

- A turma toda tem _____ alunos.

12 Laura tinha meia dúzia de laranjas mais 4 laranjas. Ela repartiu todas as laranjas igualmente em 2 pratos.

Desenhe as laranjas nos pratos.

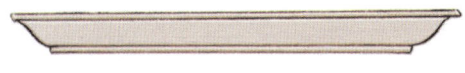 

13 Leia, observe e complete.

Nara tem estas notas e moedas.

As imagens não estão representadas em proporção.

Pedro tem a mesma quantia de Nara, mas só tem 2 notas: 1 nota de _____ reais e 1 nota de _____ reais.

14 Leia as informações.

| Regina é açougueira. | Fernanda tem consulta marcada no dentista. |

| Marcelo vende tecidos. | André fez suco para o almoço. |

De acordo com essas informações, escreva o nome da pessoa no instrumento de medida relacionado à situação dela.

Balança.

Copo.

Relógio.

Fita métrica.

_____ _____ _____ _____

15 Veja os desenhos de sólidos geométricos em cada quadro abaixo.

a) Pinte de azul os sólidos geométricos do quadro em que aparece 1 cubo, 1 esfera, 1 cone e 1 cilindro.

b) Pinte de verde os sólidos geométricos do quadro em que aparecem 2 blocos retangulares.

c) Pinte de amarelo os sólidos geométricos do quadro que sobrar.

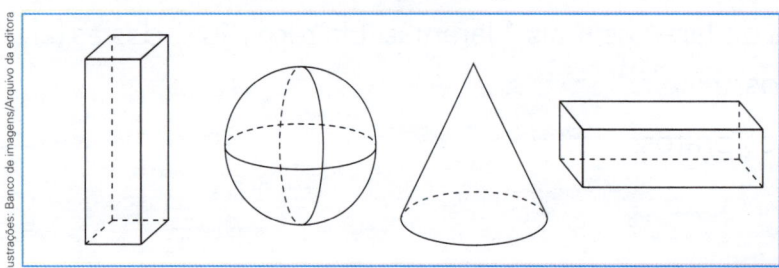

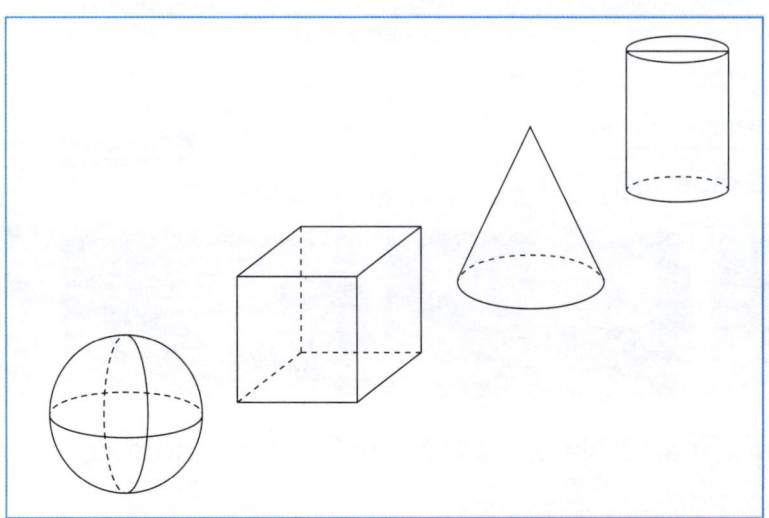

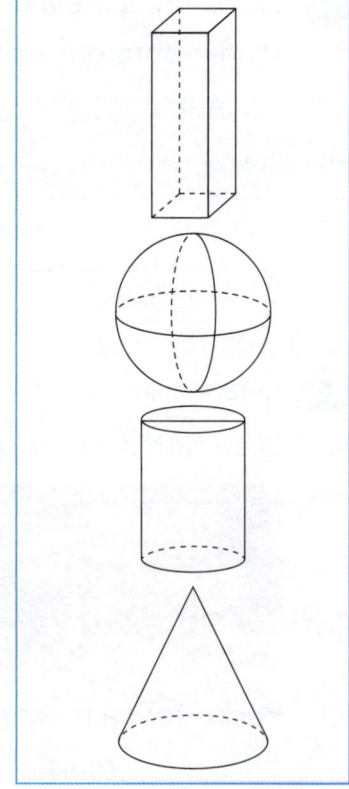

16 **NÚMEROS COM ALGARISMOS E POR EXTENSO**

Faça os cálculos, escreva o resultado por extenso e indique a operação com os números escritos com algarismos. Depois, pinte de azul os quadrinhos em que você escreveu números pares e pinte de amarelo os quadrinhos em que escreveu números ímpares.

a) Vinte e sete mais treze é igual a _____.

b) Três vezes vinte e dois é igual a _____.

c) Sessenta e cinco menos quinze é igual a _____.

17 Mariana vai sortear um destes números.

| 341 | 344 | 346 | 349 |

Complete as afirmações.

a) É certo que o número sorteado será menor do que _____.

b) É pouco provável que o número sorteado será menor do que _____.

c) É muito provável que o número sorteado será menor do que _____.

d) É impossível sortear um número menor do que _____.

18 Pinte cada figura de azul ou de vermelho.
Mas atenção: o número de figuras em azul deve ser o triplo do número de figuras em vermelho.

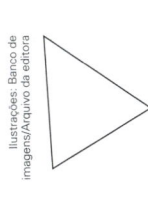
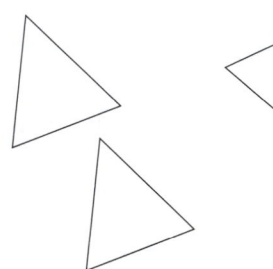
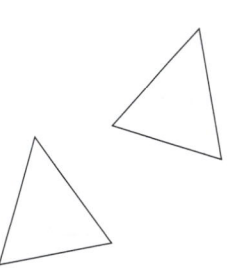
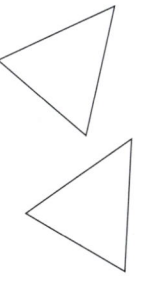

19 Observe os sólidos geométricos desenhados abaixo e indique os números correspondentes.

a) Sólidos geométricos que podem podem rolar: _____

b) Sólidos geométricos que não rolam: _____

20 Todo cubo tem 6 faces.

Marisa montou um cubo e pintou as faces dele assim:

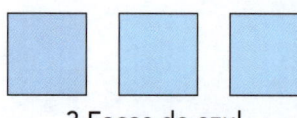
3 Faces de azul.

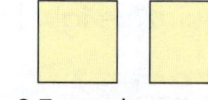
2 Faces de amarelo.

1 Face de verde.

a) Assinale com um **X** todos os cubos desenhados abaixo que podem ser o cubo montado e pintado por Marisa.

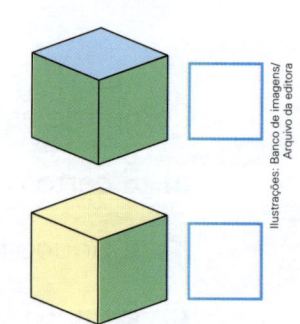

b) **ATIVIDADE ORAL EM GRUPO** Confira com as respostas dos colegas e justifiquem por que os outros cubos não foram assinalados.

c) Agora, observe o desenho do cubo que Marisa montou e pintou.

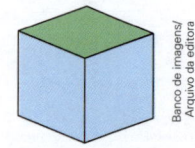

Pinte nos quadrinhos abaixo as 3 faces do cubo que não aparecem nesse desenho.

O que estudamos

Tivemos contato com números de 3 algarismos. Depois, chegamos até o número 1000 (mil).

1000

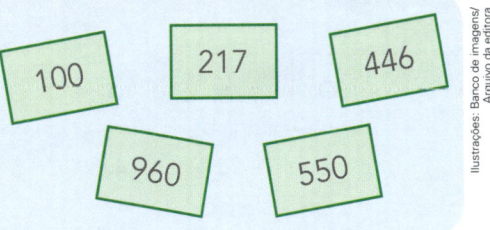

100   217   446

960   550

Ilustrações: Banco de imagens/ Arquivo da editora

Conhecemos as centenas inteiras ou centenas exatas e operamos com elas.

600 + 100 = 700

900 − 400 = 500

3 × 200 = 600

4 × 200 = 800

Aprendemos a compor números de 3 algarismos usando a decomposição em centenas inteiras, dezenas inteiras e unidades.

100 + 40 + 9 = 149

900 + 4 = 904

200 + 70 + 1 = 271

700 + 60 = 760

Fizemos a leitura de números de 3 algarismos.

208: Duzentos e oito.   540: Quinhentos e quarenta.

173: Cento e setenta e três.

Escrevemos números a partir da leitura deles.

Trezentos e um: 301.

Novecentos e vinte: 920.

Cento e onze: 111.

Vimos situações nas quais usamos números de 3 algarismos.

O fogão custa 630 reais.

1 metro tem 100 centímetros.

O ano bissexto tem 366 dias.

- De modo geral, você cuidou bem de seu material escolar durante o ano todo?
- Você participou das aulas com interesse?
- Você colaborou com os colegas?
- Você tratou as pessoas da escola com respeito?

Mensagem de fim de ano

Decifre o código e descubra a mensagem.

Código

T	O	A	M	B	N	L	U	P	R	S	D
1	2	3	4	5	6	7	8	9	10	11	12

Mensagem

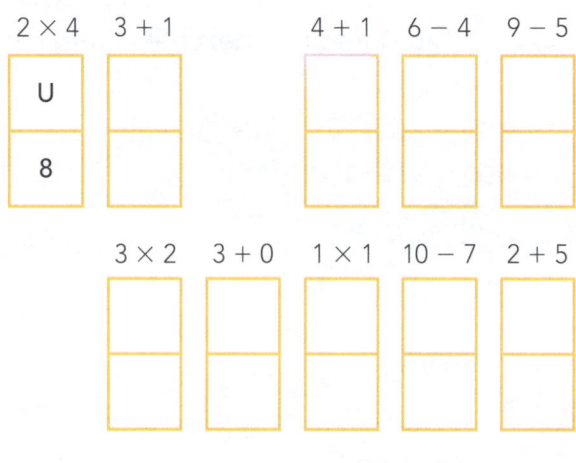

2×4 — U (8) $3 + 1$ — ⬜ $4 + 1$ — ⬜ $6 - 4$ — ⬜ $9 - 5$ — ⬜

3×2 — ⬜ $3 + 0$ — ⬜ 1×1 — ⬜ $10 - 7$ — ⬜ $2 + 5$ — ⬜

3×3 — ⬜ $6 - 3$ — ⬜ $8 + 2$ — ⬜ $11 - 8$ — ⬜ $6 - 5$ — ⬜ 1×2 — ⬜ 3×4 — ⬜ $8 - 6$ — ⬜ $6 + 5$ — ⬜

Bill Watterson. **Calvin e Haroldo: A hora da vingança**. São Paulo: Conrad do Brasil, 2009. p. 15.

Você terminou o livro!

- Do que você gostou mais neste livro? Em qual parte teve mais dificuldade? Converse com os colegas.

- Registre no espaço abaixo um pouco do que aprendeu. Você pode fazer colagens, desenhos ou escrever alguma coisa. Faça do seu jeito!

Jotah Ilustrações/Arquivo da editora

- Agora, mostre ao professor e aos colegas o que você fez e veja o trabalho dos colegas.

No livro do 3º ano você vai rever muitas coisas que estudou aqui e aprender uma porção de novidades.

Espero você lá!

O autor

Glossário

A

Adição `página 36`

Operação que junta quantidades ou acrescenta uma quantidade a outra já existente.

a) Ao **juntar** 4 lápis com 2 lápis, obtemos 6 lápis, pois 4 + 2 = 6.

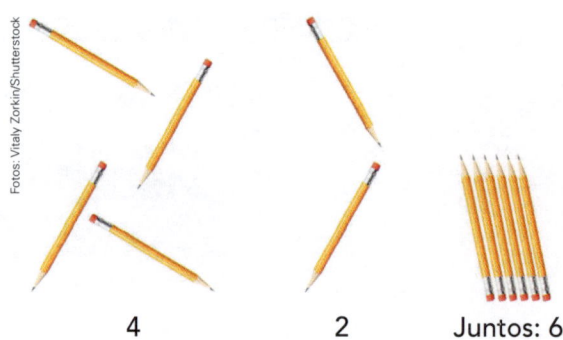

4   2   Juntos: 6

b) Ao **acrescentar** R$ 1,00 a R$ 3,00, obtemos R$ 4,00, pois 3 + 1 = 4.

R$ 3,00   R$ 1,00

R$ 3,00 + R$ 1,00 = R$ 4,00

O resultado da adição é chamado de **soma**.

A soma de 8 e 2 é igual a 10, pois 8 + 2 = 10.

A soma de 3 e 5 é igual a 8, pois 3 + 5 = 8.

A soma de 6 e 1 é igual a 7, pois 6 + 1 = 7.

Algarismo `página 16`

Cada um dos símbolos que usamos para escrever os números.

São 10 algarismos: 0, 1, 2, 3, 4, 5, 6, 7, 8 e 9.

O número 47 é formado por 2 algarismos.

47

→ **Algarismo das unidades (7 unidades)**

→ **Algarismo das dezenas (4 dezenas ou 40 unidades)**

Algoritmo `página 146`

Esquema para efetuar cálculos.

As "continhas" são exemplos de algoritmo.

Algoritmos da adição 32 + 54 = 86:

$$\begin{array}{r} 32 \\ + 54 \\ \hline 86 \end{array}$$

$$\begin{array}{l} 32 = 30 + 2 \\ 54 = \underline{50 + 4} \\ 80 + 6 = 86 \end{array}$$

As imagens não estão representadas em proporção.

C

Capacidade `página 248`

Grandeza que se mede utilizando um copo, uma colher, uma xícara, o litro (L), o mililitro (mL), etc.

Nesta jarra cabem 2 litros de suco de laranja.

Jarra.

As imagens não estão representadas em proporção.

Centena (página 287)

Grupo de 100 (cem) unidades.

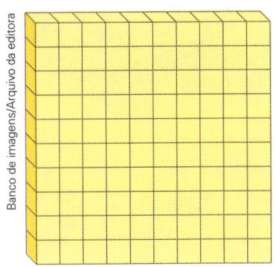

A placa do material dourado indica 1 centena.

Comprimento (página 248)

Grandeza que se mede usando o passo, o palmo, o centímetro (cm), o metro (m), o quilômetro (km), etc.

A medida de comprimento deste lápis é de 5 cm.

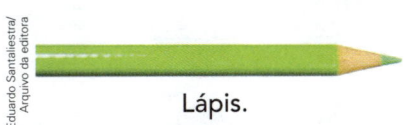

Lápis.

Contorno (página 102)

Região plana retangular.

Contorno: retângulo.

Região plana circular ou círculo.

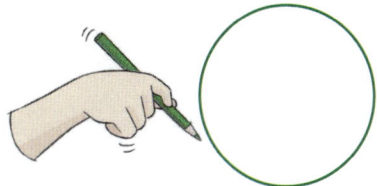

Contorno: circunferência.

Veja mais 2 exemplos de contorno.

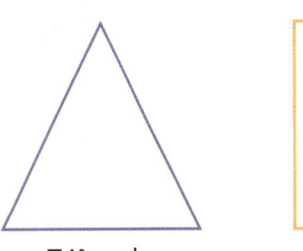

Triângulo.

Quadrado.

Dezena (página 25)

Grupo de 10 (dez) unidades.

1 dezena de flores ou 10 flores.

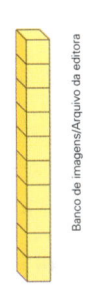

A barrinha do material dourado indica 1 dezena.

Diferença página 165

(ver **subtração**)

Divisão página 220

Operação que reparte igualmente uma quantidade ou que calcula quanto uma quantidade "cabe" em outra.

a) Ao distribuir igualmente 8 laranjas entre 4 crianças, quantas laranjas cada criança receberá?

Laranjas.

Cada criança receberá 2 laranjas, pois $8 \div 4 = 2$.

b) Quantos grupos de 2 cabem em 8?

Cabem 4 grupos de 2 em 8, pois $8 \div 2 = 4$.

O resultado da divisão é chamado de **quociente**.

O quociente de 6 e 3 é igual a 2, pois $6 \div 3 = 2$.

Dobro página 199

Duas vezes.
O dobro de 10 é igual a 20, pois $10 + 10 = 20$ ou $2 \times 10 = 20$.

Dúzia página 94

Grupo de 12 unidades.

◀ As imagens não estão representadas em proporção.

1 dúzia de limões ou 12 limões.

Meia dúzia de ovos ou 6 ovos.

Eixo de simetria [página 127]

(ver **simetria**)

Estimativa [página 28]

Avaliação ou cálculo aproximado de algo.
Faça uma estimativa de quantos objetos há em seu estojo. Depois, conte-os para conferir se sua estimativa foi boa ou não.

Figura geométrica [página 44]

Nome que pode ser dado aos sólidos geométricos, às regiões planas e aos contornos.
São exemplos de figuras geométricas:

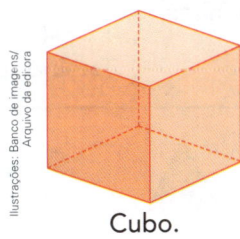

Cubo.

Círculo.

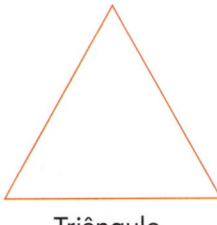

Triângulo.

Ilustrações: Banco de imagens/Arquivo da editora

Ímpar (número) [página 91]

Número no qual o algarismo das unidades é 1, 3, 5, 7 ou 9.
Dos números 6, 7, 19, 23, 58, 61, 70 e 75, os números ímpares são: 7, 19, 23, 61 e 75.

Intervalo de tempo [página 248]

Grandeza que se mede utilizando a hora (h), o minuto (min), o dia, a semana, o ano, etc.
A aula de Capoeira de Eduarda dura 1 hora e meia.
Marcos demora 15 minutos para ir da escola até a casa dele.

Massa [página 248]

Grandeza que pode ser medida em quilograma (kg), grama (g), tonelada (t), etc.
Quando medimos essa grandeza queremos saber o "peso" de um objeto ou se um objeto é mais leve ou mais pesado do que outro.

As imagens não estão representadas em proporção.

M. Unal Ozmen/Shutterstock

Farinha.

Stock Photos/Glow Images

Apontador.

Icp/Alamy/Other Images

Livro.

O pacote de farinha pesa 1 quilograma.
Um apontador é mais leve do que um livro.

Material dourado `página 25`

Material pedagógico útil para trabalhar vários assuntos da Matemática.

Placa.　　　Barrinha.　　　Cubinho.

1 barrinha corresponde a 10 cubinhos. A barrinha representa a dezena. O cubinho representa a unidade.

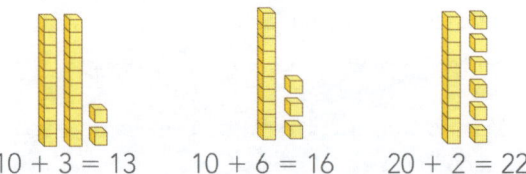

$10 + 3 = 13$　　$10 + 6 = 16$　　$20 + 2 = 22$

Medida `página 28`

Número que indica o "tamanho" de uma grandeza em relação a outra de mesmo tipo (unidade). Ele vem sempre acompanhado dessa unidade.

5 passos.

3 horas.

1 litro.

Metade `página 94`

Cada uma das 2 partes iguais em que se divide uma figura, um número, etc.
Metade da região quadrada está pintada de vermelho.
A metade de 8 é 4, pois $8 \div 2$

Multiplicação `página 188`

Operação que junta quantidades iguais, que determina o número total de elementos em uma disposição retangular ou que fornece o número total de possibilidades em uma situação.

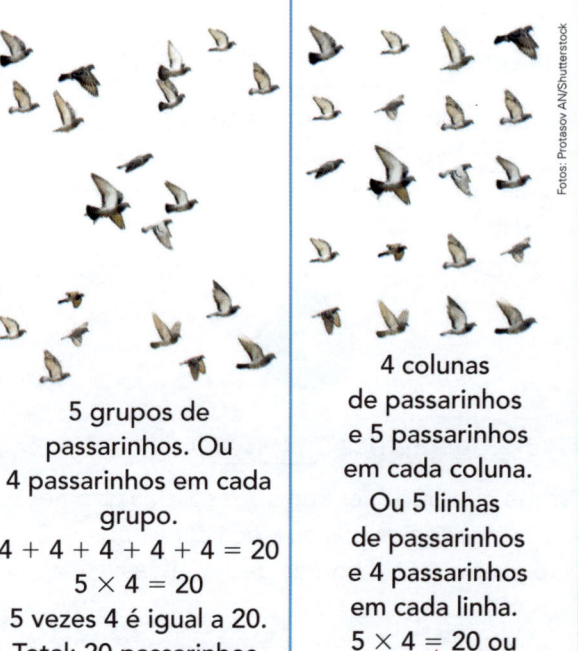

5 grupos de passarinhos. Ou 4 passarinhos em cada grupo.
$4 + 4 + 4 + 4 + 4 = 20$
$5 \times 4 = 20$
5 vezes 4 é igual a 20.
Total: 20 passarinhos.

4 colunas de passarinhos e 5 passarinhos em cada coluna. Ou 5 linhas de passarinhos e 4 passarinhos em cada linha.
$5 \times 4 = 20$ ou
$4 \times 5 = 20$
Total: 20 passarinhos.

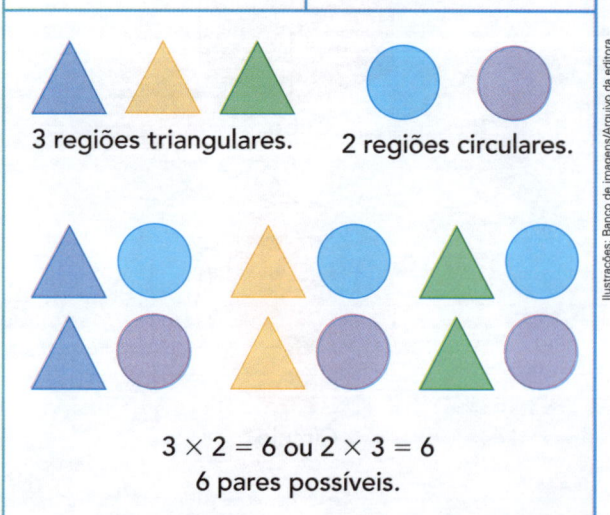

3 regiões triangulares.　　2 regiões circulares.

$3 \times 2 = 6$ ou $2 \times 3 = 6$
6 pares possíveis.

O resultado da multiplicação é chamado de **produto**.

O produto de 2 e 6 é igual a 12, pois $2 \times 6 = 12$.

Número [página 15]

Ideia matemática que expressa contagem, medida, código ou ordem.

Na turma de Ana há 30 alunos.

A medida de comprimento da mesa do professor é 5 vezes a medida de comprimento de uma régua.

A casa de Ana fica na rua das Flores, 49.

Lucas é o segundo aluno mais alto da turma.

Operação [página 73]

Associa 2 números a um terceiro.

Operação de adição:
7 + 3 = 10

Operação de subtração:
8 − 2 = 6

Operação de multiplicação:
3 × 4 = 12

Operação de divisão:
8 ÷ 4 = 2

Ordenar [página 101]

Dispor, arranjar de acordo com certas características.

Números em ordem crescente (do menor para o maior): 15, 17, 19 e 20.

Números em ordem decrescente (do maior para o menor): 20, 19, 17 e 15.

Par (número) [página 91]

Número no qual o algarismo das unidades é 0, 2, 4, 6 ou 8.

Dos números 7, 8, 14, 25, 46, 60, 71, 89 e 92, os números pares são: 8, 14, 46, 60 e 92.

Produto [página 196]

(ver **multiplicação**)

Quociente [página 229]

(ver **divisão**)

Real [página 14]

Unidade monetária brasileira.

As imagens não estão representadas em proporção.

Moeda de 1 real.

Reproduções/Casa da Moeda do Brasil/Ministério da Fazenda

Nota de 2 reais.

Região plana (página 104)

Figura geométrica que obtemos quando desmontamos alguns sólidos geométricos.
Desmontando um cubo, obtemos 6 regiões planas quadradas.

◖ As imagens não estão representadas em proporção.

Ilustrações: Banco de imagens/Arquivo da editora

Outras regiões planas:

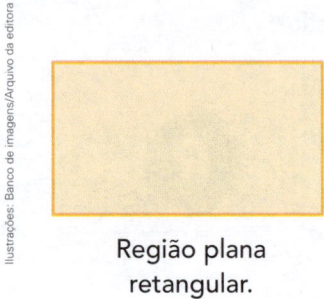

Região plana retangular.

Ilustrações: Banco de imagens/Arquivo da editora

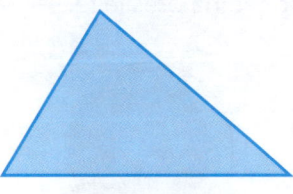

Região plana triangular.

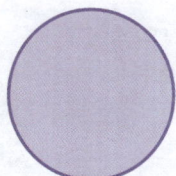

Região plana circular ou círculo.

Simetria (página 127)

Uma figura plana apresenta simetria quando é possível dobrá-la de modo que as 2 partes coincidam. A dobra representa o **eixo de simetria** da figura.

Este desenho da letra **A** tem simetria. A linha tracejada é O eixo de simetria.

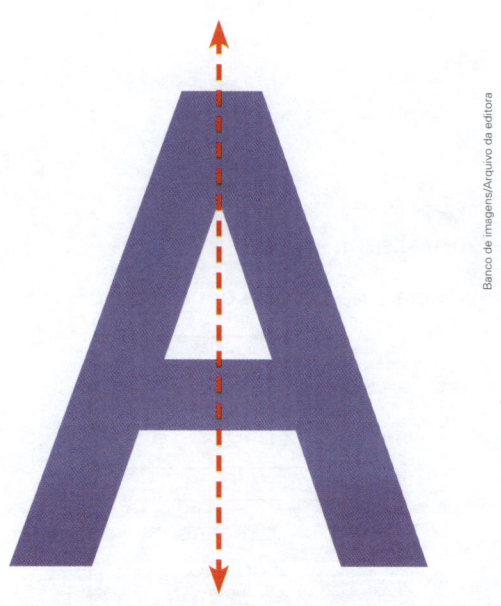

Banco de imagens/Arquivo da editora

eixo de simetria.

Sistema de numeração decimal (página 70)

É o sistema de numeração que usamos. Ele tem 10 símbolos (algarismos):
0, 1, 2, 3, 4, 5, 6, 7, 8 e 9.
Agrupamos de 10 em 10 para contar.
A posição do algarismo no número é importante.

22

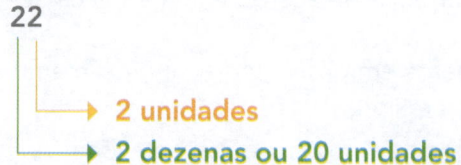

→ 2 unidades
→ 2 dezenas ou 20 unidades

Sólido geométrico (página 48)

Figuras geométricas espaciais como as desenhadas abaixo.

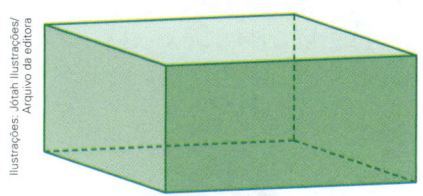

Bloco retangular ou paralelepípedo.

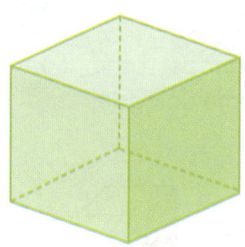

Cubo.

Cilindro.

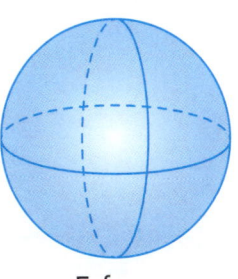

Esfera.

Soma (página 145)

(ver **adição**)

Subtração (página 36)

Operação que tira uma quantidade de outra, que separa 2 quantidades, que compara 2 quantidades ou que verifica quanto falta em uma quantidade para obter outra.

a) Tenho 7 círculos:

Tiro 4:

Fico com 3: ●●●

$$7 - 4 = 3$$

b) Tenho 8 fichas:

Separo as 3 fichas laranja:

Sobram 5 fichas azuis.

$$8 - 3 = 5$$

c) Ana tem 5 canetas:

◀ As imagens não estão representadas em proporção.

Paulo tem 3 canetas:

Comparo essas quantidades.

- Quantas canetas Ana tem a mais do que Paulo? 2 canetas, pois $5 - 3 = 2$.

- Quantas canetas Paulo tem a menos do que Ana? 2 canetas, pois $5 - 3 = 2$.

d) Quantas canetas faltam para Paulo ter a mesma quantidade que Ana? 2 canetas, pois 5 − 3 = 2.

O resultado da subtração é chamado de **diferença**.

A diferença entre 8 e 2 é igual a 6, pois 8 − 2 = 6.

Tabuada página 197

Tabela relacionada à multiplicação, como esta:

Tabuada do 4

×	0	1	2	3	4	5	6	7	8	9	10
4	0	4	8	12	16	20	24	28	32	36	40

Tabela elaborada para fins pedagógicos.

Terça parte página 232

Cada uma das 3 partes iguais em que se divide uma figura, um número, etc.
A terça parte de 12 é 4, pois 12 ÷ 3 = 4.

Triplo página 203

Três vezes.
O triplo de 9 é igual a 27, pois 9 + 9 + 9 = 27 ou 3 × 9 = 27.

Troco página 74

Quantia que uma pessoa recebe de volta quando faz um pagamento.
Rute comprou 1 caderno de R$ 4,00 e pagou com 1 nota de R$ 5,00.
Ela recebeu R$ 1,00 de troco, pois 5 − 4 = 1.

Unidade página 25

Quando fazemos uma contagem, cada elemento é uma unidade.

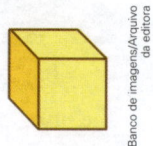

Banco de imagens/Arquivo da editora

O cubinho do material dourado indica 1 unidade.

Em 1 dúzia de laranjas, cada laranja é 1 unidade e, no total, temos 12 unidades.

Unidade de medida página 250

Tamanho-padrão adotado para medir uma grandeza ou comparar 2 grandezas.
Por exemplo, quando dizemos que 1 dia tem 24 horas, estamos usando a hora como unidade de medida.

Bibliografia

Você sabe o que é uma **bibliografia**?

É a lista de livros, de artigos e até das leis que o autor consultou para elaborar o livro.

ALFONSO, Bernardo. *Numeración y cálculo*. 3. ed. Madrid: Síntesis, 2000.

ALVES, Eva Maria Siqueira. *A ludicidade e o ensino de Matemática: uma prática possível*. Campinas: Papirus, 2001.

AMARAL, Ana; CASTILHO, Sônia Fiuza da Rocha. *Metodologia da Matemática: aprendizagem nas séries iniciais*. 4. ed. Belo Horizonte: Vigília, 1990. v. 1, 2 e 3.

BORIN, Júlia. *Jogos e resolução de problemas: uma estratégia para as aulas de Matemática*. São Paulo: CAEM-USP, 2007. v. 6.

BRASIL, Luiz Alberto S. *Aplicações da teoria de Piaget ao ensino da Matemática*. Rio de Janeiro: Forense Universitária, 1977.

BRASIL. Ministério da Educação. *Base Nacional Comum Curricular*. Brasília, 2017.

_____. Ministério da Educação. Secretaria de Educação Básica. João Bosco Pitombeira Fernandes de Carvalho (Org.). *Matemática*: **Ensino Fundamental**. Brasília: 2010. v. 17. (Coleção Explorando o ensino).

_____. Ministério da Educação. Secretaria de Educação Básica. Secretaria de Educação Continuada, Alfabetização, Diversidade e Inclusão. Conselho Nacional de Educação. *Diretrizes Curriculares Nacionais Gerais da Educação Básica*. Brasília, 2013.

_____. Ministério da Educação. Secretaria de Educação Fundamental. *Parâmetros Curriculares Nacionais: Matemática*. Brasília, 1997.

BRIGHT, George W. et al. *Principles and Standards for School Mathematics: Navigations Series*. 3. ed. Reston: NCTM, 2007.

BRIZUELA, Bárbara M. *Desenvolvimento matemático na criança: explorando notações*. Porto Alegre: Artmed, 2006.

BUORO, Anamelia Bueno. *Olhos que pintam: a leitura da imagem e o ensino da arte*. São Paulo: Cortez, 2003.

CARVALHO, João Bosco Pitombeira de. As propostas curriculares de Matemática. In: BARRETO, Elba Siqueira de Sá (Org.). *Os currículos do Ensino Fundamental para as escolas brasileiras*. São Paulo: Autores Associados/Fundação Carlos Chagas, 1998.

CERQUETTI-ABERKANE, Françoise; BERDONNEAU, Catherine. *O ensino da Matemática na Educação Infantil*. Trad. de Eunice Gruman. Porto Alegre: Artmed, 1997.

COLL, César; TEBEROSKY, Ana. *Aprendendo Matemática*. São Paulo: Ática, 2000.

D'AMBROSIO, Ubiratan. *Educação Matemática: da teoria à prática*. 2 e 3. ed. Campinas: Papirus, 2013.

D'AMORE, Bruno. *Epistemologia e didática da Matemática*. São Paulo: Escrituras, 2005. (Coleção Ensaios Transversais).

DANTE, Luiz Roberto. *Formulação e resolução de problemas de Matemática: teoria e prática*. São Paulo: Ática, 2010.

DORNELES, Beatriz V. *Escrita e número: relações iniciais*. Porto Alegre: Artmed, 1998.

DUHALDE, María Elena; CUBERES, María T. G. *Encontros iniciais com a Matemática: contribuições à Educação Infantil*. Porto Alegre: Artmed, 1997.

FAZENDA, Ivani Catarina Arantes. *Didática e interdisciplinaridade*. 17. ed. Campinas: Papirus, 2013.

FERREIRA, Mariana Kawall Leal. (Org.). *Ideias matemáticas de povos culturalmente distintos*. São Paulo: Global/Fapesp, 2002.

FONSECA, Maria da Conceição Ferreira Reis (Org.). *Letramento no Brasil: habilidades matemáticas*. São Paulo: Global/Ação Educativa/Instituto Paulo Montenegro, 2004.

GAZZETTA, Marineusa (Coord.); D'AMBROSIO, Ubiratan et al. *Iniciação à Matemática*. Campinas: Ed. da Unicamp, 1986. v. 1, 2 e 3.

GEOMETRIA EXPERIMENTAL. Campinas: Premen-MEC-Imecc-Unicamp, 1972.

HUETE, J. A. Fernandéz; BRAVO, J. C. Sánchez. *O ensino da Matemática: fundamentos teóricos e bases psicopedagógicas*. Porto Alegre: Artmed, 2017.

IFRAH, Georges. *História universal dos algarismos: a inteligência dos homens contada pelos números e pelo cálculo*. Trad. de Alberto Munhoz e Ana Beatriz Katinsky. 2. ed. Rio de Janeiro: Nova Fronteira, 2000. v. 1 e 2.

KAMII, Constance. *A criança e o número*. Trad. de Regina A. de Assis. 39. ed. Campinas: Papirus, 2013.

_____. *Aritmética: novas perspectivas – implicações da teoria de Piaget*. 6. ed. Campinas: Papirus, 1995.

_____. *Reinventando a aritmética*. 19. ed. Campinas: Papirus, 2004.

_____; DEVRIES, Rheta. *Jogos em grupo na Educação Infantil*. Porto Alegre: Artmed, 2009.

_____; JOSEPH, Linda Leslie. *Crianças pequenas continuam reinventando a aritmética: implicações da teoria de Piaget*. 2. ed. Porto Alegre: Artmed, 2005.

KNIJNIK, Gelsa et al. *Aprendendo e ensinando Matemática com o geoplano*. Ijuí: Ed. da Unijuí, 2004.

LINS, Romulo Campos; GIMENEZ, Joaquim. *Perspectivas em aritmética e álgebra para o século XXI*. 7. ed. Campinas: Papirus, 2006.

LIZARZABURU, Afonso; SOTO, Gustavo (Coord.). *Pluriculturalidade e aprendizagem da Matemática na América Latina: experiências e desafios*. Porto Alegre: Artmed, 2005.

LOPES, Maria Laura (Coord.). *Tratamento da informação: explorando dados estatísticos e noções de probabilidade a partir das séries iniciais*. Rio de Janeiro: Ed. da UFRJ/Projeto Fundão, 1997.

LUCKESI, Cipriano Carlos. *Avaliação da aprendizagem escolar*. 22. ed. São Paulo: Cortez, 2011.

MACHADO, Silvia Dias (Org.). *Aprendizagem em Matemática: registros de representação semiótica*. 8. ed. Campinas: Papirus, 2011.

MILIES, Francisco César Polcino; BUSSAB, José Hugo de Oliveira. *A geometria na Antiguidade clássica*. São Paulo: FTD, 1999.

MOYSÉS, Lucia. *Aplicações de Vygotsky à educação matemática*. 11. ed. Campinas: Papirus, 2013.

NUNES, Therezinha; BRYANT, Peter. *Crianças fazendo Matemática*. Porto Alegre: Artmed, 1997.

PACCOLA, Herval; BIANCHINI, Edwaldo. *Sistemas de numeração ao longo da História*. São Paulo: Moderna, 1997.

PANIZZA, Mabel (Org.). *Ensinar Matemática na Educação Infantil e séries iniciais*. 2. ed. Porto Alegre: Artmed, 2006.

PAPERT, Seymour. *A máquina das crianças: repensando a escola na era da informática*. Porto Alegre: Artmed, 2007.

PARRA, Cecília; SAIZ, Irma (Org.). *Didática da Matemática: reflexões psicopedagógicas*. Porto Alegre: Artmed, 2010.

PIAGET, Jean. *Fazer e compreender*. São Paulo: Melhoramentos, 1978.

PIRES, Célia Carolino. *Currículos de Matemática: da organização linear à ideia de rede*. São Paulo: FTD, 2000.

_____; CURI, Edda; CAMPOS, Tânia. *Espaço & forma: a construção de noções geométricas pelas crianças das quatro séries iniciais do Ensino Fundamental*. São Paulo: PROEM, 2016.

POZO, Juan Ignácio (Org.). *A solução de problemas: aprender a resolver, resolver para aprender*. Trad. de Beatriz Affonso Neves. Porto Alegre: Artmed, 1998.

SEITER, Charles. *Matemática para o dia a dia*. Rio de Janeiro: Campus, 1999.

SMOLE, Kátia Cristina Stocco. *A Matemática na Educação Infantil: a teoria das inteligências múltiplas na prática escolar*. Porto Alegre: Artmed, 2002.

_____; CÂNDIDO, Patrícia Terezinha. *Brincadeiras infantis nas aulas de Matemática: Matemática de 0 a 6*. Porto Alegre: Artmed, 2000.

_____; DINIZ, Maria Ignez (Org.). *Ler, escrever e resolver problemas: habilidades básicas para aprender Matemática*. Porto Alegre: Artmed, 2001.

_____ et al. *Era uma vez na Matemática: uma conexão com a literatura infantil*. São Paulo: CAEM-USP, 1993. v. 4.

TOLEDO, Marília; TOLEDO, Mauro. *Didática de Matemática: como dois e dois*. São Paulo: FTD, 1997.

ZUNINO, Delia Lerner. *A Matemática na escola: aqui e agora*. 2. ed. Porto Alegre: Artmed, 1995.